FASTES

DE LA

PHARMACIE FRANÇAISE.

PARIS. — IMPRIMERIE ET FONDERIE DE RIGNOUX,
RUE DES FRANCS-BOURGEOIS-S.-MICHEL, N° 8.

FASTES

DE LA

PHARMACIE FRANÇAISE.

EXPOSÉ

DES TRAVAUX SCIENTIFIQUES PUBLIÉS DEPUIS QUARANTE ANNÉES
PAR LES PHARMACIENS FRANÇAIS, AVEC L'INDICATION DES
OUVRAGES DANS LESQUELS CES TRAVAUX ONT ÉTÉ CONSIGNÉS;

SUIVI D'UN

DICTIONNAIRE

DES RÉSULTATS OBTENUS

DE L'ANALYSE DES SUBSTANCES VÉGÉTALES;

PRÉCÉDÉ D'UN ANNUAIRE,

Indiquant, mois par mois, l'époque ordinaire de la récolte des plantes indigènes, et présentant, par ordre alphabétique, le nom des Pharmaciens
dont les travaux ont enrichi la science.

OUVRAGE PUBLIÉ SOUS LA DIRECTION

DE M. A. CHEVALLIER,

PAR M. M. P. DE MÉZE.

A PARIS,

CHEZ THOMINE, LIBRAIRE,

RUE DE LA HARPE, N° 78.

1830.

AVIS DES AUTEURS.

Dans une discussion qui s'était élevée relativement à la prétendue suprématie des Pharmaciens
étrangers sur les Pharmaciens français, M. Chevallier, tout en rendant justice aux premiers,
soutint que la Pharmacie française avait rendu
de grands services à la science, et qu'on en
acquerrait aisément la conviction si on faisait
une Notice bibliographique des travaux que ses
membres ont publiés depuis 40 ans. C'est de là
que nous est venue la première idée de faire le
Recueil que nous publions et que M. Chevallier
a bien voulu revoir. Il serait sans doute d'un
grand intérêt d'avoir également une Notice sur
les travaux des Pharmaciens qui ont précédé,
puisqu'on y trouverait l'énumération de ceux de
Nicolas Prévot, de Lémery, de Boulduc, de Cha-
ras, de Geoffroi, des Rouelle, de Beaumé, de
Bayen, etc.; mais nous ne connaissons, parmi
les savans qui s'occupent de Pharmacie, que
trois personnes capables de faire les recherches
nécessaires pour cet objet.

Il serait aussi à désirer qu'on fît le relevé des
travaux des Pharmaciens étrangers, afin d'établir
le parallèle avec celui qui nous publions.

a

Quelques soins que nous ayons apportés dans nos recherches, il a dû nécessairement nous échapper un grand nombre de faits importans, surtout pour les travaux publiés dans les départemens et qu'on ne connaît à Paris que d'une manière imparfaite. MM. les Pharmaciens dont quelques travaux auraient été omis, ou qui auraient des observations à faire sur les indications données dans le présent Recueil, sont priés de vouloir bien adresser leurs réclamations, *franc de port*, à M. Thomine, libraire-éditeur. Nous y aurons égard si les circonstances nous permettent de compléter plus tard notre travail.

Pour rendre notre Recueil plus intéressant et afin de lui donner un but d'utilité réel, non seulement pour les Pharmaciens français et étrangers, mais encore pour les Chimistes et les Médecins, et pour toutes les personnes qui s'occupent de botanique, d'économie domestique, de l'emploi des substances alimentaires et oléagineuses, etc., nous avons cru devoir terminer cet ouvrage par un Dictionnaire offrant les résultats obtenus par les Chimistes français et étrangers qui se sont occupés de l'analyse végétale et de l'examen chimique des racines, tiges, fleurs, fruits, produits divers, etc.

En tête du volume, nous avons placé un calendrier dans lequel nous avons indiqué le nom des substances qui doivent être récoltées dans le mois ; nous y avons intercalé aussi le nom, par lettre alphabétique, des Pharmaciens qui, par leurs travaux, ont fait faire des progrès à la science, ainsi que ceux des élèves qui se sont distingués dès leurs premiers pas dans la carrière.

Le cadre que nous nous étions tracé ne nous a permis de parler que des Pharmaciens, et nous avons dû éprouver un grand regret de ne pouvoir citer en même temps les travaux de MM. Chevreul, d'Arcet, Dulong, Gay-Lussac, Orfila, Thénard, etc., qui font faire journellement à la science des progrès si immenses, ni ceux de MM. Dumas, Lassaigne, Payen, Félix d'Arcet, etc., qui depuis long-temps déja enrichissent de leurs écrits les journaux scientifiques.

DATES.	JOURS.	NOMS DES SAINTS.	NOMS DES PHARMACIENS.	VILLES OU ILS HABITENT.	PLANTES qu'on peut récolter dans ce mois.
1	V.	Circoncision.	Accarie.	Valence.	
2	S.	S. Basile.	Adam.	Metz.	
3	D.	Ste Geneviève.	Alyon.	Paris.	
4	L.	S. Rigobert.	Amblar.	Ardèche.	
5	M.	S. Siméon.	Amphoux.	Cette.	
6	M.	Épiphanie.	Amstein.	L'Échelle.	Le pharmacien dans ce mois ne fait aucune récolte de plantes médicinales. Les végétaux semblent prendre un repos qui leur est nécessaire pour fournir une nouvelle carrière, et donner lieu à de nouvelles productions.
7	J.	S. Théau.	Ancelin.	Paris.	
8	V.	S. Lucien.	Antoine.		
9	S.	S. Furcy, abbé.	Arnaud.	Nancy.	
10	D.	S. Paul, ermite.	Astier.		
11	L.	S. Théodose.	Astoux.	Marseille.	
12	M.	S. Ferjus.	Bacon.	Caen.	
13	M.	Bapt. de N. S.	Badolier.	Chartres.	
14	J.	S. Félix de N.	Baget.	Paris.	
15	V.	S. Maur, abbé.	Bailleau.	Paris.	
16	S.	S. Guillaume.	Balard.	Montpelier.	
17	D.	S. Antoine.	Banon.	Toulon.	
18	L.	Ch. S. P. à R.	Barbe.	Roane.	
19	M.	S. Sulpice.	Barbet.	Paris.	
20	M.	S. Sébastien.	Barny.	Limoges.	
21	J.	Ste Agnès.	Barruel.	Paris.	
22	V.	S. Vincent, m.	Barse.	Riom.	
23	S.	S. Ildephonse.	Bataille.	Paris.	
24	D.	S. Babylas.	Batillat.	Mâcon.	
25	L.	Conv. de S. Paul.	Baudot.	Langres.	
26	M.	Ste Paule, vierge.	Béral.	Paris.	
27	M.	S. Julien, év.	Bérard.	Montpelier.	
28	J.	S. Charlemagne.	Bergeron.	Issoudun.	
29	V.	S. Fr. de Sales.	Berger.	Bordeaux.	
30	S.	Ste Bathilde.	Bernadet.	Toulouse.	
31	D.	Ste Marcelle.	Berthemot.	Paris.	

Février.

DATES.	JOURS.	NOMS DES SAINTS.	NOMS DES PHARMACIENS.	VILLES OU ILS HABITENT.	PLANTES qu'on peut récolter dans ce mois.
1	L.	S. Ignace.	Bertrand.	Ph. militaire.	
2	M.	PURIFICATION.	Bezu.	Bourb.-les-B.	
3	M.	S. Blaise.	Bizos.	Paris.	
4	J.	S. Philéas.	Blondeau.	Paris.	
5	V.	Ste Agathe, v.	Boissel.	Paris.	
6	S.	S. Vast, év.	Boissenot.	Chàl.-sur-S.	Si la saison est tempérée, on peut déja récolter quelques violettes printanières.
7	D.	*Septuagésime.*	Bonnard.	Neuv.-aux-B.	
8	L.	S. Jean de M.	Bonastre.	Paris.	
9	M.	Ste Apolline.	Bonté.	Clermont (O.).	
10	M.	Ste Scholastique.	Borde.	Paris.	
11	J.	S. Severin.	Bories.	Montpelier.	
12	V.	Ste Eulalie.	Bosson.	Mantes.	
13	S.	S. Lesin, év.	Boudet oncle.	Paris.	
14	D.	*Sexagésime.*	Boudet neveu.	Paris.	
15	L.	S. Faustin.	Bougueret.	Langres.	
16	M.	Ste Julienne.	Bouillod.	Ph. militaire.	
17	M.	Ste Marianne.	Bouillon - Lagr.	Paris.	
18	J.	S. Siméon.	Bouis.	Perpignan.	
19	V.	S. Boniface.	Boullay.	Paris.	
20	S.	S. Eucher, év.	Bouriat.	Paris.	
21	D.	*Quinquagésime.*	Boutron-Charl.	Paris.	
22	L.	Ste Isabelle.	Braconnot.	Nancy.	
23	M.	*Mardi-gras.*	Brault.	Mets.	
24	M.	*Les Cendres.*	Briant.	Paris.	
25	J.	S. Alexandre.	Brossat.	Bourgoin (Is.).	
26	V.	Cinq plaies.	Bussy.	Paris.	
27	S.	Ste Honorine.	Cadet-Gass. père.	Paris.	
28	D.	*Quadragésime.*	Cadet-Gass. (F.)	Paris.	

Mars.

DATES.	JOURS.	NOMS DES SAINTS.	NOMS DES PHARMACIENS.	VILLES OU ILS HABITENT.	PLANTES qu'on peut récolter dans ce mois.
1	L.	S. Aubin.	Cadet-de-Vaux.	Paris.	Bourg. de peuplier.
2	M.	S. Simplice.	Caillot.	Paris.	Ficaire.
3	M.	*Quatre-Temps.*	Cap.	Lyon.	Fleurs de giroflée j.
4	J.	S. Casimir.	Capron.	Paris.	— de pêcher.
5	V.	S. Drausin, év.	Castagnoux.	Corse.	— de pervenche.
6	S.	Ste Colette.	Castillo.		— de primevère.
7	D.	*Reminiscere.*	Caventou.	Paris.	— de tussilage.
8	L.	S. Jean-de-Dieu.	Cédié.	Villeneuve.	⚘ de violette.
9	M.	Ste Françoise.	Chagnet.		*Nota.* Nous indi-
10	M.	S. Doctrovée.	Chancel.	Briançon.	quons ici les épo-
11	J.	S. Euloge.	Chaptal.	Montpelier.	ques générales pour
12	V.	S. Paul, év.	Charlard.	Paris.	la récolte des plan-
13	S.	Ste Euphrasie.	Charpentier.	Valenciennes.	tes. Ces époques
14	D.	*Oculi.*	Chatelain.	Toulon.	peuvent varier par
15	L.	S. Longin.	Chauffard.	Rouen.	différentes causes :
16	M.	S. Cyriaque.	Chéreau.	Paris.	1° Lorsque la sai-
17	M.	Ste Gertrude.	Chevallier.	Paris.	son est très froide et
18	J.	S. Alexandre, év.	Chirol.	Marseille.	très humide; 2° lors-
19	V.	S. Joseph.	Cizos.	Versailles.	que la saison est très
20	S.	S. Joachim.	Clémandot.	Paris.	chaude. On doit aus-
21	D.	*Lœtare.*	Cléramb.-Del.	Paris.	si avoir égard à la
22	L.	S. Pôl, év.	Cluzel.	Paris.	température du lieu.
23	M.	S. Victorien.	Coldefy-Dorly.	Crépy (Oise).	Ainsi, dans des dé-
24	M.	Ste Catherine.	Colmet.	Paris.	partemens de la
25	J.	ANNONCIATION.	Comesny.	Reims.	France (les dépar-
26	V.	S. Ludger.	Cottereau.	Vendôme.	temens du midi),
27	S.	S. Ruppert.	Corriol.	Clichy.	on peut récolter au
28	D.	*Passion.*	Coulomb.		mois de mars les
29	L.	S. Eustache.	Couret fils.	St.-Gaudens.	plantes qu'on ré-
30	M.	S. Rieul.	Courtois.	Paris.	colte en avril sous
31	M.	Ste Balbine.	Couverchel.	Paris.	d'autres latitudes, etc. etc.

DATES.	JOURS.	NOMS DES SAINTS.	NOMS DES PHARMACIENS.	VILLES ou ILS HABITENT.	PLANTES qu'on peut récolter dans ce mois.
1	J.	St. Hugues.	Cresson.	Versailles.	Bourg. de peupliér.
2	V.	*Compassion.*	Cronan.	Rouen.	Fleurs de giroflée j.
3	S.	S. Richard.	Curaudau.	Vendôme.	— de pêcher.
4	D.	RAMEAUX.	Dabit.	Nantes.	— de primevère.
5	L.	S. Ambroise.	Damar.	St.-Omer.	— de tussilage.
6	M.	S. Prudence.	Darracq.	M.-de-Mars.	— de violettes.
7	M.	S. Hégésippe.	Decourdemanch.	Caen.	— de narc. des prés.
8	J.	S. Gauthier.	Delarue.	Évreux.	— d'ortie blanche.
9	V.	*Vendredi-Saint.*	Delondre (L.).	Paris.	— de pied-de-chat.
10	S.	S. Onésime.	Delunel.	Paris.	Feuilles d'ozarum.
11	D.	PAQUES.	Demachy.	Paris.	— de mandragore.
12	L.	S. Jules.	Derheims.	St.-Omer.	
13	M.	S. Justin.	Derosne (Ch.).	Chaillot.	
14	M.	S. Tiburce.	Derosne.	Paris.	
15	J.	Ste Hélène.	Desaybats.	Bordeaux.	
16	V.	S. Fructueux.	Dessaux.	Poitiers.	
17	S.	S. Anicet.	Deschalaris.		
18	D.	*Quasimodo.*	Deschamps aîné.	Lyon.	
19	L.	S. Léon.	Deschamps j.	Lyon.	
20	M.	Ste Hildegonde.	Desertine.	Ph. militaire.	
21	M.	S. Anselme.	Dessolles.	Besançon.	
22	J.	Ste Opportune.	Deslauriers.	Paris.	
23	V.	S. Georges.	Desmarest.	Paris.	
24	S.	Ste Beuve.	Desnos.	Alençon.	
25	D.	S. Marc.	Després.	Paris.	
26	L.	S. Clet.	Destouches.	Paris.	
27	M.	S. Policarpe.	Deyeux.	Paris.	
28	M.	S. Vital.	Dispan.		
29	J.	S. Robert.	Dive.	Peyrhorade.	
30	V.	S. Eutrope.	Dizé.	Paris.	

DATES.	JOURS.	NOMS DES SAINTS.	NOMS DES PHARMACIENS.	VILLES OU ILS HABITENT.	PLANTES qu'on peut récolter dans ce mois.
1	S.	S. Jacq. S. Phil.	Drappiez.	Lille.	Absinthe 1re coupe
2	D.	S. Anathase.	Drouot.	Nancy.	Anémone pulsatile.
3	L.	Inv. de Ste Cr.	Dublanc jeune.	Paris.	Alliaire. Blette.
4	M.	Ste Monique.	Dubuc.	Rouen.	Bécabunga.
5	M.	Cr. de S. André.	Duchartre.	Béziers.	Ciguë (Grande). Cochléaria.
6	J.	S. Jean P. L.	Duchemin.	Havre.	Cresson.
7	V.	S. Stanislas.	Duffaut.	Trie.	Eupatoire.
8	S.	S. Désiré, év.	Dufour-Delpit.	Paris.	Lierre terrestre. Pulmonaire off.
9	D.	S. Grégoire, erm.	Dulong.	Astafort.	Pimprenelle petite.
10	L.	S. Gordien.	Dupont.	Paris.	Fleurs de muguet.
11	M.	S. Léon.	Duportal.	Montpellier.	— de pensée cult.
12	M.	S. Mauvert.	Dupray.	Havre.	— de roses pâles.
13	J.	S. Servais.	Dupuy.	Paris.	— de roses rouges. Chatons de noyer.
14	V.	S. Pacôme.	Dupuytren.	Limoges.	
15	S.	S. Isidore.	Duroziez.	Paris.	
16	D.	S. Honoré.	Escalier.	Vierzon.	
17	L.	*Rogations.*	Étoc-Demazy.	Le Mans.	
18	M.	S. Félix.	Fabre.	Paris.	
19	M.	S. Célestin.	Farines.	Perpignan.	
20	J.	ASCENSION.	Fauré.	Bordeaux.	
21	V.	S. Hospice.	Fée.	Lille.	
22	S.	Ste Julie.	Feneulle.	Cambray.	
23	D.	S. Didier, év.	Ferrat.	Toulon.	
24	L.	S. Donatien.	Figuier.	Montpelier.	
25	M.	S. Urbain.	Fleurot.	Dijon.	
26	M.	S. Philippe de N.	Fleury.	Versailles.	
27	J.	Oct. de l'Asc.	Formey.	Châlons (M.).	
28	V.	S. Germain.	Fortin.	Versailles.	
29	S.	S. Maximilien.	Fougeron.	Orléans.	
30	D.	PENTECOTE.	Fournier.	Nîmes.	
31	L.	Ste Pétronille.	Foy.	Paris.	

DATES.	JOURS.	NOMS DES SAINTS.	NOMS DES PHARMACIENS.	VILLES OU ILS HABITENT.	PLANTES qu'on peut récolter dans ce mois.
1	M.	S. Pamphile.	François.	Paris.	Feuilles et sommités.
2	M.	*Quatre-Temps.*	Frémy.	St.-Dizier.	Ache.
3	J.	Ste Clotilde.	Frigerio.	Paris.	Aneth.
4	V.	S. Quirin.	Galard.		Angélique.
5	S.	S. Boniface.	Galès.	Paris.	Armoise.
6	D.	La Trinité.	Garot.	Paris.	Aurone.
7	L.	S. Paul, cén.	Gaudichot.	Paris.	Azarum.
8	M.	S. Médard.	Gautier.	Paris.	Bardane.
9	M.	Ste Pélagie.	Gautier.	Sorins.	Belladone.
10	J.	Fête-Dieu.	Gay.	Montpellier.	Bétoine.
11	V.	S. Barnabé.	Gérard.	Ph. militaire.	Bourrache.
12	S.	S. Basilide.	Germain.	Fécamp.	Bugle.
13	D.	S. Antoine de P.	Germain.	Ph. militaire.	Buglose.
14	L.	S. Ruffin.	Gessard.	Rouen.	Capillaire Montp.
15	M.	S. Guy, mart.	Girardin.	Rouen.	— Polytric.
16	M.	S. Fargeau.	Godefroy.	Paris.	Centaurée (grande).
17	J.	Oct. de la F. D.	Grammaire.	Paris.	— jacée.
18	V.	Ste Marine.	Granet.	Ph. militaire.	Chamædrys.
19	S.	S. Gerv. S. Prot.	Gruel.	Versailles.	Chamæpitys.
20	D.	S. Silvère, p.	Guéranger.	Le Mans.	Chardon bénit.
21	L.	S. Leufroi.	Guiart fils.	Paris.	— étoilé.
22	M.	S. Paulin.	Guibourt.	Paris.	— marie.
23	M.	S. André. *V.*	Guilbert.	Paris.	Chicorée.
24	J.	Nat. de S. J. B.	Guillaume.	Paris.	Digitale.
25	V.	S. Prosper.	Guillemineau.	Gien.	Épurge.
26	S.	S. Babolein.	Guillermond.	Lyon.	Erysimum.
27	D.	S. Creacent.	Guitton.	Strasbourg.	Euphraise.
28	L.	S. Irénée.	Haguenau.	Pézénas.	Fenouil.
29	M.	S. Pierre S. Paul.	Hébert.		Filipendule.
30	M.	Conv. de S. Paul.	Hecht.	Strasbourg.	Fumeterre.

Suite des plantes : Galiet jaune. Géran. bec de grue. Guimauve. Joubarbe. Jusquiame noire. Laitue vireuse. Marube blanc. Pariétaire. Pervenche. Pissenlit. Plantin.

Suite des feuilles.	*Fleurs.*	Oranger.	*Fruits.*
Ronce.	Buglose.	Pied-de-chat.	Cerises.
Saponaire.	Coquelicot.	Ptarmique.	Framboises.
Scabieuse.	Camomille vulg.	Roses pâles.	Fraises.
Véronique.	Genet.	— rouges.	Groseilles.
Verveine.	Lis blanc.	Souci cultivé.	Petites noix.
	Matricaire.	Sureau.	

Juillet.

DATES.	JOURS.	NOMS DES SAINTS.	NOMS DES PHARMACIENS.	VILLES OU ILS HABITENT.	PLANTES qu'on peut récolter dans ce mois.
1	J.	S. Martial.	Hectot.	Nantes.	*Feuilles et sommités.*
2	V.	Visitation.	Henry père.	Paris.	Absinthe 2ᵉ coupe.
3	S.	S. Anatole.	Henry fils.	Paris.	Aigremoine.
4	D.	Tr. de S. M.	Herberger.	Strasbourg.	Angélique.
5	L.	Ste Zoé.	Hernandès.	Paris.	Argentine.
6	M.	S. Tranquille.	Hottot.	Paris.	Ballotte.
7	M.	Ste Aubierge.	Houzeau.		Basilic.
8	J.	Ste Élisabeth.	Humbert.	Toulon.	Bon-Henri.
9	V.	S. Hérault.	Idt.	Lyon.	Calament.
10	S.	Ste Félicité.	Jacquemin.	Arles.	Cataire.
11	D.	Tr. de S. Benoît.	Jéromel.	Asnière (H.V.)	Centaurée gr. et pet.
12	L.	S. Gualbert.	Josse.	Paris.	Chamædrys.
13	M.	S. Turiaf.	Journet.	Paris.	Chamæpitys.
14	M.	S. Bonaventure.	Joyeux.	Le Puy.	Chardon bénit.
15	J.	S. Henri.	Julia-Fontenelle.	Paris.	Clématite brûlante.
16	V.	N. D. du M. C.	Labarraque.	Paris.	Chélidoine.
17	S.	S. Alexis.	Labarthe.	Paris.	Cuscute.
18	D.	S. Clair.	Lacassagne.	Adge.	Ésule petite.
19	L.	S. Vincent.	Lalande fils.	Falaise.	— ronde.
20	M.	Ste Marguerite.	Landreau.	Angoulême.	Eupatoire.
21	M.	S. Victor.	Langlois.	Bolbec.	Gratiole.
22	J.	Ste Madeleine.	Lansberg.		Galiet jaune.
23	V.	S. Apollinaire.	Lapostolle.	Amiens.	Hyssope.
24	S.	Jours canic.	Lartigues.	Bordeaux.	Marjolaine.
25	D.	S. Jacques, m.	Laserre.	Bordeaux.	Marum.
26	L.	Tr. de S. Marc.	Laubert.	Paris.	Mauve.
27	M.	S. Pantaléon.	Laudet.	Bordeaux.	Mélilot.
28	M.	S. Anne.	Langier.	Paris.	Menthe crépue.
29	J.	S. Loup.	Laurent-Sallé.	Brest.	— poivrée.
30	V.	S. Addon.	Laurens.	Marseille.	— pouillot.
31	S.	S. Germ. l'Aux.	Lebas.	Paris.	Millefeuille.

Millepertuis.
Nicotiane.
Origan.
Orpin âcre.
— reprise.
Orvale.
Passerage.
Pied-de-lion.
Persicaire.
Renoncule âcre.

Romarin.	Sumac.	Ortie blanche.	Fraises.
Rossolis.	Tanaisie.	Pivoine.	Groseilles.
Rue.	Thym.	Scabieuse.	Lupin.
Sabine.	Ulmaire.	Souci.	Merises.
Salicaire.	*Fleurs.* Bourrache.	Tilleul.	Noix vertes.
Sanicle.	Chèvrefeuille.	Verge d'or.	Pavot blanc.
Sauge.	Lavande.	Violette.	— noir.
— des bois.	Mauve.	*Fruits.* Cassis.	Persil.
Scrofulaire.	OEillet rouge.	Cerises.	Psyllium.
Seneçon.	Oranger.	Framboises.	Thlaspi.

DATES.	JOURS.	NOMS DES SAINTS.	NOMS DES PHARMACIENS.	VILLES OU ILS HABITENT.	PLANTES qu'on peut récolter dans ce mois.
1	D.	Susc. Ste Croix.	Lebourdais fils.		*Écorce.*
2	L.	S. Étienne.	Lebret.	Rouen.	De sureau.
3	M.	Inv. S. Étienne.	Lebreton.	Angers.	*Feuilles.*
4	M.	S. Dominique.	Lecanu fils.	Paris.	Belladone.
5	J.	S. Yon.	Lecœur.	Dives.	Menthe poivrée.
6	V.	Tr. de N. S.	Lecoq.	Clermont.	Menyanthe. Morelle.
7	S.	S. Gaétan.	Ledanois.	Orizava.	Nicotiane.
8	D.	S. Justin.	Lefortier.	Sèvres.	Rue.
9	L.	S. Romain.	Lemaire-Lisanc.	Sceaux.	Stramoine.
10	M.	S. Laurent.	Leperdriel.		*Fleurs.*
11	M.	Susc. Ste Croix.	Leroux.	Paris.	Bouillon blanc. Grenadier.
12	J.	Ste Claire.	Leroux.	Versailles.	Guimauve.
13	V.	S. Hippolyte.	Lesant.	Nantes.	Houblon.
14	S.	S. Guerf. *V. j.*	L'Escalier.	Vierzon.	*Fruits et semences.*
15	D.	ASSOMPTION.	Lesanvage.	Ph. militaire.	Anis.
16	L.	S. Roch.	Lescot.	Paris.	Carvi. Coriandre.
17	M.	S. Mamès.	Lesson.	Paris.	Concombre.
18	M.	Ste Hélène.	Limouzin-Lam.	Alby.	— sauvage
19	J.	S. Louis, év.	Lodibert.	Paris.	Melon.
20	V.	S. Bernard.	Loiseau.		Mures. Noix vertes.
21	S.	Ste J. F. de Ch.	Magnes.	Toulouse.	
22	D.	S. Symphorien.	Maudel.	Nancy.	
23	L.	Ste Sidonie.	Marion.	Auxonne.	
24	M.	S. Barthélemy.	Margueron.	Tours.	
25	M.	S. Louis, roi.	Martin (C.).		
26	J.	Fin des jours can.	Martrés fils.		
27	V.	S. Césaire.	Maujean.	Paris.	
28	S.	S. Augustin.	Ménard.	Lunel.	
29	D.	S. Médéric.	Menigaut.	Ste-Livrade.	
30	L.	S. Fiacre.	Mérat-Guillot.	Auxerre.	
31	M.	S. Ovide.	Mercadieu.	Paris.	

Septembre.

DATES.	JOURS.	NOMS DES SAINTS.	NOMS DES PHARMACIENS.	VILLES OU ILS HABITENT.	PLANTES qu'on peut récolter dans ce mois.
1	M.	S. Leu S. Gilles.	Métrasse.		*Feuilles.*
2	J.	S. Lazare.	Meyrac.	Bordeaux.	De mercuriale.
3	V.	S. Grégoire.	Mialhe.	Bordeaux.	*Fruits.*
4	S.	Ste Rosalie.	Mitouart.	Paris.	Alkek rouge.
5	D.	S. Bertin.	Mollier.	Fontainebl.	Cynorhodon.
6	L.	S. Onésipe.	Morel.	S.-Étienne.	Concombre. Épine vinette.
7	M.	S. Cloud.	Morelot.	Paris.	Nerprun.
8	M.	Nativité.	Morin.	Rouen.	Noisettes.
9	J.	S. Omer.	Moringlane.	Paris.	Potiron. Sureau.
10	V.	Ste Pulchérie.	Mouchon.	Lyon.	Yéble.
11	S.	S. Patient.	Mouchous.	Perpignan.	*Racines.*
12	D.	S. Serdot.	Mougeat.	Quimper.	Angélique.
13	L.	S. Manille.	Mouquet.		Aristoloches div.
14	M.	Exalt. Ste Croix.	Moutillard.	Paris.	Arrête-bœuf. Arum.
15	M.	*Quatre-Temps.*	Nicole.	Dieppe.	Azarum.
16	J.	S. Cyprien.	Olivier.	Châlons (M).	Asclépiade.
17	V.	S. Lambert.	Opoix.	Provins.	Asperge. Bistorte.
18	S.	S. Jean Chrysost.	Pallas.	En Morée.	Calamus aromat.
19	D.	S. Janvier.	Pannetier.	Corbeil.	Canne. Chélidoine.
20	L.	Ste Fauste.	Parent.	Clamecy.	Chicorée.
21	M.	S. Mathieu.	Parmentier.	Paris.	Chiendent gros.
22	M.	S. Maurice.	Payssé.	Averne.	— petit. Ellébore blanc.
23	J.	Ste Thècle.	Pellerin.	Paris.	— noir.
24	V.	S. Andoche.	Pelletier père.	Paris.	Fenouil.
25	S.	S. Firmin.	Pelletier fils.	Paris.	Filipendule.
26	D.	Ste Justine.	Penaut.	Bourges.	Fougère mâle. Guimauve.
27	L.	S. Côme S. Dam.	Pérés.	Paris.	Iris.
28	M.	S. Céran.	Pesche.	La Ferté-Bern.	Nénuphar.
29	M.	S. Michel.	Petit.	Corbeil.	Orchis. Oseille.
30	J.	S. Jérôme.	Pétroz.	Paris.	Pain de pourceau.

Suite.			
Patience.	Petit houx.	Pomme-de-terre.	Scrofulaire.
Persil.	Pivoine.	Raifort sauvage.	Tormentille.
	Polypode.	Réglisse.	Valériane.

DATES.	JOURS.	NOMS DES SAINTS.	NOMS DES PHARMACIENS.	VILLES ou ILS HABITENT.	PLANTES qu'on peut récolter dans ce mois.
1	V.	S. Remy.	Pénissat.	Clerm.-Ferr.	*Divers.*
2	S.	SS. Anges.	Pichonnier.	Vimoutiers.	Chou rouge.
3	D.	S. Denis , arch.	Piel Desruiss.	Versailles.	Gui de chêne.
					Bois de genevrier.
4	L.	S. Fr. d'Assises.	Pignol.	Lyon.	*Écorces.*
5	M.	Ste Aure.	Pitay.	Paris.	Chêne.
6	M.	S. Bruno.	Piussan.	Oléron.	Garou.
					Marronier.
7	J.	S. Serge.	Planche.	Paris.	Orme.
8	V.	S. Demétre.	Plisson.	Paris.	*Fruits.*
9	S.	S. Denis.	Pluquet.	Bayeux.	Alkek rouge.
10	D.	S. Géréon.	Podevin.	Paris.	Coings.
					Cynorrhodons.
11	L.	S. M. et C.	Pomier.		Faine.
12	M.	S. Wilfride.	Porlier.	Saliest.	Genièvre.
					Noix.
13	M.	S. Géraud.	Poutet.	Marseille.	Pivoine.
14	J.	S. Caliste.	Prével.	Nantes.	Pomme.
15	V.	Ste Thérèse.	Puissan.	Oléron.	Raisins.
					Ricius.
16	S.	S. Gal.	Ragon.	Paris.	*Racines.*
17	D.	S. Cerboney.	Rathelot.		Aunée.
18	L.	S. Luc.	Reboulh.		Bardane.
19	M.	S. Savenien.	Recluz.	Vaugirard.	Bryone.
					Chardon-Roland.
20	M.	S. Sendou.	Regimbeau.	Montpellier.	Chausse-trappe.
21	J.	Ste Ursule.	Resat.	Remiremont.	Consoude.
22	V.	S. Mellon.	Résès.		Cynoglosse.
					Fraisier.
23	S.	S. Hilarion.	Riffard.		Garance.
24	D.	S. Magloire.	Rissart.	Tarascon.	Impératoire.
25	L.	S. Crép. S. Crép.	Rivet.	Passy.	Rhapontic.
					Rhubarbe.
26	M.	S. Rustique.	Robert.	Rouen.	
27	M.	S. Frumence.	Robinet.	Paris.	
28	J.	S. Sim. S. Jude.	Robiquet.	Paris.	
29	V.	S. Faron.	Rol.	Mirecourt.	
30	S.	S. Lucain. *V. j.*	Rosière.	Tarbes.	
31	D.	S. Quentin.	Rouch.	Limoux.	

DATES.	JOURS.	NOMS DES SAINTS.	NOMS DES PHARMACIENS.	VILLES OU ILS HABITENT.	PLANTES qu'on peut récolter dans ce mois.
1	L.	TOUSSAINT.	Roux.	Nîmes.	
2	M.	*Les Morts.*	Rouyer.	Paris.	
3	M.	S. Marcel.	Salaignac fils.	Bayonne.	
4	J.	S. CHARLES.	Sallé.	Paris.	
5	V.	Ste Bertilde.	Sauson.	Calais.	
6	S.	S. Léonard.	Save.	Ph. militaire.	On récolte quelques fruits qui ne craignent pas la gelée.
7	D.	S. Villebrod.	Saxe.	S.-Planard.	
8	L.	Stes Reliques.	Schœdelin.	Schelestat.	
9	M.	S. Mathurin.	Serrulas.	Paris.	On peut aussi se procurer quelques plantes cryptogames, l'Agaric de Chine, les Lichens.
10	M.	S. Léon.	Simonin.	Nancy.	
11	J.	S. Martin.	Siret.	Paris.	
12	V.	S. René.	Sivet.		
13	S.	S. Brice.	Smyttère.	Paris.	
14	D.	S. Maclou.	Soubeiran.	Paris.	
15	L.	S. Eugène.	Steinacher.	Paris.	
16	M.	S. Edme.	Tancoigne.	Paris.	
17	M.	S. Agnan.	Tapie.	Bordeaux.	
18	J.	S. Mandé.	Thévenin.		
19	V.	Ste Élisabeth.	Thibierge.	Paris.	
20	S.	S. Edmond.	Thiéry.	Caen.	
21	D.	PRÉSENTATION.	Thouéry.	Solomiac.	
22	L.	Ste Cécile.	Tilloy.	Dijon.	
23	M.	S. Clément.	Tirau.	Marseille.	
24	M.	S. Severin.	Tisserand.	Paris.	
25	J.	Ste Catherine.	Tissier.	Lyon.	
26	V.	Ste Geneviève.	Tordeux.	Cambray.	
27	S.	S. Maxime.	Touchaleamme.	Chât.-Gonth.	
28	D.	*Avent.*	Tournal.	Narbonne.	
29	L.	S. Saturnin.	Trave.	S.-Flour.	
30	M.	S. André, ap.	Trémolière.	Ph. militaire.	

DATES.	JOURS.	NOMS DES SAINTS.	NOMS DES PHARMACIENS.	VILLES OU ILS HABITENT.	PLANTES qu'on peut récolter dans ce mois.
1	M.	S. Éloi.	Trusson.	Paris.	
2	J.	S. Franç. Xavier.	Vallée.	Paris.	
3	V.	S. Anême.	Vallet.	Paris.	
4	S.	Ste Barbe.	Vaudin.	Laon.	
5	D	S. Sabas.	Vauquelin.	Paris.	
6	L.	S. Nicolas.	Vergne.	Martel.	Dans ce mois, comme dans le précédent, on ne récolte que des plantes cryptogames.
7	M.	Ste Fare.	Vernet.	Marseille.	
8	M	CONCEPTION.	Vignon.	Toulon.	
9	J.	Ste Gorgonie.	Villeneuve.	Tarbes.	
10	V	Ste Valère.	Virey.	Paris.	
11	S.	S. Fuscien.	Vivié.		
12	D.	S. Damase.	Vuafflard.	Paris.	
13	L.	Ste Luce.	Wahard-Duh.	Charleville.	
14	M.	S. Nicaise.	Ader, élève.	Paris.	
15	M.	*Quatre-Temps.*	Boqué, id.	Paris.	
16	J.	Ste Adélaïde.	Boudet fils, id.	Paris.	
17	V.	Ste Olympe.	Boullay (P.), id.	Paris.	
18	S.	S. Gatien.	Couerbe, id.	Paris.	
19	D.	S. Timoléon.	Deleschamps, id.	Paris.	
20	L.	S. Philognon.	Deschamps, id.	Paris.	
21	M.	S. Thomas.	Desmaret, id.	Paris.	
22	M.	S. Ischirion.	Droguet, id.	Paris.	
23	J.	Ste Victoire.	Figuier, id.	Paris.	
24	V.	S. Yves. *V. j.*	Ferrez, id.		
25	S.	NOEL.	Fiard, id.	Val-de-Grâce.	
26	D.	S. Étienne.	Guillemin, id.	Genève.	
27	L.	S. Jean, évang.	Juillet, id.	Paris.	
28	M.	SS. Innocens.	Méry, id.	Rouen.	
29	M.	S. Thomas.	Pelouze, id.	Paris.	
30	J.	Ste Colombe.	Pouderous, id.	Perpignan.	
31	V.	S. Silvestre.	Quénesville, id.	Paris.	

TABLE BIBLIOGRAPHIQUE

DES TRAVAUX

DES PHARMACIENS

FRANÇAIS

DE 1792 A 1830.

A.

ACCARIE, *pharmacien à Valence.*

Examen chimique de la tige du blé de Turquie, pour s'assurer si la matière sucrée qu'elle contient est susceptible de cristalliser. Annales de Chimie, t. 60, p. 61.

Notice sur l'opium du commerce et sur celui qu'on extrait du *Papaver somniferum* de Linnæus, cultivé en France. Ann. de Chim., t. 64, p. 237.

Nouveau procédé économique pour obtenir l'éther acétique. Bulletin de Pharmacie, t. 1, p. 212.

Mémoire sur la désinfection de l'alcool qui a servi à conserver des matières animales. Journal de Chimie méd., t. 2.

Lettre sur l'eau de fleurs d'oranger obtenue des fleurs salées. Journal de Chim. méd., t. 5.

ADAM, *pharmacien à Metz.*

Notice sur la racine de guimauve du commerce. Journal de Pharm., t. 9, p. 583.

ALYON, *pharmacien au Val-de-Grace.*

Observations sur la préparation de la pommade oxygénée. Journal de la Société des Pharm. de Paris, p. 227.

Note sur la poudre de Tennant et Knox, chlorure de chaux. Ann. de Chimie, t. 53, p. 341.

Note sur l'aya-pana, t. 54, p. 222.

AMBLAR, *pharmacien à Paris.*

Appareil destiné à remplacer le récipient florentin. Décrit dans le Journal de Chim. méd., t. 1, p. 255.

AMPHOUX, *chimiste à Cette.*

Mémoire intitulé : Recherches sur l'opium. Journal de la Soc. des Pharm. de Paris, p. 56.

AMSTEIN DE L'ÉCHELLE, *pharmacien.*

Analyse de l'eau minérale de Laifour (départ. des Ardennes). Journal de Pharm., t. 1, p. 272.

ANCELIN, *pharmacien à Paris.*

Procédé pour reconnaître la falsification du baume de copahu. Journal de Chim. méd., t. 1, p. 508.

ANTOINE, *pharmacien à l'armée du Rhin.*

1799. Résultats de quelques expériences faites pour priver le beurre rance de sa saveur et de son odeur désagréable. Journal de la Soc. des Pharm. de Paris, p. 426.

Observations sur les usages du suc de baies du *Vaccinium myrtillus.* Journal de la Soc. des Pharm. de Paris, p. 472.

Expériences sur les truffes. Annales de Chimie, t. 46, p. 216.

ARNAUD, *pharmacien à Nancy.*

Observations sur la préparation du sulfate de quinine. Journal de Pharm., t. 8, p. 513.

ASTIER, *pharmacien.*

Mémoire sur la préparation du sirop de raisin. Bulletin de Pharm., t. 1, p. 325.

Expériences sur le sirop et le sucre de raisin. Annales de Chim., t. 87, p. 27.

Suite des mêmes expériences, t. 87, p. 271.

ASTOUX, *pharmacien à Marseille.*

Procédé pour extraire le sucre liquide des coings. Bulletin de Pharm., t. 3, p. 215.

B.

BACON, *pharmacien à Caen.*

Notice sur l'analyse du thé de James (*Ledum latifolium*). Journ. de Pharm., t. 9, p. 558.

Tableaux synoptiques des acides minéraux, végétaux et animaux, 1825.

BADOLIER, *pharmacien à Chartres.*

Note sur une nouvelle méthode de préparer l'acide acétique. Annales de Chimie, t. 37, p. 111.

Suite de la même note, t. 54, p. 145.

BAGET, *pharmacien à Paris.*

Description d'un appareil simple et commode pour la distillation du phosphore, et d'un autre destiné à le mouler. Annales de Chimie, t. 73, p. 215.

Mémoire sur une nouvelle préparation magistrale

propre à faciliter l'emploi des sulfures alcalins. Bulletin de Pharm., t. 5 , p. 133.

Description d'un procédé pour nettoyer les gravures tachées par la fumée et l'humidité, sans altérer l'impression ni le papier. Bulletin de Pharm., t. 6, p. 495.

Note sur le moiré métallique. Journ. de Pharm., t. 4, p. 25.

BAILLEAU, *pharmacien à Paris.*

Observations sur le tartrite acidule de potasse rendu soluble, ou sur la crême de tartre soluble. Journ. de la Soc. des Pharm. de Paris, p. 213.

BALARD, *pharmacien à Montpellier.*

Mémoire sur une substance particulière contenue dans l'eau de mer (*le brôme*). Journ. de Pharm., t. 12, p. 517.

BANON, *pharmacien à Toulon.*

Sucre indigène extrait de la sève du noyer. Bull. de Pharm., t. 4, p. 125.

BARBE, *pharmacien à Roanne.*

Analyse des eaux de Saint-Alban (Loire). Lyon, 1816.

BARBET, *pharmacien à Paris.*

Analyse du sel désopilant de Rouvière ; inconvéniens de son emploi. Journ. de Ch. méd., t. 5, p. 534.

BARNY, *pharmacien à Limoges.*

Note sur les sangsues, 1826.

BARRUEL.

Examen de la matière sucrée blanche que l'on trouve en grains solides dans les raisins secs d'Espagne et de Corinthe. Bull. de Pharm., t. 1, p. 184.

Mémoire sur l'existence d'un principe propre à caractériser le sang de l'homme et celui de diverses espèces d'animaux. Journ. de Pharm., t. 15, p. 350.

Examen chimique de taches observées sur un linge dans un cas de médecine légale. Journ. de Ch. méd., t. 2, p. 565.

Examen chimique d'une farine et d'un pain ayant causé l'empoisonnement de plusieurs personnes. Journ. de Ch. méd., t. 4, p. 313.

Note sur la présence d'un hydriodate dans le sel marin du commerce. Journ. de Ch. méd. t. 4, p. 275.

Analyse d'une urine. Journ. de Ch. méd., t. 5, p. 12.

La physique réduite en tableau. Annales de Chimie, t. 32, p. 277.

Mémoire sur l'élasticité, t. 33, p. 100.

BARSE, *pharmacien à Riom.*

Procédé pour préparer le sirop de Cuisinier. Journ. de Ch. méd., t. 2, p. 506.

BATAILLE, *pharmacien à Paris.*

Procédé pour la pulvérisation de l'agaric blanc (*boletus pini laricis*). Journ. de Pharm., t. 1, p. 412.

BATILLAT, *pharmacien à Mâcon.*

Extraction de l'huile de pepins de raisins. Journ. de Ch. méd., t. 3, p. 70.

BAUDOT, *Pharmacien à Langres.*

Perfectionnemens apportés à l'hygromètre de Saussure. Bull. de Pharm., t. 1, p. 303.

BÉRAL, *pharmacien à Paris.*

Procédé pour faire le sulfure de potasse. Bull. de Pharm., t. 6, p. 358.

Notes sur la fermentation. Journ. de Pharm., t. 1, p. 359.

Formules et procédés propres à préparer divers tissus sparadrapiques. Journ. de Pharm., t. 15, p. 439.

Moyen de reconnaître promptement, et avec certitude, la présence de l'alcool dans les huiles volatiles. Journ. de Chim. méd., t. 3, p. 381.

BÉRARD , *de Montpellier.*

Note sur les élémens de quelques combinaisons, et principalement des carbonates et sous-carbonates alcalins. Annales de Chimie, t. 71, p. 41.

Note sur l'eau contenue dans la soude fondue. Ann. de Chim., t. 72, p. 96.

Observations sur les oxalates et sur les oxalates alcalins, et principalement sur les proportions de leurs élemens. Ann. de Chim., t. 73, p. 263.

BERGERON, *pharmacien à Issoudun.*

Procédé pour préparer la Tridace. Journ. de Chim. méd., t. 2, p. 506.

BERGÈS, *pharmacien à Bordeaux.*

Procédé pour préparer l'oxyde d'antimoine d'hydro-sulfuré rouge, kermès minéral. Journ. de Pharm., t. 7, 195.

BERNADET, *pharmacien à Toulouse.*

Réfutation du mémoire sur le sulfate de quinine, de M. Guerette. Journ. de Chim. méd., t. 1, p. 354.

BERTHEMOT, *pharmacien à Paris.*

Observations pour servir à l'histoire des iodures métalliques. Journ. de Pharm., t. 14, p. 610.

Note sur l'iodure de cuivre ammoniacal. Journ. de Pharm., t. 15, p. 445.

Note sur l'iodure de potassium et de plomb. Journ. de Chim. méd., t. 3, p. 209.

Note sur l'action des carbonates, des oxydes terreux et alcalins sur les iodures. Journ. de Méd., t. 4, p. 146.

BERTRAND, *pharmacien major à l'armée d'Espagne.*

Préparation de l'onguent mercuriel. Bull. de Pharm., t. 2, p. 95.

Observations sur la préparation de l'amadou en Espagne, t. 2, p. 136.

BEZU, *pharmacien à Bourbonne.*

Mémoire sur l'analyse des eaux minérales de Bourbonne. Bulletin de Pharmacie, t. 1, p. 116.

Notice sur une altération des vins et sur les moyens d'y remédier. Bull. de Pharm., t. 1, p. 173.

BIZOS, *pharmacien.*

1799. Note sur la préparation du sirop d'absinthe. Journ. de la Soc. des Pharm. de Paris, p. 367.

BLONDEAU, *pharmacien à Paris.*

Examen chimique du musc tonquin. Journ. de Pharm., t. 6, p. 105.

Examen chimique du pavot (*Papaver somniferum*). Journ. de Pharm., t. 7, p. 210.

Examen d'un fer oxydulé titanifère, trouvé dans le département de Maine-et-Loire. Journ. de Pharm., t. 11, p. 443.

Note sur une substance cristalline retirée de la grande consoude. Journ. de Ph., t. 13, p. 635.

Note sur la préparation du laudanum de Rousseau ;

(8)

(vin d'opium fermenté du Codex). Journ. de Pharm.,
t. 14, p. 216.

Modification proposée en ce qui concerne les procédés pour la préparation du sirop de baume de Tolu.
Journ. de Pharm. , t. 15, p. 369.

Note sur l'emploi du charbon animal pour la décoloration des sucres. Journ. de Chim. méd., t. 1, p. 334.

Mémoire sur l'emploi de la potasse et du carbonate
de magnésie, pour reconnaître la falsification du
baume de Copahu. Journ. de Chim. méd., t. 1, p. 560.

Moyen pour reconnaître la falsification du baume
de copahu. Journ. de Chim. méd. , t. 2, p. 41.

Analyse de la grande consoude. Journ. de Chim.
méd., t. 3, p. 408.

Extraction de la morphine par fermentation. Journ.
de Chim. méd. , t. 4, p. 454.

BOISSEL, *pharmacien à Paris.*

Analyse chimique d'un bois apporté de Calcutta
(Bengale), et connu sous le nom de Chiretta (avec
M. Lassaigne) Journ. de Pharm. , t. 7, p. 283.

Analyse chimique d'une liqueur contenue dans deux
poches situées entre le péritoine et les intestins de la
tortue des Indes (*testudo Indica*) (avec M. Lassaigne).
Journ. de Pharm. , t. 7, p. 381.

Examen chimique de la synovie humaine (avec
M. Lassaigne). Journ. de Pharm. , t. 8, p. 206.

Essai analytique de la racine de lobélie syphilitique.
Journ. de Pharm., t. 10, p. 623.

BOISSENOT, *pharmacien à Châlons-sur-Saône.*

Note sur une substance cristalline recueillie dans
une huile essentielle de citron qui avait été long-

temps exposée au contact de l'air. Journ. de Pharm., t. 15, p. 324.

Note sur une matière solide qui se forme dans l'essence de térébenthine exposée au contact de l'air. Journ. de Chim. méd., t. 2, p. 143.

Note sur la nature de la cire, t. 2, p. 604, et t. 3, p. 78.

BONNARD, *pharmacien à Neuville-aux-Bois.*

Notes sur les sangsues. Journ. de Chim. Méd., t. 1, p. 547.

BONASTRE, *pharmacien à Paris.*

Essai analytique de la résine élémi (*Amyris elemifera*). Journ. de Pharm., t. 8, p. 388.

Recherches sur les résines, t. 8, p. 571.

Note sur la volatilité des sous-résines, t. 9, p. 178.

Note sur la présence de la fécule dans la noix muscade, t. 9, p. 281.

Considérations sur la résine alouchi, et sur le rapport de son principe amer et de la sous-résine avec les alcalis dits organiques, t. 10, p. 1.

Examen des baies de laurier et de leur matière cristalline, t. 10, p. 30.

Notes sur la phosphorescence de plusieurs sous-résines, t. 10, p. 193.

Analyse du fruit du *Hura crepitans* ou sablier élastique, t. 10, p. 479.

Examen analytique de la fève de Péchurim, t. 11, p. 1.

Note sur l'huile essentielle du *Thuya occidentalis*, t. 11, p. 156.

Analyse du piment de la Jamaïque, t. 11, p. 180.

Mémoire sur la coloration des huiles essentielles par

l'acide nitrique, et de son analogie avec celle de quelques substances végétales vénéneuses, t. 11, p. 529.

Note sur l'acide oxalique formé par l'action de l'acide nitrique sur l'huile essentielle de girofle, t. 12, p., 65.

Examen du baume de sucrier de montagne de l'Hedwigia ; t. 12, p. 485.

Note sur une cristallisation particulière formée dans la teinture de styrax liquide, t. 13, p. 149.

Mémoire sur la combinaison des huiles volatiles de girofle et de piment de la Jamaïque, avec les alcalis et autres bases salsifiables, t. 13, p. 464.

Mémoire sur la combinaison des huiles volatiles de girofle et de piment avec les alcalis, t. 13, p. 513.

Recherches analytiques sur les charançons du blé, t. 13, p. 539.

Recherches sur le *Cinnamomum* des anciens, t. 14, p. 266.

Expériences sur le produit résineux du palmier à cire, et sur sa matière cristalline, t. 14, p. 349.

Recherches chimiques sur quelques substances végétales trouvées dans l'intérieur des cercueils des momies égyptiennes, t. 14, p. 430.

Mémoire sur l'huile volatile de sassafras ; procédé employé pour reconnaître sa falsification, t. 14, p. 645.

Examen chimique de l'écorce de massoy ou mazoy, t. 15, p. 200.

Note sur une nouvelle espèce de myrrhe, et analyse de cette substance, t. 15, p. 281.

Note sur l'huile essentielle de *Thuya occidentalis*. Journ. de Chim. méd., t. 1, p. 155.

Traitement de l'huile de girofle par l'acide nitrique, t. 2 , p. 93.

Coloration de l'huile de petite valériane par l'acide nitrique , t. 2 , p. 453.

Note sur le styrax liquide , t. 3 , p. 150.

Analyse des charançons , t. 3.

Note sur le *Cinnamomum* des anciens, t. 4 , p. 199.

Note sur la résine du palmier , t. 4 , p. 246.

Note sur l'embaumement des anciens, t. 4 , p. 294.

Note sur la coloration en bleu du cristallin de l'œil au moyen de l'acide hydrochlorique, t. 4 , p. 319.

Mémoire sur l'analyse de l'écorce de mazoy, t. 5 , p. 147.

Note sur un prétendu empoisonnement par le vernis des peintres , t. 5 , p. 352.

BONTÉ , *pharmacien à Clermont (sur Oise).*

Examen chimique du charbon d'éponge préparé. Bulletin de Pharm. , t. 5 , p. 399.

BORDE , *pharmacien à Paris.*

Mémoire sur la clarification du miel commun de Bretagne. Bull. de Pharm. , t. 4 , p. 410.

BORIES , *pharmacien à Montpellier.*

Formulaire de Montpellier. 1823.

Analyse de l'eau minérale de Buzignargues. Journ. de Pharm. , t. 12, p. 295.

Diverses observations sur l'emploi du chlore et les chlorures.

BOSSON, *pharmacien à Mantes.*

Prix pour un mémoire sur l'influence du déboisement. Journal de Chim. méd., t. 1, p. 306.

Quelques réflexions sur la législation médicale et pharmaceutique, t. 5, p. 359.

Examen chimique d'un calcul salivaire humain, t. 5, p. 591.

BOUDET, *pharmacien à Paris.*

Essai sur la préparation de l'éther phosphorique. Ann. de Chim., t. 40, p. 123.

Lettre sur les eaux de Gaildorff en Allemagne, t. 60, p. 67.

Extrait d'un nouvel aperçu des résultats obtenus de la fabrication des sirops et conserves de raisin dans le cours de l'année 1812, pour servir de suite à l'instruction sur cette matière publiée en 1809, avec des réflexions générales concernant les sirops et les sucres extraits des autres végétaux indigènes, t. 87, p. 224, et t. 88, p. 104.

Réflexions sur les bouillons et sirops de limaçons, de mou de veau et de choux rouges. Bull. de Pharm., t. 1, p. 24.

Examen du petit-lait présenté par M. Appert de Massy, comme susceptible d'une longue conservation, t. 1, p. 168.

BOUDET (J. P.).

Examen comparé des extraits de pavots cultivés aux environs de Paris et de Naples, et de l'opium d'Egypte, t. 2, p. 223.

Notice sur le pastel, t. 3, p. 208.

Extrait d'une notice sur la préparation des peaux en Egypte, t. 6, p. 362.

Essai sur quelques propriétés du phosphore et de ses combinaisons. Journ. de Pharm., t. 1, p. 145.

(13)

Note sur l'extraction de la gélatine des os, t. 4, p. 228.

Notice histor. de l'art de la verrerie en Egypte, t. 10, p. 75.

BOUGUERET, *pharmacien à Langres*.

Observation sur du sucre coloré en bleu. Journal de Pharm., t. 8, p. 465.

Note sur la coloration des capsules de pavots et du sirop qu'on en obtient, t. 12, p. 582.

BOUILLON-LAGRANGE, *à Paris*.

Mémoire sur l'élasticité. Ann. de Ch., t. 33, p. 100.

Extrait d'une dissertation sur les fièvres pernicieuses, t. 33, p. 164.

Réflexions sur les réformes à faire dans les pharmacopées françaises, t. 33, p. 232.

Plan d'une pharmacopée française, t. 34, p. 153.

Mémoire sur le *Rhus radicans*, t. 35, p. 186.

Essai sur l'art de la verrerie, 1800.

Extraits des recherches sur les lois de l'affinité, t. 36, p. 302.

Extraits du système des connaissances chimiques, etc., t. 36, p. 318, et t. 37, p. 94 et 322.

Extrait de la description des travaux d'amalgamation et de fonderie des ateliers de Halsbruc, t. 38, p. 196.

Manuel de Chimie, 2e édit., 3 vol. in-8°, 1802.

Essai sur les moyens de perfectionner les arts économiques en France, t. 40, p. 97.

Extrait du Cours de physique céleste, t. 44, p. 285.

Examen chimique de la truffe, t. 46, p. 191.

(14)

Analyse de l'ambre gris, t. 47, p. 68.

Nouveau procédé pour préparer les muriates de baryte et de strontiane, t. 47, p. 131.

Extrait de la relation d'un voyage fait dans le département de l'Orne, pour constater la réalité d'un météore observé à l'Aigle. Annales de Chim., t. 47, p. 320.

Mém. sur le lait et sur l'acide lactique, t. 50, p. 272.

Analyse de deux espèces d'agarics, t. 51, p. 75.

Examen chimique de l'écorce de saule blanc et de la racine de benoite, comparées au quinquina, et considérées sous le point de vue médical, t. 54, p. 287.

Examen de quelques substances dites astringentes et amères, les plus usitées en médecine ; moyen de les distinguer et de les classer d'après des caractères chimiques, t. 55, p. 32.

Procédé pour la préparation du muriate de baryte, t. 55, p. 54.

Examen chimique et médical du gésier de volaille blanche, comparé à la gélatine, suivi de l'exposé des caractères que présente cette dernière substance lorsqu'elle est oxygénée, t. 55, p. 225.

Analyse de la glu, t. 56, p. 24.

Recherches sur le tannin et sur l'acide gallique, t. 56, p. 172.

Analyse d'une substance connue sous le nom de turquoise, t. 59, p. 180.

Observations pour servir à l'histoire de l'acide gallique, t. 60, p. 166.

État de la température et des météores à Varsovie, pendant les mois de janv. et fév. 1807, t. 62, p. 54.

Note sur l'existence de l'acide oxalique dans les feuilles du *Rheum palmatum*, t. 67, p. 90.

Essai sur les eaux minérales, naturelles et artificielles, t. 76, p. 322.

Examen de l'*Iris pseudo-acorus* comparé au café, t. 80, p. 112.

Examen du méconium des enfans et de celui des agneaux, t. 86, p. 299.

Suite du même mémoire, t. 87, p. 18.

Mémoire sur l'action du phosphore et du gaz acide muriatique oxygéné sur la potasse et la soude, t. 66, p. 194. (Avec Vogel.)

Expériences sur l'aloès succotrin et hépatique, t. 68, p. 155. (Avec Vogel.)

Expérience sur le sucre, t. 71, p. 91. (Avec Vogel.)

Essai analytique des scammonées d'Alep et de Smyrne, suivi de quelques observations sur la coloration en rouge du tournesol par les résines, t. 72, p. 69. (Avec Vogel.)

Analyse du safran, t. 80, p. 188. (Avec Vogel.)

Mémoire sur l'eau des mers qui baignent les côtes de la France, considérée sous le point de vue chimique et médical, t. 87, p. 190. (Avec Vogel.)

Mémoires sur l'acide subérique, sa préparation, ses propriétés et ses combinaisons salines. Journal de la Soc. des Pharm. de Paris, in-4°, p. 17.

Mémoire sur le camphre et l'acide camphorique, p. 36.

Septembre 1797. Mémoire sur le séné de la Palthe. p. 76.

Octobre 1797. Observations sur les pois d'iris, p. 83.

Décembre 1797. Mémoire sur l'usage et la préparation du muriate de baryte, p. 97.

Mémoire sur le styrax liquide, p. 209.

Note sur l'extraction de la potasse de l'*Erigeron canadense*, p. 214.

Essai analytique des scammonées d'Alep et de Smyrne, suivi d'observations sur la coloration en rouge du tournesol par les résines. Bull. de Pharm., t. 1, p. 421.

Note sur le sirop de raisin, t. 3, p. 67.

Note sur le passage de l'amidon à l'état de muqueux, et sur quelques teintures noires, t. 3, p. 395.

Examen de la graine d'iris comparée au café, t. 3, p. 508.

Analyse du safran (*Crocus sativus*), t. 4, p. 89.

Dispensaire pharmaco-chimique à l'usage des élèves, 1 vol. in-8°.

Mémoire sur l'eau des mers qui baignent les côtes de France. Bull. de Pharm., t. 5, p. 505.

Observations sur les propriétés chimiques et médicales du suc et de l'extrait de carotte rouge. Journal de Pharm., t. 1, p. 529.

Expériences sur la manne, t. 3, p. 10.

Mémoire sur l'acide malique, t. 3, p. 49.

Quelques expériences sur le succin, t. 3, p. 97.

Sirop dépuratif amer, et poudre tempérante laxative, t. 3, p. 215.

Topique anti-cancéreux, t. 5, p. 257.

Nouveau procédé proposé pour préparer l'éther nitrique, t. 5, p. 433.

Considérations sur les médicamens préparés en fabrique, t. 6, p. 541.

Observations sur l'acide benzoïque, extrait du benjoin, et sur celui qu'on retire des urines des animaux herbivores, t. 7, p. 201.

Observations sur l'emploi en médecine de l'huile extraite du semen contra, t. 7, p. 542.

Note sur l'acide subérique, t. 8, p. 107.

Examen chimique de la racine de turbith, t. 8, p. 131.

L'art de composer facilement et à peu de frais les liqueurs de table, les eaux de senteur, et les autres objets d'économie domestique, 2 vol. in-8°, 3e édit.

BOUILLOD, *pharmacien militaire.*

Renseignemens sur divers arts industriels en Allemagne : sur le tannage, la fabrication du salpêtre, la fabrication de la potasse. Bull. de Pharm., t. 2, p. 283.

BOUIS, *pharmacien à Perpignan.*

Analyse d'un oxyde de manganèse. Journ. de Chim. méd., t. 2, p. 299.

Note sur un empoisonnement par l'arsénic, t. 3, p. 243.

Analyse de concrétion urinaire, t. 3, p. 326.

BOULLAY, *à Paris.*

Observations sur l'existence du phosphore dans le sucre. Ann. de Chim., t. 40, p. 204.

Mémoire sur diverses altérations qu'éprouvent les muriates de mercure par l'action de différens corps, t. 44, p. 176.

Mémoire sur la formation de l'éther phosphorique à l'aide d'un appareil particulier, t. 62, p. 192.

Observations sur l'éther sulfurique et sa préparation, t. 62, p. 192.

Mémoire sur le mode de décomposition des éthers muriatique et acétique, t. 63, p. 90.

Nouvel éther résultant de l'action de l'acide arsénique sur l'alcool, t. 68, p. 284.

Nouveau principe immédiat cristallisé auquel la
coque du levant doit ses qualités vénéneuses, t. 70,
p. 209.

Analyse de l'acide acétique (vinaigre radical de la
fabrique de MM. Mollerat). Bull. de Pharm., t. 1, p. 13.

Examen du sirop de pommes destiné à remplacer le
sucre dans les hospices, comparé au sirop de raisin.
Bull. de Pharm., t. 1, p. 85.

Examen chimique des deux liqueurs pour la préparation des bains d'eaux sulfureuses artificielles. Bull.
de Pharm., t. 1, pag. 97.

Réflexions sur l'éther muriatique, ses préparations
et ses usages. Bull. de Pharm., t. 1, p. 107.

Essai d'analyse des fleurs d'oranger (*Citrus auran-
tium*), et observations pratiques sur l'eau distillée de
ces fleurs. Bull. de Pharm., t. 1, p. 337.

Observations sur la préparation de l'élixir vitrio-
lique de Minzicht. Bull. de Pharm., t. 1, p. 507.

Excellent lut à l'usage des laboratoires et des fabriques de produits chimiques. Bull. de Pharm. t. 1,
p. 510.

Sur la propriété attribuée au sucre de faciliter la
dissolution de plusieurs terres. Bull. de Pharm., t. 1,
p. 510.

Observations sur l'état du mercure dans l'onguent
mercuriel. Bull. de Pharm., t. 2, p. 248.

Note sur la solubilité des huiles animales et des
graisses dans l'alcool et l'éther sulfurique. Bull. de
Pharm., t. 2, p. 259.

Observations sur le mutisme et la préparation des
sirops et sucre de raisin. Bull. de Pharm., t. 2, p. 554.

Note sur la préparation simultanée de l'acide acétique et de l'arséniate de soude. Bull. de Pharm., t. 3, p. 263.

Mémoire sur le nouvel éther résultant de l'action de l'acide arsénique sur l'alcool. Bull. de Pharm., t. 3, p. 345.

Analyse chimique de la coque du levant (*Menispermum cocculus*. Bull. de Pharm.), t. 4, p. 1.

Notes historiques sur l'emploi de quelques préparations onguentacées et des bains sulfureux dans le traitement de la gale. Bull. de Pharm., t. 5, p. 518.

Dissertations sur les éthers. Journal de Pharm., t. 1, p. 97.

Observations sur la préparation de plusieurs sirops, t. 1, p. 311.

Observations sur l'existence d'un savon solide à base d'ammoniaque, t. 1, p. 401.

Analyse des amandes douces, t. 3, p. 337.

Nouvelle méthode pour découvrir l'arsénic et le sublimé corrosif dans leurs solutions respectives, et de les distinguer l'un de l'autre, t. 3, p. 335.

Savon sulfuré de soude, t. 4, p. 176.

Note sur la picrotoxine considérée comme un nouvel alcali végétal, t. 4, p. 367.

Note sur l'éthiops martial, t. 4, p. 422.

Dissertation sur l'histoire naturelle et chimique de la coque du levant, t. 5, p. 1.

Analyse des eaux minérales et thermales de Saint-Nectaire, t. 7, p. 269.

Notice sur le principe amer de l'huile de Carapa, considéré comme un alcali végétal, t. 7, p. 291.

Analyse des eaux de Vichy, t. 7, p. 565.

Note sur une méthode simple et facile d'introduire

la gomme ammoniaque dans l'emplâtre de ciguë, t. 8, p. 577.

Examen chimique de la fève Tonka, t. 11, p. 480.

Analyse de l'eau de deux sources de Saint-Nectaire, t. 13, p. 87.

Note sur une combustion spontanée du cobalt, t. 13, p. 433.

Note sur une matière cristalline dépourvue d'amertume qui accompagne la picrotoxine dans les coques du levant, t. 14, p. 61.

Observations sur la composition des huiles volatiles, et particulièrement de celles de fleurs d'oranger et de cannelle, t. 14, p. 497.

Mémoire sur la nature des huiles volatiles. Journal de Chimie méd., t. 1, p. 411.

BOURIAT, *pharmacien à Paris.*

Lettre sur les pilules digestives. Bull. de Pharm., t. 3, p. 515.

Divers rapports à la société d'encouragement.

BOUTRON-CHARLARD, *pharmacien à Paris.*

Note sur le tapioca factice. Journal de Pharm., t. 7, p. 216.

Remarque sur la séparation de la stéarme dans l'huile de ricin, par abaissement de température, t. 8, p. 392.

Essai analytique d'un sel vendu dans le commerce pour du chromate de potasse, t. 9, p. 184.

Mémoire sur la préparation du tartrate de potasse et de fer, t. 9, p. 590.

Note sur les cochenilles noires et jaspées du commerce, t. 10, p. 46.

Recherches sur l'existence du principe acre dans l'embryon du ricin, et sur les causes de l'acreté de l'huile de ricin d'Amérique, t. 10, p. 466.

Examen chimique de la fève Tonka, t. 11, p. 480.

Examen de calculs urinaires, t. 12, p. 556.

Analyse d'une poudre vendue sous le nom de jaune de Cologne, et destinée dans plusieurs cas à remplacer le chromate de plomb, t. 13, p. 223.

Examen chimique de l'écorce du *Quillaia Saponaria*, t. 14, p. 247.

Note sur une presse à percussion, t. 14, p. 464.

Essai chimique sur le *Calamus verus* des anciens. Journal de Chimie méd., t. 1, p. 233.

Analyse de la fève Tonka, t. 1, p. 411.

Note sur une substance rouge qui s'était développée sur de la colle de pâte, t. 2, p. 453.

Traité des moyens de reconnaître la falsification des drogues simples et composées, et d'en constater le degré de pureté; 1 vol. in-8°, 1829; chez Thomine.

BRACONNOT, *pharmacien à Nancy.*

Recherches sur la force assimilatrice des végétaux. Ann. de Chimie, t. 61, p. 187.

Suite des mêmes recherches, t. 61, p. 225.

Observations sur le phytolacca, vulgairement raisin d'Amérique, t. 62, p. 71.

Mémoire sur les acides végétaux qui saturent la potasse dans les plantes; t. 65, p. 277.

Analyse comparée des gommes résines, t. 68, p. 18.

Second mémoire sur l'examen des acides végétaux qui saturent la potasse et la chaux dans les plantes, t. 70, p. 225.

Examen chimique du brou de noix, t. 74, p. 304.

Recherches analytiques sur la nature des champignons, t. 79, p. 265.

Suite des mêmes recherches, t. 80, p. 272.

Expériences sur un acide particulier qui se développe
dans les matières acescentes, t. 86, p. 84.

Nouvelles recherches analytiques sur les champignons, t. 87, 287.

Mémoire sur la nature des corps gras, t. 93, p. 225.

Nouveau préservatif pour la conservation des cadavres et des pièces anatomiques. Journal de Chimie
méd., t. 1, p. 170.

Note sur les urines bleues, t. 1, p. 454.

Note sur l'acide pectique. Journal de Chim. méd.,
t. 1, p. 509.

Examen de l'urine d'un ictérique et d'un liquide
épanché dans son bas-ventre. Journal de Chimie méd.,
t. 3, p. 480.

BRAULT, *pharmacien major à l'hôpital militaire de
Metz.*

Note sur la préparation du sulfate de quinine retiré
du quinquina, épuisé par les décoctions aqueuses. Rec.
des Mém. de Chir. méd. et de Ph. milit., t. 23, p. 249.

Seconde note sur le sulfate de quinine retiré des quinquinas, épuisés par des décoctions et macérations pré-
liminaires, et sur les recherches faites pour constater
la présence de la quinine dans les extraits de ces décoctions et macérations. Rec. de Mém. de Méd., de
Chirur. et de Ph. milit., t. 24, p. 394.

BRIANT, *pharmacien à Paris.*

Procédé pour faire l'onguent populéum, ou pommade de jusquiame et morelle du Codex. Journal de
Pharmacie, t. 7, p. 424.

BROSSAT, *pharmacien à Bourgoin* (Isère).

Mémoire sur diverses sangsues et sur leurs maladies, avec quelques essais pour les en préserver. Journal de Pharmacie, t. 8, p. 22.

BUSSY, *à Paris*.

Mémoire sur le charbon, considéré comme matière décolorante. Journal de Pharmacie, t. 8, p. 257.

Sur l'analyse des substances végétales ou animales. Journal de Pharmacie, t. 8, p. 581.

Note sur l'acide sulfureux anhydre. Journal de Pharmacie, t. 10, p. 202.

Nouvelles recherches sur l'acide sulfurique de Saxe, t. 10, p. 368.

Note sur la présence du persulfate de fer anhydre dans le résidu de la concentration de l'acide sulfurique et des sulfates de fer, t. 11, p. 340.

Mémoire sur la distillation des corps gras, t. 11, p. 353.

Note sur la formation des acides oléique et margarique dans le traitement des graisses par l'acide nitrique, t. 12, p. 605.

Second mémoire, t. 12, p. 617.

Essais chimiques sur l'huile de ricin, t. 13.

Mémoire ayant pour titre : De l'Action de la Chaleur sur les corps gras. Journ. de Chim. médicale, t. 1, p. 303.

Expériences sur l'huile de ricin, t. 1, p. 453.

Distillation de l'huile de ricin, t. 2, p. 507.

Distillation de la cétine, t. 2, p. 507.

Action de l'acide nitrique sur la graisse, t. 2, p. 558.

Note sur le glucynium, t. 4, p. 455.

Note sur le magnésium, t. 4, p. 456.

Traité des moyens de reconnaître les falsifications des drogues simples et composées et d'en constater le degré de pureté, 1 vol. in-8°, 1829; chez Thomine.

C.

CADET DE GASSICOURT, *pharmacien à Paris.*

Observations chimiques communiquées à M. Fourcroy. Annales de Chimie, t. 35, p. 200.

Essai sur un nouvel électromètre, t. 37, p. 68.

Extrait du traité des fièvres pernicieuses, t. 41, p. 282.

Mémoire sur le gluten, t. 41, p. 315.

Note sur la bière de quinquina, t. 41, p. 330.

Note sur l'arbre cirier de la Louisiane et de la Pensylvanie, t. 44, p. 140.

Analyse chimique de quelques alimens, t. 45, p. 143.

Conjectures sur la formation de la glace dans la caverne de la Grâce-Dieu, t. 45, p. 160.

Notice sur le suc de papayer, t. 49, p. 250.

Lettre sur le suc de papayer, t. 50, p. 319.

Analyse de la poudre dite de cyms, t. 55, p. 74.

Mémoire sur le café, t. 58, p. 266.

Mémoire sur l'éther martial, t. 55, p. 323.

Note sur les baguettes d'artillerie propres à remplacer les cordes et lances à feu, t. 59, p. 314.

Analyse des eaux minérales de la Chapelle-Godefroi (avec Salverte), t. 45, p. 305.

Note sur la propriété de l'eau camphrée, t. 62, p. 132.

Mémoire sur la fermentation acéteuse et sur l'art du vinaigrier, t, 62, p. 248.

De la propolis, de son analyse et de ses usages. Bulletin de Pharmacie, t. 1, p. 72.

De quelques tabacs de commerce, et des sternuta-
toires en général, t. 1, p. 263.

Notice sur le blanc de Krems (carbonate de plomb),
t. 1, p. 391.

De la pharmacopée autrichienne, t. 1, p. 446.

Notice sur la cochenille polonaise, t. 1, p. 496.

De l'Osmazome et de son emploi, t. 1, p. 499.

Observations sur la propriété dissolvante de l'albumine et d'autres liquides animaux, t. 1, p. 556.

Sur l'eau minérale gazeuse artificielle, t. 2, p. 10.

Des moyens de reconnaître la présence des miasmes
putrides, t. 2, p. 60.

Conjectures sur la formation du fer dans les végétaux, t. 2, p. 110.

Manne observée sur le saule, t. 2, p. 130.

Dissertation sur Nicandre et analyse de ses deux
poèmes, les Thériaques et les Alexipharmaques, t. 2,
p. 337.

Analyse du licopode, t. 3, p. 31.

Note sur le cachundé, t. 3, p. 79.

Notice sur les vésicatoires, t. 3, p. 204.

Sur la pommade soluble, t. 3, p. 211.

De la clarification au moyen du charbon, t. 3, p. 254.

Sur la nomenclature pharmaceutique, t. 3, p. 337.

Sur les cafés indigènes, t. 3, p. 501.

Formulaire magistral, 1 vol. in-12, 1812.

Mémoire sur l'extinction de la chaux, t. 4, p. 433.

Note historique sur le mitridate et l'alcool, t. 4,
p. 506.

Sur l'alcornoque, t. 4, p. 568.

Sur les vins de fruits, moyens de les préparer sans
fermentation, t. 6, p. 223.

Note sur le vinagrillo d'Espagne, t. 6, p. 351.

Sur le malambo, écorce nouvellement employée en médecine. Journal de Pharmacie , t. 1, p. 20.

Sur le cacahaté ou mani d'Amérique, plus connu sous le nom d'arachyde (*Arachis hypogea*), pistache de terre, t. 1, p. 37.

Analyse des eaux minérales de l'abbaye du Val, t. 2, p. 207.

Recherches géoponiques sur la plus simple analyse des terres arabes , t. 2, p. 327.

Sur le vin de poules, t. 2, p. 473.

Examen d'une nouvelle espèce de quinquina, t. 2, p. 508.

Essai sur les végétaux astringens, et principalement sur ceux qui sont propres au tannage des cuirs, t. 3, p. 100.

Note sur la racine de fédégose, t. 3, p. 257.

Note sur la guarana, t. 3, p. 259.

Note sur les propriétés de la racine de ratanhia, t. 3, p. 260.

Note sur la purification du platine, t. 3, p. 261.

Mémoire sur les teintures pharmaceutiques, t. 3, p. 402.

Examen chimique de la résine liquide de la noix d'acajou, t. 4, p. 144.

Notes sur la propriété du goudron en vapeur dans la phthisie pulmonaire, t. 4, p. 177.

Considérations sur la fabrication et les usages du charbon animal, connu sous le nom de noir d'ivoire, t. 4, p. 301.

Note sur les plantes qui fournissent le plus de potasse, t. 4, p. 381.

Note sur la formation des cristaux métalliques, t. 4, p. 425.

CADET fils (Félix), *pharmacien à Paris.*

Note sur l'emploi de la graine de moutarde blanche. Journ. de Chim. méd., t. 3, p. 206.

CADET-DE-VEAU, *à Paris.*

Mémoire sur les arbres fruitiers. Dict. des Découvertes, t. 1, p. 367.

Mémoire sur le blanchîment du linge par la vapeur. t. 11, p. 98.

Note sur le blanchissage du linge au moyen des pommes de terre, t. 11, p. 100.

Note sur le blé, t. 11, p. 101.

Note sur un bruloir à café en tôle, t. 11, p. 209.

Note sur les cloches en terre cuite, t. 3, p. 268.

Travail sur les eaux, t. 5, p. 322.

Description de divers fourneaux économiques, t. 7, p. 400.

Note sur la graisse retirée des os du cheval, t. 8, p. 395.

Note sur la mélasse, t. 11, p. 266.

Observations sur le méphitisme; t. 11, p. 284.

Note sur la mouture économique, t. 12, p. 9.

Note sur la peinture à la pomme de terre, t. 13, p. 119.

Peinture au lait, t. 13, p. 115.

Mémoire sur des porcelaines diverses, t. 14, p. 116.

Note sur le soufre, t. 15, p. 216.

Observations sur la vigne, t. 16, p. 530.

CAILLOT, *pharmacien à Paris.*

Nouveau procédé pour préparer l'hydriodate de potasse. Journ. de pharm., t. 8, p. 473.

Note sur une nouvelle combinaison de deutiodure,

de mercure et d'ammoniaque (avec M. Corriol), t. 9, p. 381.

Note sur un nouveau composé de cyanure de mercure et de potasse (avec M. Podevin), t. 11. p. 247.

CAP, *pharmacien à Lyon.*

Observations sur la préparation de l'emplâtre de ciguë. Journ. de Pharm., t. 7, p. 577.

Bibliographie, mémoire sur cette question, in-8°, 1823.

CAPRON, *pharmacien à Paris.*

Analyse des racines de l'ellébore noir. Journ. de Pharm., t. 7, p. 503.

CASTAGNOUX, *pharmacien à l'île de Corse.*

1799. Mémoire sur la falsification des médicamens. Journ. de la Soc. des Pharm. de Paris, p. 439.

CASTILLO, *pharmacien.*

Observations sur les proto et deuto-chlorures de mercure. Journ. de Pharm., t. 13, p. 158.

CAVENTOU, *pharmacien à Paris.*

Nouvelle nomenclature chimique, 1816.

Recherches chimiques sur le narcisse des prés. Journ. de Pharm., t. 2, p. 540.

Recherches sur l'action qu'exerce l'acide nitrique sur la matière nacrée des calculs biliaires humains, et sur le nouvel acide qui en résulte, t. 3, p. 292.

Examen chimique du cytise des Alpes, t. 3, p. 306.

Observations chimiques faites sur l'analyse d'un calcul cystique, t. 3. p. 369.

Notice sur la matière verte des feuilles, t. 3., p. 486.

Examen chimique de la cochénille et de sa matière colorante, t. 4, p. 193.

Essai analytique sur la graine du médicinier cathartique, t. 4, p. 299.

Note sur la sophistication des pois d'iris, t. 5, p. 73.

Note sur les pastilles ou pâte d'Épiménide, t. 5, p. 87.

Traité élémentaire de pharmacie théorique d'après l'état actuel de la chimie, ouvrage spécialement consacré à ceux qui se destinent à l'étude de la pharmacie, 1 vol. in-8°, chez Colas, 1819.

Mémoire sur un nouvel alcali végétal trouvé dans la fève de saint Ignace (la noix vomique). Journ. de Ph., t. 5, p. 145.

Mémoire sur une nouvelle base solifiable organique (la brucine), t. 5, p. 529.

Note sur la substance adipocireuse de l'ambre gris, et sur l'origine de ce produit, t. 6, p. 49.

Examen chimique de plusieurs végétaux de la famille des colchicées, et du principe actif qu'ils renferment, t. 6, p. 353.

Recherches chimiques sur les quinquina, t. 7, p. 49.

Examen chimique sur les quinquinas Carthagènes (*Portlandia, exhandra*), t. 7, p. 101.

Examen chimique de l'écorce connue sous le nom de *Kina-nova*, pour faire suite à l'examen chimique des quinquinas, t. 7, p. 109.

Essai chimique sur le quinquina de Sainte-Lucie (*Kina piton*), *Exostemma floribunda*, t. 7, p. 115.

Examen raisonné des principales préparations pharmaceutiques ayant le quinquina pour base, t. 7, p. 118.

Notes sur la composition chimique des écorces de saule et de marronnier d'Inde, t. 7, p. 123.

Recherches sur le principe qui cause l'amertume dans la racine de gentiane (*Gentiana lutea*), t. 7, p. 173.

Manuel des pharmaciens et des droguistes, traduit de l'allemand, 2 vol. in-8°, 1821.

Nouvelles recherches sur la strychnine et sur les procédés employés pour son extraction. Journal de Pharmacie, t. 8, p. 305.

Note sur l'application de la vapeur à la préparation de plusieurs médicamens, t. 5, p. 68.

Note sur la préparation de l'emplâtre de ciguë, t. 8, p. 579.

Note sur la véritable origine et la nature de l'huile de *Croton tiglium*, t. 11, p. 10.

Examen chimique de quelques productions animales morbides, t. 11, p. 462.

Note sur l'huile de ricin. J. de Ch. méd., t. 1, p. 101.

Note sur l'huile d'*Euphorbia latyris*. Journal de Chim. méd., t. 1, p. 262.

Note sur la tridace, t. 1, p. 300.

Note sur des analyses d'oxydes de fer., t. 2.

Analyse de la racine de canneficier. Journ. de Ch. méd., t. 3, p. 358.

Note sur le principe amer de l'absinthe, t. 4, p. 556.

Examen d'un sang blanc, t. 4, p. 608.

CÉDIÉ, *pharmacien à Villeneuve-sur-Lot.*

Note sur l'altération de l'alcool par son séjour dans des estagnons, et sur une falsification du rocou. Journ. de Pharm., t. 15, p. 416.

CHAGNET, *pharmacien.*

1799. Observations pharmaceutiques sur le lait des

vaches qui sont en chaleur. Journ. de la Soc. des Ph. de Paris, p. 415.

CHANCEL, *pharmacien à Briançon.*

Note sur l'empoisonnement des bestiaux par le pain d'amandes du prunier des Alpes, et sur son contre-poison. Journ. de Pharm., t. 3, p. 275.

CHAPTAL.

Mémoire sur les principales espèces d'alun du commerce. Journal de la Soc. des Pharm. de Paris, in-4°, p. 26.

Mémoire sur la nécessité et les moyens de cultiver en France la plante qui fonrnit la soude d'alicante, appelée barille, p. 229.

Mémoire sur la préparation du rouge d'Andrinople , p. 220.

Mémoire sur l'usage des oxydes de fer dans la teinture de coton, p. 220.

Chimie appliquée à l'agriculture, 2 vol. in-8°, 1823.

Mémoire sur quelques propriétés de l'acide muriatique oxygéné. Ann. de Chim., t. 1, p. 69.

Moyen de fabriquer de bonne poterie à Montpellier, vernis qu'on peut employer, t. 11, p. 73.

Observations sur quelques phénomènes que présente la combustion du soufre, t. 11, p. 86.

Combinaison directe des principes de l'alun, t. 11, p. 47.

Expériences sur la dissolution des oxydes mercuriels par le gaz oxygène, t. 4, p. 23.

Description de la fabrique des fromages de Roquefort, t. 4, p. 31.

Vues générales sur la formation du salpêtre, t. 20, p. 308.

Observations sur le savon de laine, et sur ses usages dans les arts, t. 21, p. 27.

Observat. sur les sucs de quelques végétaux, p. 284.

Analyse comparée des quatre principales sortes d'alun connues dans le commerce, t. 22, p. 280.

Note historique sur deux mémoires relatifs à la nature de l'alun, t. 23, p. 222.

Observations sur la nécessité et le moyen de cultiver la barille en France, t. 26, p. 178.

Observations chimiques sur l'épiderme, t. 26, p. 221.

Considérations chimiques sur l'usage des oxydes de fer dans la teinture du coton, t. 26, p. 256.

Observations sur les différences qui existent entre l'acide acéteux et l'acide acétique, t. 28, p. 113.

Observations sur la manière dont on fertilise les montagnes dans les Cévennes, t. 31, p. 41.

Essai sur le perfectionnement des arts chimiques en France, t. 33, p. 295; t. 34, p. 113, et t. 35, p. 113.

Traité sur les vins, t. 35, p. 240.

Deuxième partie de ce traité, t. 36, p. 3.

Troisième partie de ce traité, t. 36, p. 113.

Quatrième partie de ce traité, t. 36, p. 225.

Cinquième partie de ce traité, t. 37, p. 3.

Notice sur un nouveau moyen de blanchir le linge dans nos ménages, t. 38, p. 291.

Analyse de diverses soudes, t. 49, p. 279.

L'art de la teinture du coton rouge, t. 62, p. 294.

Observations sur la distillation des vins, t. 69, p. 59.

Notice sur quelques couleurs trouvées à Pompéia, t. 70, p. 22.

Recherches sur la peinture encaustique des anciens, t. 93, p. 298.

Mémoire sur le sucre de betteraves, t. 95, p. 233.

CHARLARD, *pharmacien à Paris.*

Sur l'extraction de l'huile de Palma-Christi indigène. Bulletin de Pharmacie, t. 4, p. 73.

CHARPENTIER, *pharmacien à Valenciennes.*

Analyse de l'eau de Saint-Romain. Bulletin de Pharmacie, t. 1, p. 492.

Remèdes secrets. Analyse du sel de Descroizilles, t. 2. p. 516.

Examen chimique des fleurs sèches du narcisse des prés, et observations sur leurs propriétés médicales, t. 3, p. 128.

CHATELAIN, *pharmacien de la marine, à Toulon.*

Sur la conservation et la reproduction des sangsues, in-8° de 24 pages, 1826.

Deuxième mémoire sur le même sujet. Ann. de la Méd. physiologique, janvier 1827.

CHAUFFART, *pharmacien à Rouen.*

Note sur la pâte de jujubes. Journ. de Chim. méd., t. 1, p. 289.

CHÉREAU, *pharmacien à Paris.*

Notice sur les élixirs parégoriques. Journ. de Pharm., t. 9, p. 350.

Note sur l'efficacité de l'huile dans les empoisonnemens par la potasse, t. 9.

Observation relative à l'huile de ricin, t. 9, p. 582.

Additions à la note sur les élixirs parégoriques, t. 10, p. 157.

Essai sur les cryptogames utiles, t. 11, p. 40 et p. 593, même vol.

Note sur l'esculine, t. 11, p. 47.

Note sur l'opium de Perse, t. 11, p. 142.

Examen des roses officinales, t. 12, p. 436.

Note sur la manne, t. 14, p. 491.

Note sur l'antidotaire de Nicolas, t. 15, p. 370.

Note sur une ancienne huile de ricin, et observations subséquentes. Journ. de Chim. méd., t. 1, p. 141.

Note sur la poix blanche comme emplâtre, t. 2, p. 1.

Nouvelle nomenclature pharmaceutique, 1826.

Note sur le cestreau tinctorial, t. 2, p. 346.

Note sur le sirop de guimauve, t. 2, p. 440.

Note sur la semence de jusquiame blanche, t. 2, p. 441.

Note sur un empoisonnement par l'acide oxalique, t. 3, p. 62.

Observation sur la bourrache, t. 3, p. 451.

Note sur l'amidon torréfié, t. 3, p. 452.

Note sur les semences de laitue, t. 4, p. 180.

Note sur la fécule torréfiée, t. 4, p. 381.

Note sur la fécule de pommes de terre mêlée aux farines, t. 5, p. 369.

CHEVALLIER, *pharmacien à Paris.*

Analyse de l'*Arundo donax* (canne de Provence). Journ. de Pharm., t. 3, p. 244.

Analyse du *Chenopodium vulvaria* (avec M. Lassaigne), t. 3, p. 412.

Analyse de la chélidoine (avec M. Lassaigne), t. 3, p. 451.

Analyse du chara (avec M. Lassaigne), t. 4, p. 153,

Notice sur les graines du faux ébénier (*Cytisus laburnum*) (avec M. Lassaigne), t. 4, p. 340.

Deuxième notice sur les graines du faux ébénier,
t. 4, p. 554.

Analyse sur les baies de l'if (avec M. Lassaigne, t. 4,
p. 558.

Examen chimique d'humeurs provenant de maladies vénériennes, t. 5, p. 176.

Examen chimique des fleurs d'arnica (*Arnica mon-
tana*) (avec M. Lassaigne), t. 5, p. 248.

Examen d'un miel qui, par son exposition à l'air, a
changé de nature, et s'est réduit en matière sucrée solide, t. 5, p. 253.

Examen chimique de l'acide particulier formé pendant la distillation de l'acide urique et des calculs d'urate
d'ammoniaque (avec M. Lassaigne), t. 6, p. 58.

Observation sur la manière dont se comporte avec
les acides et les alcalis la matière colorante des baies de
sureau (*Sambucus nigra*) appliquée sur le papier, t. 6,
p. 177.

Observations sur l'auriculaire bleue (*Thelephora cœ-
rulea*), t. 6, p. 505.

Analyse chimique de la serpentaire de Virginie (*Aris-
tolochias*), plante de la gynandrie hexandrie (Linné), famille des aristoloches, t. 6, p. 565.

Notice sur le moyen d'obtenir blanche la matière
active des graines du faux ébénier (avec M. Lassaigne),
t. 7, p. 235.

Examen des excrémens du dauphin (avec M. Lassaigne), t. 7, p. 279.

Analyse des eaux minérales de Pontivy, département
du Morbihan (avec M. Lassaigne), t. 7, p. 418.

Mémoire sur le houblon, sa culture en France, et
son analyse (avec M. Payen), t. 8, p. 209.

Note sur l'emploi à l'intérieur du nitrate d'argent

mêlé à un extrait végétal (avec M. Payen), t. 8 , p. 348.

Examen chimique de l'enveloppe des œufs de sèche, t. 8, p. 409.

Traité des réactifs, leurs préparations, leurs usages et leurs applications à l'analyse, 1 vol in-8° (avec M. A. Payen).

Expériences sur la fleur de la mauve sauvage, et sur la matière colorante de ses pétales employée comme réactif (avec M. Payen), t. 8 , p. 483.

Notes sur la matière colorante des fruits du bois de Sainte-Lucie (avec M. Payen), t. 8 , p. 489.

Note sur les fécules (avec M. Payen), t. 9 , p. 187,

Mémoire sur l'examen chimique de la racine du *Convulvolus arvensis*, liseron des champs, t. 9 , p. 301.

Mémoire sur la culture raisonnée des sept espèces de la pomme de terre, les terrains qui leur conviennent, les espèces les plus productives, la quantité d'eau et de matière nutritive qu'elles contiennent ; suivi d'essais comparatifs de plusieurs modes de plantation (avec M. Payen), p. 397.

Notice analytique sur les sources d'eaux minérales du parc de Saint-Mard , département de Seine-et-Marne, t. 10, p. 18.

Formule d'une préparation de magnésie, t. 10 , p. 72.

Notice sur la propriété du charbon animal pour empêcher une eau stagnante de se corrompre, t. 10 , p. 73.

Expériences qui constatent la présence de l'alcali volatil, libre, tout formé dans le *Chenopodium vulvaria* (vulvaire), t. 10, p. 100.

Analyse du *Convolvulus sœpium*, liseron des haies, t. 10, p. 230.

Essais sur les moyens de reconnaître la valeur réelle des soufres destinés à la fabrication de l'acide sulfurique (avec M. Payen), t. 10, p. 501.

Deuxième édition du Traité élémentaire des Réactifs. 1825. 3ᵉ édit., 1829, 2 vol., chez Thomine.

Manuel du Pharmacien, ou Précis élémentaire de Pharmacie, chez Béchet jeune (avec M. Idt), 1825.

Note sur la préparation de l'onguent mercuriel double, t. 12, p. 227.

Mémoire sur la lithographie, t. 15, p. 139.

Essai sur le moyen de reconnaître par l'alcool la falsification de l'iode. Journal de Chimie méd., t. 1, p. 15.

Notice sur des essais chimiques faits pour établir une différence entre le fer oxydé par l'eau et le fer oxydé par le sang. Journal de Chimie, t. 1, p. 71.

Examen des caractères physiques que présentent les quinquinas épuisés en partie de leur principe alcalin par l'acide sulfurique. Journal de Chimie méd., t. 1, p. 146.

Note sur l'huile de cyprès et de *Thuya occidentalis*, t. 1, p. 155.

Note sur un calcul urinaire, t. 1, p. 155.

Examen chimique de l'urine d'une femme syphilitique, soumise au traitement mercuriel, t. 1, p. 179.

Notice sur une falsification du licopode, et sur la manière de la reconnaître, t. 1, p. 241.

Formule de la préparation connue sous le nom de pilules asiatiques, t. 1, p. 249.

Note sur la préparation de l'onguent mercuriel double, t. 1, p. 242.

Notice sur l'écorce de la racine de grenadier, et manière d'employer ce vermifuge , t. 1, p. 375.

Notice sur la manière de préparer le chlorure de
chaux liquide destiné à être employé à neutraliser les
miasmes putrides, t. 1, p. 403.

Note sur l'analyse de la racine de bryone. Journal de
Chim. méd. , t. 1, p. 502.

Note sur les quantités d'acide phosphorique libre
facilement appréciable au moyen du tournesol et de
l'eau de chaux (avec M. Payen). Journal de Chimie,
t. 1, p. 116.

Note sur la désinfection des fosses d'aisances (avec
MM. Payen et Brecheteau). Journal de Ph. , t. 1, p. 182.

Note sur les baies de *Solanum verbascifolium*. Journal de Chimie méd., t. 1 , p. 568.

Formule d'un sirop de jusquiame, t. 2, p. 36.

Note sur une modification apportée au récipient
florentin pour le rendre propre à recueillir les plus
petites portions d'huiles volatiles plus légères que
l'eau , t. 2, p. 66.

Notice sur les moyens d'obtenir facilement l'huile
des graines de l'*Euphorbia latyris* , t. 2, p. 78.

Note sur l'existence de la morphine dans le pavot
blanc, t. 2.

Recette d'une pommade anti-dartreuse, t. 2, p. 126.

Note sur l'oxydation du fer, et sur la présence de
l'ammoniaque dans les oxydes de fer naturels, t. 2 ,
p. 139.

Travail sur une substance grasse extraite des noix
de sassafras, t. 2.

Note sur la préparation du chlorure de chaux destiné au blanchîment ou à la désinfection , t. 2.

Note sur la matière colorante du vin , t. 2, p. 202.

Expériences sur la désinfection de l'alcool qui a contenu des matières animales, t. 2, p. 324.

Note sur une nouvelle falsification du sulfate de quinine, moyens à mettre en usage pour la reconnaître, t. 2, p. 437.

Note sur la présence de l'acide tungstique dans l'oxyde de manganèse de Saint-Julien. Journal de Chim. méd., t. 2, p. 457.

Examen chimique d'un liquide trouvé dans la vésicule du fiel d'un homme qui est mort ayant une affection squirreuse du pancréas et une jaunisse consécutive à cette affection. Journal de Chimie méd., t. 2, p. 461.

Note sur l'extraction de la jalapine, t. 2, p. 457.

Note sur la solubilité du soufre dans l'alcool, t. 2, p. 457.

Traité de la pomme de terre (avec M. Payen), 1 vol. in-8°, chez Thomine, 1826.

Note sur le Xanthoxylum des Caraïbes (avec M. G. Pelletan), t. 2, p. 314.

Note sur la réduction de l'argent contenu dans le nitrate d'argent fondu, t. 3, p. 131.

Note sur la présence de l'ammoniac dans l'oxyde de fer naturel, t. 3, p. 173.

Note sur le seigle ergoté, t. 3, p. 188.

Note sur l'huile de cumin, t. 3, p. 363.

Note sur l'extraction de l'acide citrique contenu dans les fruits du groseiller à grappes, t. 3, p. 265.

Note sur la falsification des vins, t. 3, p. 306.

Formule pour l'emploi du chlorure de chaux, t. 3, p. 494.

Essai sur Chaudes-Aigues, département du Cantal, et analyse chimique des eaux minérales thermales de cette ville; brochure in-4°, imprimerie Royale, 1827.

Formule de pastilles de charbon, t. 3, p. 583.

Analyse de la poudre des frères Mahon, t. 3, p. 599

Note sur un nouveau traitement recommandé contre les accidens produits par les oxydes ou les sels de plomb (avec M. Rayer), t. 3, p. 529.

Dictionnaire des drogues simples et composées, ou Dictionnaire d'Histoire naturelle médicale, de Pharmacologie et de Chimie pharmaceutique (avec MM. Richard et Guillemin), 5 vol. in-8°, chez Béchet jeune, 1827.

Examen d'une huile volatile qui était devenue très acide. Journal de Chimie méd., t. 4, p. 18.

Note sur le sucre de réglisse, t. 4, p. 152.

Note sur la rectification de l'alcool à l'aide du muriate de chaux, t. 4, p. 169.

Essais sur quelques sucres du commerce et sur la quantité de sirop qu'ils peuvent fournir, t. 4, p. 170.

Note sur le sulfure d'antimoine, t. 4, p. 200.

Note sur l'iode, t. 4, p. 219.

Police médicale, vente des poisons, réflexions à ce sujet, t. 4, p. 277.

Notice sur la culture de l'*Euphorbia latyris*, t. 4, p. 459.

Note sur la floraison d'un pied de tabac, t. 4, p. 508.

Note sur le brou de noix, t. 4, p. 508.

Essai sur la conservation des fleurs, pour en obtenir plus tard des eaux distillées odorantes, t. 4, p. 546.

Essai sur l'urine des diabétiques, t. 5, p. 7.

Altération du pain par le sulfate de cuivre, t. 5, p. 127.

L'art de préparer les chlorures désinfectans de chaux, de soude et de potasse, suivi de détails sur les moyens d'apprécier la valeur réelle de ces produits, leur application aux arts, à l'hygiène publique, à la désinfectation des ateliers, des salles des hôpitaux, des fosses d'aisances, etc. , 1 vol. in-8°, 1829, chez Béchet jeune.

Observations sur les effets purgatifs de la graine de tilly. Journ. de Chim. méd., t. 5, p. 286.

Nouveau traitement contre le tænia, t. 5, p. 287.

Procédé pour l'extraction du piperin, t. 5, p. 290.

Note sur le salep indigène, t. 5, p. 515.

Note sur l'emploi de la teinture vineuse de carthame contre le ver solitaire. Ann. de l'Indust., t. 23, p. 152,

Mémoire sur les produits extraits d'une tourbière découverte dans la forêt de Croye près de Chantilly, t. 8, p. 287.

Observations sur un nouveau procédé pour préparer le chlore liquide, t. 19, p. 294.

Observations importantes relatives au mémoire sur le houblon (avec M. Payen), t. 9, p. 278.

Revendication sur quelques découvertes faites en France et publiées comme la propriété de savans étrangers, t. 14, p. 65.

CHIROL, *pharmacien à Marseille.*

Analyse des eaux de Digne, Basses-Alpes. Ce pharmacien a signalé dans ces eaux les sulfates de chaux , de magnésie et d'alumine.

CIZOS, *pharmacien à Versailles.*

Note sur la fabrication en grand du sel d'epsom (sulfate de magnésie). Bull. de Pharm., t. 4, p. 96.

CLEMANDOT , *pharmacien à Paris.*

Notice sur le raffinage du camphre. Journ. de Pharm. t. 3, p. 321.

Note snr la fabrication du sucre de betteraves. Paris, 1829, brochure in-8°.

CLUZEL , *pharmacien à Paris.*

Note sur l'acide benzoïque, etc.

Note sur l'alkermès des Italiens. Bul. de Pharm. t. 2, p. 30.

Mémoire sur la préparation du kermès minéral. Ce Mémoire a mérité le prix proposé par l'école de pharmacie.

COLDEFY - DORLY , *pharmacien à Crepy.*

Notice sur de nouvelles préparations d'ipécacuanha, de quinquina et de rhubarbe. J. de Ph., t. 2, p. 260.

Note sur la matière vésicante de l'écorce de garou , t. 11, p. 167.

Analyse du fluide extrait de la ponction d'un hydropique, t. 11, p. 401.

Note sur la préparation du lichen d'Islande et de la gelée sèche, t. 14, p. 405.

COLMET , *pharmacien à Paris.*

Nouveau procédé pour l'extraction de l'émétine. Bull. des Sciences de la Société Philom., juin 1823, p. 90.

COMESNY , *pharmacien à Reims.*

Note sur les effets causés par l'huile de Croton tiglium, introduite dans l'œil. Journ. de pharm., t. 13, p. 394.

Note sur du sel contenant de l'iode. Journ. de Ch. méd., t. 5.

COTTEREAU, *pharmacien, à Vendôme, puis docteur en médecine, agrégé à la Faculté de Paris.*

Mémoire sur le fromage, dans lequel il démontre que l'acide caséique de Proust n'est autre chose que de l'acide acétique. Journ. analytique.

Analyse comparative de différentes espèces du genre *Equisetum*, dont deux espèces contiennent un sucre analogue à celui des champignons. Précis de la Soc. de méd. de Tours.

Nouvelle préparation d'opium, et remarques sur ses propriétés médicales. Journ. de Chim. méd., t. 5, p. 73.

Remède contre la morsure des serpens à sonnettes, t. 4, p. 32.

Note sur certaines exhalaisons, t. 3, p. 555.

Note sur un empoisonnement par la belladonne, t. 3, p. 586.

CORRIOL, *pharmacien à Clichy.*

Note sur l'extraction de la strichnyne. Journ. de Pharm., t. 11, p. 492.

COULOMB.

Expériences relatives à la circulation de la sève dans les arbres. Journ. de la Soc. des Pharm. de Paris, p. 58.

COURET fils, *pharmacien à Saint-Gaudens.*

Observations sur plusieurs procédés pharmaceutiques. Journ. de la Soc. des Ph. de Paris, p. 229.

COURTOIS.

Expériences sur l'iode. Bull. de Pharm., t. 6, p. 31.

COUVERCHEL, *pharmacien à Paris.*

Mémoire sur la maturation des fruits. Journ. de Pharm., t. 7, p. 249.

CROUAN ainé, *pharmacien à Rouen.*

Essai chimique d'une poudre administrée comme spécifique contre la goutte, et qui, au lieu de soulager le malade, a produit presque l'empoisonnement. Journ. de Pharm., t. 12, p. 9.

CRESSON.

Observations diverses. Journ. de la Soc. des Pharm. de Paris, p. 45.

CURAUDAU, *pharmacien à Vendôme.*

Observations sur la décomposition du muriate de soude. Ann. de Chim., t. 24, p. 15.

Note sur la nature et les nouvelles propriétés du radical prussique, t. 46, p. 148.

Nouveau procédé pour fabriquer l'alun artificiellement sans le secours de l'évaporation, t. 46, p. 218.

Note sur les causes d'imperfection des fourneaux d'évaporation, et sur une nouvelle manière de les construire pour y brûler économiquement toute espèce de combustible, t. 46, p. 279.

Description d'une série de fourneaux connus sous le nom de galères, etc., t. 48, p. 193.

Observations pyrotechniques et leur application aux fourneaux d'évaporation, t. 50, p. 134.

Réflexions sur les propriétés particulières de l'alun de Rome, t. 51, p. 328.

Observations et expériences sur la décomposition

de la potasse et de la soude. Journ. de la Soc. des Ph. de Paris, p. 169.

Description d'un procédé à la faveur duquel on peut métalliser la potasse et la soude, sans le concours du fer ni de la pile. Ann. de Chim., t. 66, p. 97.

Expériences sur le soufre et sa décomposition, t. 67, p. 72.

Expériences qui confirment la décomposition du soufre, t. 67, p. 72.

De l'influence que la forme des alambics exerce sur la quantité des produits de la distillation, t. 67, p. 198.

Expériences qui confirment la décomposition du soufre et celle de la potasse et de la soude, suivies d'un procédé à la faveur duquel on peut fabriquer du phosphore avec des substances qui n'en contiennent que les élémens, t. 68, p. 94

Construction pyrotechnique, t. 71, p. 70,

Note sur l'évaporation par l'air chand, t. 80, p, 109.

D.

DABIT.

Mémoire sur l'éther. Ann. de Chim., t. 34, p. 289.

Réflexions sur la différence des acides acéteux et acétique, t. 38, p. 66.

Essai contenant quelques détails sur un nouvel état de l'acide sulfurique, t. 43, p. 101.

Notice chimique sur la présence de sels volatils dans l'eau de la pompe de l'Hôtel-Dieu de Nantes, etc., t. 55, p. 87.

DAMART , *pharmacien major.*

Note sur l'origine de la gomme dite de Bassora.
Journal de Pharm., t. 5, p. 184.

DARRACQ, *pharmacien à Mont-de-Marsan.*

Observations sur l'affinité que les terres exercent
les unes sur les autres. Ann. de Chim., t. 40, p. 52.

Note sur les propriétés de l'acide oxalique, t. 40,
p. 68.

Expériences concernant l'analyse et la synthèse
des alcalis et des terres annoncées par MM. Guyton
et Desormes, t. 40, p. 171.

Note sur une nouvelle combinaison reconnue dans
le safre, et que Brugnatclli a prise pour de l'acide
cobaltique, t. 41, p. 66.

Observations sur les acides acéteux et acétique,
t. 41, p. 264.

DE COURDEMANCHE, *pharmacien à Caen.*

Observations sur la préparation des extraits de jusquiame, de ciguë, de belladonne, d'aconit et de *Rhus
toxicodendron* ou *radicans*, et sur l'opinion émise de
pouvoir employer le coagulum du suc propre des
plantes dans la préparation de l'onguent populéum
et de l'emplâtre de ciguë. Journal de Pharm., t. 10,
p. 588.

Mémoire sur la préparation des extraits, 1825.

Mémoire sur la congélation artificielle de l'eau,
t. 11, p. 584.

Note sur la conservation des espèces indigènes,
t. 12, p. 276.

Observation sur un empoisonnement par l'orpiment,

sulfure (d'arsenic jaune du commerce), t. 13, p. 217.

DELARUE, *pharmacien à Evreux.*

Publication d'un Journal d'Agriculture, de Médecine et des sciences accessoires, dans lequel il a inséré un grand nombre d'articles.

DELONDRE (Louis), *pharmacien à Paris.*

Observation pratique sur l'emplâtre des gommes résines, vulgairement diachylon gommé. Journal de Pharm., t. 6, p. 93.

Observations sur le baume opodeldoch. Journal de Chim. méd., t. 3, p. 103.

DELUNEL, *pharmacien à Paris.*

Nouvelle préparation du sirop de violettes. Journal de la Soc. des Pharm. de Paris, p. 338.

Note sur l'eau distillée de quelques plantes inodores. Ann. de Chim., t. 38, p. 300.

DEMACHY.

Moyen pharmaceutique de fixer l'odeur fugace de plusieurs fleurs. Journal de la Société des Pharm. de Paris, p. 20.

Observations sur un moyen d'obtenir le beurre de cacao, sur ses falsifications ainsi que sur celles de l'huile d'amandes douces, p. 57.

Observation sur une nouvelle résine existant dans le topinambour, p. 95.

Observation sur quelques préparations pharmaceutiques, colorées par la fécule verte des plantes, p. 101.

Sur la préparation de certains extraits, et, à cette occasion, sur un dépôt formé durant la préparation de l'extrait de bourrache, p. 121.

Manuel du Pharmacien, 2 vol., Paris, 1788.

DERHEIMS, *pharmacien à St-Omer.*

Considérations physiologiques sur les sangsues, et Notice sur les moyens employés pour conserver ces animaux. Journal de Pharm., t. 10, p. 571.

Observations sur la découverte de l'alliage que forment le potassium et l'antimoine, t. 10, p. 631.

Histoire naturelle et médicale des sangsues, 1 vol. in-8°, chez Baillière, 1826.

Notes sur une encre indélébile, t. 12, p. 401.

Notes pour servir à l'histoire de la cantharide, t. 12, p. 548.

Analyse de fève tonka, 1825.

Note sur un empoisonnement par une liqueur nommée absinthe suisse, 1825.

Note sur la farine de lin. Journal de Chimie méd., t. 3, p. 22.

Note sur l'emploi du chlorure de chaux dans le traitement de la gale, t. 3, p. 575.

DEROSNE frères, *pharmaciens à Paris.*

Note sur la formation de l'éther acétique dans le marc de raisin. Ann. de Chimie, t. 68, p. 331.

Expériences et observations sur la distillation de l'acétate de cuivre et ses produits, t. 63, p. 267.

Travaux divers sur l'emploi du charbon animal sur la distillation, etc. etc.

DESAYBATS, *pharmacien à Bordeaux.*

Nouveau procédé pour préparer le sirop balsamique de Tolu. Journ. de la Soc. des Pharm. de Paris, p. 419.

Réflexions sur les vins médicinaux et sur le sirop

balsamique de Tolu. Journ. de Pharm., t. 5, p. 471.

DUSSAUT, *Pharmacien à Poitiers.*

Analyse des eaux de la Roche-Posée.

Mémoire sur la reproduction des sangsues considérées par plusieurs naturalistes comme vivipares.
Journ. de Pharm., t. 12, p. 14.

DESCHALERIS, *pharmacien.*

Essai sur les cryptogames. Journ. de Pharm., t. 11,
p. 40 et 593.

DESCHAMPS aîné, *pharmacien à Lyon.*

Observations chimiques sur ce qui se passe dans
certaines décoctions et sur la cause de leurs dépôts.
Journ. de la Soc. des Pharm. de Paris, p. 358.

Mémoire sur les extraits des végétaux. Ann. de Ch.,
t. 43, p. 36.

Procédé pour extraire le sel à base de chaux que
contient le quinquina jaune, t. 48, p. 65.

DESCHAMPS jeune, *pharmacien à Lyon.*

Analyse d'un mémoire sur les extraits, à l'occasion
des dépôts qui s'y forment, etc. Journ. de la Soc. des
Pharm. de Paris, p. 257.

Nouveau sirop de quinquina magnésié, p. 385.

DESERTINE, *pharmacien major.*

De l'action de la lumière sur les animaux. Bull. de
Pharm., t. 2, p. 418.

DESFOSSES, *pharmacien à Besançon.*

Examen du principe narcotique de la morelle. Journ.
de Pharm., t. 7, p. 414.

Note sur la manière d'estimer la quantité d'acide hydrosulfurique contenue dans les eaux sulfureuses, t. 8, p. 477.

Note sur la composition et sur l'emploi des eaux mères des salines.

Procédé pour en extraire le brôme, t. 13, p. 252.

Analyse des eaux minérales de Bourbonne (avec M. Roumier), t. 13, p. 532.

Essais sur la racine de polypode, t. 14, p. 276.

Note sur la désoxydation de la teinture de tournesol, t. 14, p. 487.

Note sur le cyanure de potassium. Journ. de Chim. méd., t. 4, p. 251.

Examen de la racine de polypode, t. 4, p. 251.

Observations sur la fermentation visqueuse et sur le mutisme. Journ. de Pharm., t. 15, p. 602.

Note sur la préparation de l'acide tartarique, t. 15.

DESLAURIER, *pharmacien à Paris.*

Analyse des eaux minérales de l'abbaye du Val, Journ. de Pharm., t. 2, p. 207.

Observations sur la préparation de l'éther sulfurique et sur les résidus de cette opération, t. 2, p. 481.

Mémoire sur les teintures pharmaceutiques, t. 3, p. 402.

DESMAREST, *pharmacien à Paris.*

Précis de Chimie, de Botanique, de matière médicale et de Pharmacie, 1 vol. in-8°, Barrois, 1824.

Ce pharmacien est auteur de divers autres ouvrages.

DESNOS, *pharmacien à Alençon.*

Procédé pour la préparation de la tridace, et extraction d'une matière analogue au caoutchouc, qui existe dans le suc de laitue. Société de Chim. méd., 1829.

DESPREZ , *pharmacien à Paris.*

Note sur l'extraction de beurre de cacao. Journ. de la Soc. des Pharm. de Paris, p. 53.

DESTOUCHES.

Nouvelle manière de préparer promptement l'æthiops minéral (*sulfure noir de mercure*). Bulletin de Pharm., t. 1, p. 17.

Observations sur la rectification de l'alcool, t. 1, p. 19.

Examen chimique de la digitale pourprée (*Digitalis purpurea*), t. 1, p. 123.

Analyse d'un remède contre la gale, t. 1, p. 140.

De la clarification du sirop de raisin, et examen de a substance qui le trouble, t. 1, p. 405.

Recherches sur la cause de la solubilité de l'acidule ltartareux (*crême de tartre*) par l'acide borique, t. 1.

Examen chimique du vert-de-gris, p. 119.

Examen chimique d'une substance végétale fossile, analogue au succin, t. 3, p. 58.

Note sur quelques effets produits par l'inspiration de l'acide muriatique gazeux, t. 3, p. 268.

Examen chimique d'une espèce d'étain et d'une quantité de mercure du commerce, t. 3, p. 355.

DEYEUX , *à Paris.*

Analyse du lait. Ann. de Chim. , t. 6, p. 182.

Analyse de la noix de galle et de l'acide gallique, t. 17, p. 3.

Examen comparatif du lait de deux vaches nourries avec deux sortes de fourrages, t. 17, p. 320.

Observations sur les emplâtres et sur leur préparation, t. 33, p. 50.

Note sur les eaux sures des amidoniers, t. 38, p. 264.

Lettre sur la découverte d'une matière gommeuse contenue dans l'*Hyacinthus non scriptus*, t. 39, p. 105.

Note sur un empoisonnement par l'acide nitrique, t. 44, p. 3.

Description d'un nouvel appareil pour faire le gaz oxyde de carbone, t. 53.

Procédé pour obtenir l'acide gallique, t. 60.

Observations sur la préparation de l'esprit de mendérérus, t. 67, p. 328.

Mémoire sur l'huile de ricin et sur la nécessité de s'assurer de sa qualité avant de l'employer comme médicament, t. 73, p. 106.

Mémoire sur l'extraction du sucre de betterave, t. 77, p. 42.

Note sur l'acide pyroligneux, l'acide acétique qui se produit pendant la distillation du bois dans des vaisseaux fermés, t. 93, p. 321.

Rapport sur l'emploi du zinc pour fabriquer les ustensiles de cuisine (avec M. Vauquelin), t. 86, p. 51.

Observations sur l'éther nitreux. Journ. de la Soc. des Pharm. de Paris, in-4°, p. 9.

Observations sur la préparation de l'acide benzoïque, p. 39.

Observations sur l'état actuel de l'analyse végétale, suivies d'une notice sur l'analyse de plusieurs espèces de sèves d'arbres (avec M. Vauquelin), p. 46.

Observations sur la manière de préparer le sirop de nerprun, p. 90.

DISPAN, fils aîné.

Mémoire sur l'acide des pois chiches. Ann. de Chim., t. 30, p. 179.

Expériences sur le gaz oxyde d'azote, t. 56, p. 243. Essai sur la vinification, t. 56, p. 279.

Observations sur la prétendue attraction de surface entre l'huile et l'eau, t. 57, p. 14.

Observation sur la congellation de l'eau, t. 57, p. 68.

DIVE, *pharmacien à Peyrehorade.*

Observations sur la préparation de l'indigo de pastel. Bull. de Pharm., t. 4, p. 87.

Note sur le bleu de Prusse et sur un phénomène de la fermentation vineuse. Journ. de Pharm., t. 7, p. 487.

Mémoire sur la résine du pin maritime, 1826.

DIZÉ, *pharmacien à Paris.*

Mémoire sur la cristallisation et les propriétés de l'acide citrique. Journ. de la Soc. des Pharm. de Paris, p. 42.

Sur la rectification de l'éther sulfurique, p. 73.

Purification du muriate d'ammoniaque, p. 249.

Sur la manière de reconnaître la farine qui contient de la graine de mélampire. Journ. de Chim. méd., t. 5, p. 89.

DRAPPIEZ, *pharmacien à Lille.*

Recherches sur les végétaux qui contiennent le plus de matière sucrée. Bull. de Pharm., t. 3, p. 471.

DROUOT, *pharmacien à Nancy.*

Formules pour la préparation des taffetas et papiers vésicans. Journ. de Pharm., t. 4, p. 573.

DUBLANC jeune , *pharmacien à Paris.*

Mémoire sur un réactif propre à indiquer la présence des sels de morphine, dissous dans un liquide, dans le rapport d'un à dix millièmes, en poids, suivi d'un procédé pour analyser à l'aide de ce réactif les liqueurs animales qui contiennent la morphine. Journ. de Pharm., t. 10, p. 425.

Vesicatoire à bords adhérens, t. 11, p. 71.

Analyse d'un liquide retiré de l'abdomen, t. 11, p. 140.

Recherches chimiques pour déterminer si l'extrait appelé thridace doit ses propriétés à la présence de la morphine, t. 11, p. 488.

Note sur l'extrait oleo-résineux de Cubèbes, t. 14, p. 40.

Note sur une falsification du séné. Journ. de Chim. méd., t. 1, p. 283.

Analyse de plusieurs concrétions fibreuses rendues par l'intestin d'un enfant, t. 1, p. 496.

Note sur l'absence de la morphine dans le sang, et sur l'urine des malades qui font usage de cette substance, t. 1, p. 507.

Essai chimique pour démontrer la pureté de l'hydriodate de potasse, t. 2, p. 120.

Recherches sur la non existence de la morphine dans le sang et dans les urines, t. 2, p. 257.

Analyse de plusieurs extraits de pavots cultivés en France, t. 2, p. 399.

Note sur le vin anti-scorbutique, t. 3, p. 408.

Note sur l'emploi du baume de copahu, t. 4, p. 297.

Essai sur les eaux minérales thermales de Louesche en Suisse, t. 5, p. 390.

DUBUC aîné, *pharmacien à Rouen.*

Note sur l'opium et sur sa composition, suivie de divers procédés pour l'obtenir du pavot blanc. Ann. de Chim., t. 38, p. 181.

Mémoire sur différens points de pharmacie, t. 46, p. 18.

Mémoire sur l'acide acétique, t. 54, p. 145.

Analyse de l'eau minérale des fontaines de la Marequerie, situées à l'est de la ville de Rouen, t. 58, p. 315.

Mémoire sur le sucre liquide, extrait des pommes et des poires, t. 68, p. 113.

Second mémoire sur le même sujet, t. 71, p. 163.

Troisième mémoire sur le sucre des pommes et poires, sur ses applications à l'économie rurale et aux besoins de la vie comme supplément au sucre étranger, t. 77, p. 151.

Notice sur les alcools ou liqueurs spiritueuses et sur les changemens qu'ils éprouvent par leur rectification avec des matières alcalines, terreuses, etc., suivie d'un procédé simple pour obtenir l'esprit de vin le plus déphlegmé, sans altérer ses principes constituans, t. 86, p. 314.

Observations sur la manière de retirer l'eau-de-vie de plusieurs substances végétales, et sur le moyen de reconnaître le miel dans les sirops. Journ. de la Soc. des Pharm. de Paris, p. 147.

Remarques chimico-pharmaceutiques sur la teinture, sur le sirop de violette et sur l'acide qui colore la première en rouge violet et décolore le second après un laps de temps plus ou moins long, selon que les fleurs dont on s'est servi pour les faire sont plus ou moins anciennement épanouies, p. 215.

Observations sur le baume de Fionaventi, p. 407.

Note sur les sangsues, p. 416.

Mémoire sur le suc liquide provenant du suc de pommes et poires. Bull. de Pharm., t. 1, p. 38.

Extrait d'un mémoire sur les baies, le suc et le sirop de nerprun (*Rhamnus catharticus*), t. 4, p. 56.

Mémoire sur l'extraction du salin que donnent à diverses proportions les plants de pommes de terre. Journ. de Pharm., t. 4, p. 171.

Mémoire sur l'encollage des étoffes ou toileries, au moyen de diverses espèces de paremens et particulièrement du parement au muriate de chaux, t. 7, p. 322.

Mémoire sur la pistache de terre, t. 8, p. 231.

Notice toxicologique sur le sublimé corrosif et l'arsenic. Journ. de Chim. méd., t. 2, p. 272.

Mémoire sur le redoul, t. 5, p. 203.

DUCHARTRE, *pharmacien à Béziers*.

Mémoire sur la préparation de l'éther sulfurique, avec la description d'un appareil en plomb pour l'obtenir sans danger et à peu de frais. Bull. de Pharm., t. 5, p. 564.

DUCHEMIN, *pharmacien au Havre*.

Considérations sur la pharmacie et la chimie médicale, lues à la société de Chimie médicale en 1829.

DUFFAUT, *pharmacien à Trie*.

Nouvelle manière de préparer l'onguent nutritum. Journ. de la Soc. des Pharm. de Paris, p. 215.

DUFOUR-DELPIT, *pharmacien à Paris.*

Formule d'un topique contre la goutte. Bull. de Pharm., t. 1, p. 477.

DULONG, *pharmacien à Astafort.*

Analyse chimique du poivre long. Journ. de Pharm., t. 11, p. 52.

Observations sur l'emploi, comme réactif, du bicarbonate de potasse et du carbonate d'ammoniaque, t. 11, p. 158.

Analyse chimique de l'eau de Lasserre, près Francescas (Lot et Garonne), t. 11, p. 379.

Examen chimique de la résine des baumes, t. 12, p. 33.

Note sur l'exsudation acide du pois chiche, t. 12, p. 110.

Analyse chimique de la racine de Bryone, et observations sur la racine d'Arum, t. 12, p. 154.

Analyse chimique de la racine d'Asperges, t. 12, p. 278.

Mémoire sur la matière amère de la digitale pourprée, t. 13, p. 379.

Analyse chimique des œufs du barbeau commun, t. 13, p. 521.

Analyse chimique du polygala de Virginie, t. 13, p. 567.

Examen chimique de graines de lin restéespendant long-temps en contact avec le nitrate d'argent fondu (*pierre infernale*) dans un flacon bouché. Observations sur un phénomène électro-chimique, t. 14, p. 96.

Examen chimique du plumbagin ou matière âcre

de la racine de dentelaire européenne , t. 14, p. 441.

Analyse chimique de l'urédo du maïs, t. 14, p. 570.

Note sur la bryone et son principe cristallin. Journ. de Chim. méd., t. 1, p. 345.

Analyse de la digitale pourprée, t. 2, p. 94.

Analyse des œufs du barbeau commun, t. 2, p. 456.

Note sur le principe actif de la digitale pourprée, t. 2, p. 558.

DUPONT, *pharmacien à Paris.*

Moyen d'obtenir une couleur jaune. Journ. de la Soc. des Pharm. de Paris, p. 40.

Sur la préparation de l'onguent mercuriel double, p. 60.

Observations sur la préparation du mercure doux par la voie humide, précipité blanc, p. 224.

DUPORTAL, *professeur à l'école de pharmacie à Montpellier.*

Notice sur l'article *Végétation* de M. Chaptal. Ann. de Chim., t. 74, p. 317.

Notice sur l'article *Fermentation* de M. Chaptal, t. 75, p. 96.

Notice sur l'article *Vin* de M. Chaptal, t. 76, p. 63.

Notice sur quelques préparations d'or recemment employées en médecine (avec M. Pelletier), t. 78, p. 38.

Recherches sur l'état actuel de la distillation du vin en France, et sur les moyens d'améliorer la distillation des eaux-de-vie de tous les pays, 1 vol. in-8°, 1811.

Note sur la préparation des eaux distillées. Journ.
de Chim. méd, t. 4, p. 285.

DUPRAY, *pharmacien au Hâvre.*

Analyse de l'eau minérale de Bleville. Bull. de Pharm.,
t. 2, p. 523.

Analyse de l'eau de Gournay, t. 2, p. 527.

Divers procédés pour l'épuration des goudrons destinés à enduire les cordages. Le rapport sur ces opérations a mérité à ce pharmacien et à son frère des
lettres flatteuses du ministre de la marine.

DUPUY, *pharmacien à Paris.*

Mémoire sur la distillation des corps gras. Journ. de
Chim. méd., t. 1, p. 378.

Suite du même mémoire, t. 2, p. 377.

Empoisonnement par l'acide hydrocyanique, pré-
venu par l'emploi du sous-carbonate d'ammoniaque,
t. 2, p. 557.

Note sur l'opium, t. 3, p. 312.

DUPUYTREN (P. L.), *pharmacien à Limoges.*

Thèse soutenue à l'école de pharmacie de Paris,
dans laquelle on trouve le procédé employé dans les
arts pour extraire en grand le vinaigre de bois. Journ.
de Pharm., t. 2, p. 118.

DUROZIEZ fils.

Nouveau procédé pour préparer l'éther nitrique.
Journ. de Pharm., t. 9, p. 191.

E.

ESCALIER , *pharmacien à Vierzon.*

Note sur la pommade citrine. Journ. de Chim. méd.,
t. 3, p. 102.

ÉTOC-DEMAZY, *pharmacien au Mans.*

Nouveau procédé pour préparer les oxymels simple
et scillitique. Journ. de Pharm., t. 1, p. 66.

Description d'un nouvel appareil pour faire un petit
nombre de pastilles. Cet appareil a été présenté à la
section de pharmacie de l'académie royale de méd.

F.

FABRE (A. P.), *pharmacien.*

De la sophistication des substances médicamen-
teuses, et des moyens de la reconnaître, 1 vol. in-8°,
1812.

FARINES, *pharmacien à Perpignan.*

Mémoire sur la chenille nommée couque, nuisible
aux vignobles. Journ. de Pharm., t. 11, p. 288.

Notice sur le *Cerambyx moschatus*, avec des considérations sur l'odeur que répandent certains insectes,
t. 12, p. 251.

Note sur les cantharides, t. 12, p. 577.

Note sur quelques insectes vésicans, t. 15, p. 266.

Mémoire sur un dauphin pêché aux environs de
Mèze (Hérault), t. 15, p. 413.

Note sur l'emploi de la ventouse, t. 2, p. 197.

Analyse d'une substance formant les 0,8 des ma-

tières fécales rendues par un malade atteint d'ictère,
t. 2, p. 383.

Observations sur plusieurs insectes vésicans, t. 5,
p. 206.

Note sur la distillation des fleurs d'oranger salées,
t. 5, p. 434.

FAURÉ, *pharmacien*.

Nouveau procédé pour la préparation de la morphine, et considérations sur la manière dont la morphine existe dans l'opium. Journ. de Pharm., t. 15,
p. 568.

FÉE, *pharmacien, professeur à Lille*.

Note sur les lotos des anciens. Journ. de Pharm.,
t. 8, p. 521, et t. 9, p. 25.

Flore de Virgile, ou nomenclature méthodique et
critique des plantes, fruits, etc., 1 vol. in-8°, 1822,
chez Didot aîné.

Essai sur les cryptogames des écorces exotiques officinales, précédé d'une méthode lichénographique et
d'un genera, etc., 1824.

Essai sur la cryptogamie des écorces exotiques offi-
cinales, chez Firmin Didot, 1825.

Cours d'Histoire naturelle pharmaceutique, ou Histoire des substances usitées dans la thérapeutique, 2 vol.
in-8°, 1828, chez Corby.

Concordance synonymique du genre cinchona et
et genres voisins. Journ. de Chim. méd., t. 1, p. 35.

Suite du même article, p. 90.

Note sur la plante avec laquelle les Indiens empoi-
sonnent les eaux et leurs flèches, t. 1, p. 136.

Matière médicale de l'Indostan, t. 1, p. 290.

Essai sur les cryptogames des écorces exotiques offi-cinales, t. 2, p. 145.

Mémoire sur les végétaux connus sous le nom de monocotylédous, t. 2, p. 305.

Note sur des sénés falsifiés avec des feuilles de redoul, t. 4, p. 528.

FENEULLE, *pharmacien à Cambray.*

Analyse des racines du *Pareira brava.* Journ. de Pharm., t. 7, p. 404.

Analyse des racines de l'ellébore noir, t. 7, p. 503.

Examen chimique du séné (avec M. Lassaigne), t. 7, p. 548.

Note sur la capacité de saturation de la delphine, t. 9, p. 4.

Analyse de la spigélie anthelmintique, t. 9, p. 197.

Analyse des folicules de séné, t. 10, p. 58.

Analyse des racines de dompte-venin, t. 11, p. 305.

Analyse de la mercuriale. Journ. de Chim. méd., t. 2, p. 116.

Analyse du Polygala de Virginie, t. 2, p. 506.

Analyse des racines d'*Asclepias vincetoxicum*, t. 4, p. 346.

Note sur un bitume solide, remarquable par son odeur musquée, t. 4, p. 490.

FERRAT, *pharmacien à Toulon.*

Essai d'analyse des feuilles d'oranger. Bulletin de Pharm., t. 3, p. 433.

FIGUIER, *pharmacien à Montpellier.*

Observations sur l'hydrosulfure de soude et sur le perfectionnement à apporter dans la préparation de la soude du commerce. Ann. de Chim., t. 64, p. 39.

Analyse des eaux minérales de Balaruc, t. 70, p. 198.

Notice sur la décoloration du vinaigre, et nouveau procédé pour décolorer cet acide et autres liquides végétaux par le charbon animal, t. 79, p. 71.

Examen chimique de la chausse-trappe. Bull. de Pharm., t. 1, p. 193.

Examen chimique des pois chiches, t. 1, p. 529.

Mémoire sur la décoloration du vinaigre, et nouveau procédé pour décolorer cet acide et autres liquides végétaux, par le charbon animal, t. 3, p. 307.

Observations sur les préparations du sel de seignette et du phosphate de soude, t. 4, p. 145.

Observations sur la préparation de l'acétate de potasse, t. 5, p. 407.

Nouvelles observations sur la précipitation de l'oxyde d'or par la potasse, et sur l'administration du muriate triple d'or et de soude. Journ. de Pharm., t. 2, p. 241.

Expériences sur la décoloration de quelques liquides végétaux, t. 4, p. 518.

Procédé pour obtenir le muriate d'or et de soude cristallisé, t. 6 p. 64.

Observations sur le chlorure d'or et de sodium, t. 8, p. 157.

Analyse de l'eau de Busignargues, t. 14, p. 502.

FLEUROT, *pharmacien à Dijon.*

Note sur la préparation du sirop d'extrait de pavot blanc. Journ. de Chim. méd., t. 3, p. 76.

Note sur une matière sucrée séparée de l'extrait de souci des jardins, t. 4, p. 345.

Note sur le principe amer de la germandrée, petit-chêne, t. 5, p. 436.

FLEURY, *Pharmacien à Versailles.*

Note sur le sirop d'éther. Journ. de Pharm., t. 3, p. 422.

FORMEY, *pharmacien à Saint-Dizier.*

Observation sur l'eau-de-vie de baies de pommes de terre. Journ. de Pharm., t. 4, p. 168.

FORTIN, *pharmacien à Paris.*

Formule d'un parfum usité en Allemagne. Bull. de Pharm., t. 3, p. 238.

FOY, *pharmacien à Paris.*

Manuel de Pharmacie théorique et pratique, 1 vol. in-8°, 1827, Gabon.

FRANÇOIS, *pharmacien à Châlons-sur-Marne.*

Examen d'une poudre anti-charbonneuse et végétative. Journ. de Pharm., t. 9, p. 17.

FREMY, *pharmacien à Versailles.*

Observations sur la combinaison des huiles fixes avec les oxydes de plomb et les alcalis. Ann. de Chim., t. 62, p. 25.

Analyse de l'eau d'Enghien. Journ. de Chim. méd., t. 1, p. 153.

Note sur la bryone et son principe cristallin, t. 11, p. 345.

Notice sur un cas d'empoisonnement par l'acide hydrocyanique, t. 1, p. 482.

FRIGÉRIO, *pharmacien à Paris.*

Mémoire sur l'emploi du charbon animal pour absorber les odeurs néphitiques.

Description de nouveaux appareils désignés sous le nom de sellines hygiéniques, qui ont mérité un rapport favorable fait par MM. Henry et Chevallier à la section de pharm. de l'Acad. royale de méd.

FOUGERON, *pharmacien à Orléans.*

Nouvelle synonymie chimique, notice de 66 pages, 1825.

Observations sur un nouveau tableau de synonymie chimique. Journ. de Pharm., t. 1, p. 345.

Nouvelle synonymie chimique indiquant tous les changemens survenus dans la nomenclature par les découvertes les plus récentes, 1818.

Note sur la gélée de lichen. Journ. de Chim. méd., t. 1, p. 404.

Note sur le polygala, t. 2, p. 549.

FOURNIER, *pharmacien à Nîmes.*

Médaille d'argent pour la culture en grand du *Palma-Christi* et pour la fabrication de l'huile de ricin, Moniteur.

G.

GALÈS, *pharmacien à Paris.*

Mémoire sur les fumigations sulfureuses appliquées au traitement des affections cutanées, 1 vol., Paris, 1814, madame Huzard.

GALLARD.

Note sur la nécessité de préparer les pommades d'hydriodate de potasse avec des graisses récentes. Journ. de Pharm., t. 8 , p. 514.

GAROT, *pharmacien à Paris.*

Examen chimique d'un produit résultant de l'action réciproque du sulfure d'antimoine et de l'iode. Journ. de Pharm., t. 10 , p. 510.

Essai sur le café avarié, et nouveau procédé pour en extraire la caféine, t. 12 , p. 234.

Recherches sur les acétates de mercure, t. 12, p. 452.

Recherches sur l'état du soufre dans la semence de moutarde. Journ. de Chim. méd., t. 1 , p. 439.

Suite du même article, p. 467.

Note sur la préparation de la caféine, t. 2, p. 295.

GAUDICHOT , *pharmacien à Paris.*

Note sur une nouvelle espèce de santal. Journ. de Chim. méd., t. 2, p. 557.

GAUTIER , *pharmacien à Paris.*

Recherches chimiques sur le principe actif de la pyrèthre et sur la nature des principes constituans de cette racine. Journ. de Pharm., t. 4 , p. 49.

GAUTIER , *pharmacien à Sorins.*

Essai sur la préparation du prussiate de potasse ferrugineux et du bleu de prusse. Journ. de Pharm., t. 13, p. 11.

Note sur l'épuration de la manne grasse et de la manne en sorte de mauvaise qualité, t. 13, p. 20.

Analyse de l'épiderme du bouleau, et de l'usage que l'on pourrait en faire dans les arts, t. 13, p. 545.

GAY, *pharmacien à Montpellier.*

Mémoire sur une fouloire. Bull. de Pharm., t. 4, p. 558.

Analyse de l'eau de Busignargues. Journ. de Pharm., t. 14, p. 502.

Note sur la distillation à la vapeur, et sur un appareil distillatoire. Journ. de Chim. méd., t. 5, p. 345.

GERMAIN, *pharmacien à l'hôpital militaire de Hanon.*

Traduction d'un mémoire sur la manière de retirer l'eau-de-vie de pommes de terre. Ann. de Chim., t. 56, p. 207.

GERMAIN, *pharmacien à Fécamp.*

Notice sur la préparation des extraits des plantes vireuses. Bull. de Pharm., t. 5, p. 416.

Observations sur la préparation de l'onguent populéum. Journ. de Pharm., t. 8, p. 460.

Notice sur l'emploi, en médecine, des plantes vertes, de préférence aux plantes sèches, t. 9, p. 261.

Analyse de l'eau minérale d'Épinay, hameau près de Fécamp, t. 10, p. 105.

GÉRARD, *pharmacien militaire.*

Lettre à M. Boudet oncle, sur les médicamens simples ou composés, usités eu Hollande. — Sur un moulin mécanique pour inciser et pulvériser les médicamens. — D'un foret ou perforateur pour les vases de verre. Bull. de Pharm., t. 5, p. 427.

Observations sur une presse employée pour exprimer le lait caillé. Journ. de Pharm., t. 1, p. 417.

GESSARD, *pharmacien à Rouen.*

Observations sur la préparation en grand du carbonate sursaturé d'ammoniaque. Bull. de Pharm. , t. 2, p. 12.

GIRARDIN, *pharmacien et professeur de chimie à Rouen.*

Élémens de minéralogie, 2 vol. in-8°, chez Thomine, 1827.

Analyse du domite léger du Puy-de-Dôme. Journ. de Pharm., t. 14.

Note sur le ferrocyanure de potassium, t. 14, p. 295.

GODEFROY, *pharmacien à Paris.*

Essai sur la formation des substances végétales. Journal de Pharm., t. 4, p. 463.

Notice sur l'*OEnanthe crocata*, t. 8, p. 170.

Principes élémentaires de pharmacie, 1826.

Notice sur las ubstitution de l'écorce d'épine-vinette à celle de grenadier, et sur les moyens de reconnaître cette sophistication. Journ. de Pharm., t. 14, p. 109.

Réflexions sur le néologisme en général, et sur quelques nouvelles dénominations en particulier, t. 15, p. 210.

GRAMMAIRE, *pharmacien à Paris.*

Nouveau sparadrapier décrit dans le Journ. de Pharmacie, t. 6, p. 169.

Essai de l'autoclave, t. 6, p. 315.

GRANET, *pharmacien à l'armée d'Italie.*

Observations sur la dépuration des sucs de plantes anti-scorbutiques. Journ. de la Soc. des Pharm. de Paris, p. 149.

GRUEL, *pharmacien à Versailles.*

Formule pour le sirop d'orgeat. Journ. de pharm.,
t. 9, p. 157.

GUERANGER, *pharmacien au Mans.*

Note sur la préparation du lichen , 1826.

Notice snr l'action chimique de l'eau commune sur
l'émétique, à différentes températures. Journal de
Chim. méd., t. 4, p. 368 et 412.

Examen chimique d'une substance écailleuse qui se
trouve dans les cheveux, t. 5 , p. 578.

GUIART fils, *à Paris.*

Mémoire sur les moyens de perfectionner la méthode de Tournefort. Ann. de Chim., t. 45 , p. 149.

Extrait du voyage dans les quatre îles de la mer
d'Afrique , t. 53 , p. 91 et 328.

Exposition d'une nouvelle méthode d'après laquelle
sont rangées les plantes de l'École de Pharmacie de
Paris. Journ. de Pharm., t. 9 , p. 126.

GUIBOURT, *pharmacien à Paris.*

Observations sur l'esprit volatil aromatique huileux
de Sylvius. Journ. de Pharm., t. 1, p. 300.

Thèse sur le mercure et sur ses combinaisons avec
l'oxygène, t. 2 , p. 296 et 365.

Note sur l'éther acétique, t. 3. p. 417.

Mémoire sur différens cas d'oxydation du fer, et sur
la préparation de l'æthiops martial, t. 4 , p. 241.

Note sur la préparation du sous-carbonate de potasse, autrefois nommé nitre fixé par le tartre, t. 5,
p. 58.

Note sur le nom de *Costus* appliqué souvent aux

écorces de cannelle blanche et de winter, t. 5, p. 496.

Examen chimique du musc Tonquin, t. 6, p. 105.

Note sur les différens composés ammoniaco-mercuriels, t. 6, p. 218.

Histoire abrégée des drogues simples, 2. vol. in-8°,
1820.

Note sur la préparation des extraits, t. 9, p. 283.

Mémoire sur la classification et la nomenclature
chimiques, t. 10, p. 317.

Note sur l'action du sous-acétate d'ammoniaque sur
le sulfate de magnésie, t. 11, p. 315.

Deuxième édition de l'Histoire abrégée des drogues
simples, 1826.

Observations sur l'action réciproque de l'huile de
tartre et de l'alcool, t. 13, p. 103.

Pharmacopée raisonnée, ou Traité de Pharmacie
pratique et théorique, 2 vol., chez Chaudé, 1828.

Note sur la manne, t. 14, p. 491.

Observations sur le protochlorure de mercure préparé par précipitation, t. 15, p. 314.

Note sur la coagulation du suc de groseilles et sur
son principe gélatineux. Journ. de Chim. méd., t. 1,
p. 27.

Observations sur l'huile de ricin, et sur des caractères distinctifs des ricins et des pignons d'Inde, t. 1,
p. 108.

Note sur une huile végétale concrète, nommée
beurre de Galam, t. 1, p. 175.

Note sur le *Calamus verus* ou *odoratus*, t. 1, p. 229.

Réflexions sur le sirop de diacode, t. 1, p. 285.

Mémoire sur la précipitation des sels magnésiens
par le sous-carbonate d'ammoniaque, t. 1, p. 418.

Observations pharmaceutiques, p. 235.

Note sur l'efflorescence du carbonate de soude, t. 4, p. 13o.

Note sur la falsification du séné, t. 4, p. 534.

Note sur la présence de l'acide pectique dans le sucre, t. 4, p. 573.

Note relative à l'effet général de l'iode sur la santé des individus qui en font usage, t. 4, p. 588.

Mémoire sur l'amidon, t. 5, p. 97.

Note sur l'hordéine, faisant suite au mémoire sur l'amidon, t. 5, p. 158.

Note sur un effet remarquable de la pommade épispastique aux cantharides, et sur la préparation de la pommade au garou, t. 5, p. 284.

GUILBERT, *pharmacien à Paris.*

Indication d'un nouveau moyen de blanchir le miel. Bull. de Pharm., t. 5, p. 178.

Note sur la colophane et sur la quinine, 1825.

Sur un coupe-racine de nouvelle invention. Journ. de Pharm., 1824.

GUILLAUME, *pharmacien à Paris.*

Nouveau procédé pour la conservation de l'acide hydrocyanique. Ce procédé a été décrit dans le tome 2 du Manuel du Pharmacien de MM. Idt et Chevallier.

GUILLERMOND, *pharmacien à Lyon.*

Des principes extractifs du quina jaune à l'occasion du sel qu'ils fournissent. Bull. de Pharm., t. 5, p. 241.

Procédé pour obtenir la morphine au moyen de l'alcool. Journ. de Pharm., t. 14, p. 436.

GUILMINEAU, *pharmacien à Gien*.

Note sur l'extrait aqueux d'opium. Journ. de Pharm.,
t. 9, p. 322.

GUITTON, *pharmacien à Strasbourg*.

Note sur l'emploi de la pomme de terre comme anti-
scorbutique. Journ. de Chim. méd., t. 2, p. 287.

H.

HAGUENOT, *pharmacien à Pézénas*.

Observations sur l'huile de ricin. Bull. de Pharm.,
t. 1, p. 279.
Note sur un sirop de kermès, t. 2, p. 210.
Sur la substitution de l'*Iris germanica* à l'*Iris de
Florence* dans la fabrication des pois à cautères, t. 1,
p. 566.

HÉBERT.

Note sur le sirop de seigle ergoté. Journ. de Pharm.,
t. 14, p. 408.

HECHT, *pharmacien à Strasbourg*.

Notice sur la décomposition spontanée de l'acide
tartareux.

HECTOT, *pharmacien à Nantes*.

Histoire et analyse de l'eau minérale de Pornic. Bull.
de Pharm., t. 5, p. 64.
Observations sur l'huile de ricin et sur les procédés
employés pour l'obtenir, t. 5, p. 337.

HENRY père, *chef de la pharmacie centrale des hôpitaux de Paris.*

Expériences comparatives sur la clarification des vins rouges et des vins blancs. Ann. de Chim., t. 52, p. 199.

Observations sur la propriété émétique de la partie ligneuse de l'ipécacuanha gris, et analyse de cette racine, t. 57, p. 28.

Observations sur la préparation de l'éther sulfurique, et examen de l'huile douce du vin (avec M. Vallée), t. 55, p. 70.

Observations sur deux préparations d'éther acétique, t. 58, p. 192.

Note sur le marronier d'Inde, t. 67, p. 205.

Examen de plusieurs espèces de jalap du commerce, t. 72, p. 272.

Observations sur le sel de seignette, t. 72, p. 309.

Observations sur le déchet que la pulvérisation fait éprouver aux substances qui y sont soumises, t. 75, p. 324.

Essais sur différentes matières propres à arrêter la fermentation du moût de raisin, t. 76, p. 290.

Notice sur la préparation du régule martial et du lilium de Paracelse, t. 83, p. 316.

Examen pharmaceutique de plusieurs espèces de jalaps du commerce. Bull. de Pharm., t. 2, p. 87.

Observations sur le tartrate de potasse et de soude (sel de seignette), t. 2, p. 107.

Rapport sur différentes terres du duché de Toscane, t. 2, p. 122.

Observations sur la solubilité du muriate de mercure au maximum dans les différens menstrues, et sur l'altération qu'il éprouve dans les sirops anti-sy-philitiques, robs, décoctions, t. 3, p. 193.

Analyse comparée des rhubarbes de Chine, de Moscovie et de France, t. 5, p. 87 et 97.

Observations sur les moyens indiqués par différens auteurs pour purifier le miel jaune, t. 4, p. 76.

Notice sur différens essais faits dans l'intention de retirer l'indigo du pastel (*Isatis tinctoria*), t. 4, p. 108.

Observations sur divers procédés pour extraire l'huile d'œufs. Journ. de Pharm., t. 1, p. 433.

Examen de la racine de gentiane, t. 5, p. 97.

Notice sur l'huile de palme, t. 5, p. 241.

Observations et analyse de deux écorces connues sous le nom de cannelle blanche et de winter, t. 5, p. 481.

Recherches sur le principe qui cause l'amertume dans la racine de gentiane (*Gentiana lutea*), t. 7.

Observations sur la matière colorante du safran (*Polycroite*), t. 7, p. 397.

Extrait de quelques observations sur les préparations d'iode, t. 8.

Notice sur les acétates et sur quelques acides, t. 8, p. 164.

Mémoire sur un procédé pour obtenir la strychnine, t. 8, p. 401.

Recherches sur le fruit du gui de pommier, t. 9, p. 149.

Recherches sur l'écorce du paratodo, t. 9, p. 410.

Notice analytique sur l'écorce du parobo, t. 10, p. 161.

Analyse d'une écorce apportée du Brésil, désignée sous le nom de fedegose, t. 10, p. 217.

Examen du maïs, t. 10, p. 281.

Nouvelles recherches sur le fruit du gui, t. 10, p. 337.

Manuel d'analyse chimique des eaux minérales, médicales, et destinées à l'économie domestique, 1825.

Mémoire sur la préparation de l'émétine par divers procédés, et sur un moyen de l'obtenir toujours pure, Journ. de Pharm., t. 12, p. 68.

Note sur les baumes Chiron et Locatel, t. 12, p. 269.

Examen de matières broyées à l'huile, t. 12, p. 596.

Mémoire sur l'action réciproque de différens corps mis en contact avec les éthers sulfurique, nitreux, acétique et hydrochlorique, t. 13, p. 118.

Mémoire sur la préparation des iodures, t. 13, p. 403.

Recherches analytiques sur les charançons du blé, t. 13, p. 539.

Note sur une racine nommée vétiver, t. 14, p. 57.

Observations pharmaceutiques. Journ. de Chim. méd., t. 1, p. 235.

Note sur l'action du sulfate de quinine sur le vin, et des moyens d'y reconnaître ce sel, t. 1, p. 247.

Observations sur l'onguent égyptiac, t. 1, p. 281.

Observations sur les divers procédés indiqués dans les traités de Pharmacie pour obtenir l'émétique, t. 1, p. 521.

Recette du baume de Chiron, t. 2, p. 243.

Essai chimique sur une casse d'Amérique, t. 2, p. 370.

Procédé pour la distillation de l'eau de fleur d'orange, t. 2, p. 357.

Note sur l'action qu'exercent les éthers sur plusieurs substances, t. 3, p. 38 et 99.

Note sur le sirop d'ipécacuanha, t. 3, p. 272.

Note sur le sirop de fleur de pêcher, t. 3, p. 275.

HENRY fils.

Observations sur la préparation du sulfate de quinine, et nouveau procédé pour l'obtenir. Journ. de Pharm., t. 7, p. 296.

Nouvelles recherches sur l'eau minérale d'Enghien, près Montmorency, t. 9, p. 483.

Recherches sur l'existence du principe âcre dans l'embryon du ricin, et sur les causes de l'âcreté du ricin d'Amérique, t. 10, p. 466.

Examen chimique d'un produit résultant de l'action réciproque du sulfure d'antimoine et de l'iode, t. 10, p. 511.

Analyse de l'eau sulfureuse des sources de la Pêcherie à Enghien, t. 11, p. 83.

Analyse d'un calcul très volumineux extrait de la vessie d'une femme, t. 11, p. 131.

Analyse d'une espèce de patate cultivée aux environs de Paris, qui paraît être la patate rouge, t. 11, p. 223.

Mémoire relatif à l'action du sulfate de quinine sur les différens vins, observations sur les moyens d'y reconnaître ce sel, t. 11, p. 331.

Manuel d'analyse chimique des eaux minérales, médicales, et destinées à l'économie domestique. 1825.

Mémoire sur l'action des acides sur quelques dissolutions salines, t. 11, p. 430.

Examen chimique d'un calcul salivaire de cheval, t. 11, p. 465.

Analyse de l'eau de deux sources appelées Lagarde,

situées dans la commune de Bio , département du Lot , t. 12, p. 27.

Analyse d'une poudre vendue sous le nom de poudre aromatique de Leayson, t. 12, p. 46.

Expériences analytiques sur l'eau sulfureuse de Bonnes, t. 12, p. 285.

Recherches analytiques sur le sang d'un diabétique, t. 12, p. 320.

Examen critique d'une nouvelle analyse de l'eau d'Enghien, faite par M. Longchamp, t. 12, p. 341.

Essai sur le *Phormium tenax*, t. 12, p. 495.

Note sur l'action de l'eau de chaux dans la précipitation de la magnésie, t. 13, p. 1.

Analyse de l'eau de deux sources de Saint-Nectaire, t. 13, p. 87.

Note sur une altération particulière survenue dans l'eau ferrugineuse naturelle de Passy, t. 13, p. 208.

Mémoire pour faire suite à l'histoire de la quinine, de la cinchonine et de l'acide de quinique, t. 13, p. 268.

Note sur la préparation des chlorures alcalins, t. 13, p. 332.

Note sur la formation d'une eau sulfureuse, t. 13, p. 493.

Procédé pour extraire la morphine de l'opium, sans employer l'alcool, t. 14, p. 241.

Examen chimique de l'écorce du *Quillaia saponaria*, t. 14, p. 247.

Observations sur l'action réciproque du sulfure d'antimoine et du carbonate neutre de soude ou de potasse, par la voie humide, t. 14, p. 545.

Note sur la préparation de quelques bromures et sur celle du cyanure de zinc, t. 15, p. 49.

Procédé pour extraire l'urée de l'urine humaine, t. 15, p. 161.

Examen d'une urine humaine particulière, t. 15, p. 228.

Mémoire sur l'acide kinique, et ses principales combinaisons avec les bases salifiables, t. 15, p. 389.

Analyse comparative de deux bitumes élastiques d'Angleterre et de France. Journ. de Chim. méd., t. 1, p. 18.

Mémoire sur l'action réciproque des acides hydrosulfurique et carbonique sur les carbonates et hydrosulfates, t. 1, p. 257.

1825. Suite du même mémoire, p. 467.

Recherches sur l'état du soufre dans la semence de moutarde, t. 1, p. 439.

Mémoire, p. 467. Suite du même.

Note sur la composition de l'*Arachis hypogea*; son analogie avec les amandes douces (avec M. Payen), t. 1, p. 43.

Mémoire sur l'action des acides sur quelques dissolutions salines, t. 1, p. 408.

Note sur la patate, variété à peau rose, cultivée en France, t. 2, p. 25.

Note sur l'albumine et la matière caséeuse du lait et des amandes émulsives, t. 2, p. 156.

Pharmacopée française (avec M. Ratier), 1827.

Mémoire sur les bromures et sur les moyens de les obtenir, t. 5, p. 92.

Procédé pour l'extraction de l'urée, t. 5, p. 203.

HERBERGER, *pharmacien à Strasbourg.*

Analyse de l'Hysope, Mémoire lu à la Section de Pharmacie, 1829.

Observations chimiques sur la pyrothonide, lues à la Sec. de Pharm. , 1829.

HERNANDÉS , *pharmacien à Paris.*

Observations sur la préparation de l'onguent mercuriel double. Journ. de Pharm. , t. 11 , p. 349.

Note sur l'onguent mercuriel. Journ. de Chim. méd. t. 1, p. 255.

HOTTOT , *pharmacien à Paris.*

Observations sur l'extraction de la morphine. Journ. de Pharm. , t. 10 , p. 475.

Note sur l'emploi des cantharides vermoulues. Journ. de Chim. méd. , t. 2 , p. 253.

HOUZEAU , *pharmacien.*

Aperçu chimique sur la lithographie. Journ. de Pharm. , t. 12 , p. 173.

HUMBERT , *pharmacien en chef de l'hôpital militaire de Toulon.*

1799. Observations sur l'ouverture d'une autruche Journ. de la Soc. des Pharm. de Paris, p. 326.

I.

IDT, *pharmacien à Lyon.*

Manuel du Pharmacien, ou Précis élémentaire de Pharm. Chez Béchet jeune, 2 vol. in-8°, 1825.

J.

JACQUEMIN, *pharmacien à Arles.*

Sur les accidens qui peuvent résulter de la vente de l'argent fulminant. Bull. de Pharm., t. 2, p. 383.

Analyse de la racine de gentiane (avec M. Guillemin). Journ. de Pharm.

JÉROMEL, *pharmacien à Asnières (Haute-Vienne).*

Note sur la préparation du sirop d'ipécacuanha. Journ. de Pharm., t. 9, p. 307.

Diverses observations sur la préparation de l'acide benzoïque, t. 10, p. 66.

JOSSE, *pharmacien à Paris.*

Juin 1797. Observations sur le beurre de cacao, l'eau distillée, le sel acide et l'huile volatile du cochléaria et du raifort. Journ. de la Soc. des Pharm. de Paris, in-4°, p. 12.

JOURNET, *pharmacien à Paris.*

Expériences sur un principe odorant contenu dans l'avoine. Bull. de Pharm., t. 6, p. 337.

JOYEUX, *pharmacien au Puy.*

Analyse des eaux minérales de la Soucheyre. Journ. de Pharm., t. 15, p. 473.

Analyse de calculs biliaires. Journ. de Chim. méd., t. 3, p. 572.

JULIA-FONTENELLE, *à Paris.*

Mémoire sur la culture de la soude dans le Languedoc, suivi de quelques observations sur la terre qui la produit. Ann. de Chim., t. 49, p. 267.

Nouveau procédé pour teindre le coton en rouge et en amarante, t. 50, p. 147.

Analyse des eaux minérales de Rennes, département de l'Aube, t. 56, p. 119.

Description d'un nouvel appareil pour la distillation du vin, t. 58, p. 291.

Dissertation sur les eaux minérales connues sous le nom de bains de Rennes, t. 93, p. 210.

Recherches sur l'action des acides sur la cire. Journ. de Pharm., t. 7, p. 445.

Recherches sur la fermentation vineuse, t. 9, p. 437.

Note sur le charbon de schiste bitumineux (avec M. Payen), t. 9, p. 462.

Recherches sur la nitrification, t. 10, p. 14.

Notice sur le sagou des nègres, naturalisé en France, p. 235.

Manuel de Chimie médicale, 1 vol. in-12, chez Béchet jeune, 1824.

Observations chimiques sur la moutarde. Journ. de Chim. méd., t. 1, p. 130.

Note sur la présence de l'iode dans les eaux minérales sulfureuses, t. 1, p. 160.

Mémoire sur le soufre natif découvert dans le département de l'Aube, t. 1, p. 499.

Recherches sur les émanations délétères, t. 1, p. 249.

Note sur la distillation de l'alcool avec la chaux, t. 2, p. 46.

Note sur l'action de l'alcool contre les vapeurs du chlore, t. 2, p. 95.

Note sur l'usage de la pomme de terre contre le scorbut, t. 2, p. 129.

Note sur les effets du protoxide d'azote sur le corps humain.

Notice sur les substances végétales faisant partie de la collection des antiquités égyptiennes de M. Passalaqua , t. 2, p. 484.

Manuel de physique amusante, chez Roret.

Recherches sur l'extraction de l'huile des pepins de raisins, t. 3, p. 48.

Analyse du gaz extrait de deux vaches matéorisées, t. 3, p. 283.

Recherches sur les quantités d'alcool que contiennent les principaux vins de France, t. 3, p. 332.

Note sur les combustions humaines spontanées, t. 4, p. 397.

Nouveau procédé pour distinguer la baryte de la strontiane, t. 4, p. 397.

Notice sur l'organisation de la pharmacie en Espagne, t. 5, p. 26.

Notice sur deux empoisonnemens volontaires par les acétates de morphine et de cuivre, t. 5, p. 410.

Note sur l'emploi de l'iode dans les maladies scrofuleuses, t. 5, p. 536.

L.

LABARRAQUE, *pharmacien à Paris.*

L'art du boyaudier, 1 vol. in-8°, 1823.

Nouvel emploi du chlorure d'oxyde de sodium pour désinfecter les halles de Paris et les paniers à poisson. Journ. de Pharm., t. 11, p. 212.

Note sur une asphyxie, produite par des émanations de matériaux retirés d'une fosse d'aisances, suivie d'expériences sur les moyens de désinfection propres à prévenir de pareils accidens. Journ. de Chim. méd., t. 1, p. 186.

Conservation des sangsues, t. 1, p. 208.

Procédé pour l'emploi du chlorure de chaux comme désinfectant, t. 1, p. 401.

Note sur la préparation des chlorures désinfectans, t. 2, p. 516.

Expériences sur l'emploi du chlorure de potasse, t. 4, p. 288.

LABARTHE.

Note sur le sirop de Bellet. Journ. de Chim. méd., t. 3, p. 466.

LACASSAGNE, *pharmacien à Agde.*

Nouveau procédé pour la préparation de l'huile de ricin. Bull. de Pharm., t. 1, p. 379.

LALANDE fils, *pharmacien à Falaise.*

Note sur la préparation de la tridace. Journ. de Chim. méd., t. 2, p. 479.

Note sur la préparation du sirop de baume de Tolu, t. 5, p. 62.

LANDREAU, *pharmacien à Angoulême.*

Observation sur le carbonate d'ammoniaque. Journ. de la Soc. des Pharm. de Paris, p. 351.

LANGLOIS, *pharmacien à Bolbec.*

Observations sur l'influence de la lumière sur les fleurs. Bull. de Pharm., t. 3, p. 88.

LANSBERG, *pharmacien.*

Analyse chimique des eaux sulfureuse d'Aix-la-Chapelle et de Bonette. Bull. de Pharm., t. 3, p. 90.

LAPOSTOLLE, *pharmacien à Amiens.*

Publication de diverses notes sur les paragrêles. Ce pharmacien démontre, et l'expérience a été répétée par plusieurs savans, que la paille est un conducteur aussi parfait de l'électricité que les conducteurs métalliques.

LARTIGUE, *pharmacien à Bordeaux.*

Observations chimico-pharmaceutiques sur l'acidule tartareux soluble, et procédé pour le préparer. Journ. de la Soc. des Pharm. de Paris, p. 182.

Nouvelles observations sur les caractères de l'acidule tartareux soluble (crême de tartre soluble), p. 246.

Note sur l'éther acétique, p. 348.

Mémoire sur l'analyse de l'écorce de Sain-Bois (*Daphne mezereum*), et sur la manière de préparer la pommade de garou. Bulletin de Pharm., t. 1, p. 129.

Mémoire sur l'acide acétique (vinaigre radical), et procédé pour l'obtenir pur, facilement et à peu de frais, t. 3, p. 858.

LASERRE, *à Bordeaux.*

Note sur l'onguent citrin. Journ. de la Société des Pharm. de Paris, p. 79.

LAUBERT, *pharmacien en chef de l'armée d'Espagne.*

Mémoire pour servir à l'histoire des différentes espèces de quinquina. Bull. de Pharm., t. 2, p. 289.

Vues générales sur le plan qui pourrait être suivi par les pharmaciens chargés de l'enseignement dans les hôpitaux d'instruction. Journ. de Pharm., t. 2, p. 1.

Expériences sur l'écorce du *Cinchona condaminea* (Humb. et Bonpl.), *Cascarilla de loxa* des Espagnols, t. 2, p. 289.

Recherches botaniques sur le quinquina, t. 2, p. 5r6.

Expériences sur le quinquina, t. 3, p. 193.

Expériences sur la matière que l'éther extrait de la noix de galle, t. 4, p. 65.

Second mémoire sur les principes chimiques du quinquina, t. 4, p. 370.

Quelques essais sur la racine de quinquina, t. 5, p. 44.

LAUDET, *pharmacien à Bordeaux.*

Observations sur la crême de tartre soluble. Journ. de la Soc. des Pharm. de Paris, p. 2r r.

Observations sur les combinaisons de l'acide acéteux avec la terre calcaire, p. 33r.

Analyse de l'euphorbe, p. 333.

Procédé pour obtenir l'acide phosphorique pur. Bull. de Pharm., t. r, p. 2r6.

Essai sur la pommade citrine, t. 2, p. 209.

Procédé simple et économique pour obtenir l'éther nitrique, t. 6, p. 2r8.

LAUGIER.

Mémoire sur un principe nouveau contenu dans les pierres météoriques. Ann. de Chim. t. 36, p. 26r.

Analyse de l'amphibole du cap de Gattes, dans le royaume de Grenade, t. 66, p. 325.

Analyses insérées dans les annales du Muséum d'histoire naturelle, t. 69, p. 3r4.

Analyse de l'Aplôme, t. 7r, p. rro.

Examen comparatif de l'acide muqueux formé par l'acide nitrique, sur les gommes et sur le sucre de lait, t. 72, p. 8r.

Examen chimique de la Préhnite compacte de Reichenbach près Oberstein, t. 75, p. 78.

Examen chimique de la résine jaune du *Xanthorea hastilis* et du mastic résineux dont se servent les sauvages de la Nouvelle-Hollande, pour fixer la pierre de leurs haches, t. 76, p. 265.

Examen du chromate de fer des montagnes ouraliennes, en Sibérie, t. 78, p. 69.

Suite des analyses insérées dans les annales du Muséum d'histoire naturelle, t. 79, p. 305.

Examen chimique des grammatites blanches et grises du Saint-Gothard, t. 81, p. 76.

Examen chimique des deux variétés arsénicales, suivi d'expériences sur la nature des sulfures d'arsenic, et sur la composition des deux arséniates alcalins, t. 85, p. 26.

Nouvelle manière de retirer l'osmium du platine brut, t. 89, p. 191.

Expériences sur le mode de traitement le plus convenable à faire subir aux mines de cobalt et de nikel, et sur les moyens d'opérer la séparation de ces deux métaux. Journ. de Pharm., t. 5, p. 369.

Examen chimique d'un calcul urinaire trouvé sur un sujet mort quelques jours après l'opération, t. 10.

Examen d'une concrétion arthritique. Journ. de Chim. méd., t. 1, p. 6.

Analyse de trois minéraux de Ceylan et de la côte de Coromandel, t. 1, p. 48.

Examen chimique du fer oxydé, t. 1, p. 48.

Examen chimique d'un calcul salivaire d'âne, t. 1, p. 105.

Note sur le titane métallique, t. 1, p. 409.

Note sur le sous-carbonate de soude natif, t. 1, p. 410.

Note sur une concrétion des amygdales, t. 2, p. 105.

Note sur la présence du cuivre dans les cheveux d'un ouvrier fondeur de ce métal, t. 2, p. 119.

Examen chimique d'une matière noirâtre trouvée dans l'ovaire d'une femme, t. 3, p. 261.

Examen chimique de fausses membranes recueillies sur la plèvre d'une femme décédée à la suite d'une pleuropneumonie, t. 3, p. 419.

Examen chimique d'un fragment d'une monnaie chinoise, t. 4, p. 204.

LAURENT-SALLÉ, *pharmacien.*

Cours élémentaire d'histoire naturelle des médicamens. 1 vol. in-8º, chez Crochard, 1817.

LAURENS, *pharmacien à Marseille.*

Observations sur l'emploi des soudes dans les fabriques de savon de Marseille. Ann. de Chim., t. 67, p. 97.

LEBAS, *pharmacien à Paris.*

Note sur la préparation de l'éther sulfurique. Bull. de Pharm., t. 5, p. 361.

Pharmacie vétérinaire, théorique et pratique, 1809.

Même ouvrage, 2e édition, 1816.

Pharmacie vétérinaire, 4e édition, 1828, chez Gabon.

LEBOURDAIS fils, *pharmacien.*

Note sur une falsification du lycopode. Journ. de Chim. méd., t. 1, p. 341.

LEBRET , *pharmacien à Rouen.*

Rapport, fait à la Société des Pharmaciens de Rouen le 31 août 1817, sur un calcul ou concrétion pierreuse d'une nature particulière. Journ. de Pharm., t. 4, p. 59.

LEBRETON , *pharmacien à Angers.*

Analyse de quelques sels vendus sous le nom de sous-carbonate de potasse. Journ de Pharm., t. 12, p. 314.

Note sur la matière cristalline des orangettes , et analyse de ces fruits de la famille des hespéridées, non encore développés, t. 14, p. 377.

LECANU fils, *pharmacien à Paris.*

Note sur l'existence de l'acide succinique dans les térébenthines. Journ. de Pharm., t. 8, p. 541.

Note sur quelques considérations théoriques sur l'acide formique, et analyse des formiates, t. 8, p. 551.

Mémoire pour servir à l'histoire des acides succinique et benzoïque (avec M. Serbat) , t. 9, p. 89.

Procédé pour obtenir l'oxyde d'urane pur , t. 9, p. 141.

Recherches sur la composition de la mine de zinc sulfuré de Chéronie (Charente) , t. 9, p. 457.

Faits pour servir à l'histoire de l'urane, t. 11, p. 279.

Note sur la présence du persulfate de fer anhydre dans le résidu de la concentration de l'acide sulfurique du commerce, et sur la réaction de l'acide sulfurique et des sulfates de fer, t. 11, p. 340.

Analyse de l'hermodacte, t. 11, p. 350.

Mémoire sur la distillation des corps gras, t. 11, p. 351.

Note sur l'existence des acides oléique et margarique dans la coque du levant (avec Casaseca), t. 12, p. 55.

Note sur la formation des acides oléique et margarique dans le traitement des graisses par l'acide nitrique, t. 12, p. 205.

Second mémoire sur le même sujet, p. 617.

Essais chimiques sur l'huile de ricin, t. 13, p. 57.

Note sur une substance cristalline recueillie sur les murs des bains de San Germano Près de Naples (avec M. Blachet), t. 13, p. 419.

Analyse d'une concrétion salivaire d'homme, t. 13, p. 626.

Note sur l'existence de la cholestérine dans l'huile de jaunes d'œufs, t. 15, p. 1.

Mémoire sur l'action de la chaleur sur les corps gras. Journ. de Chim. méd., t. 1, p. 353.

Expériences sur l'huile de ricin, t. 1, p. 453.

Note sur la présence du persulfate de fer anhydre dans le résidu de la concentration de l'acide sulfurique du commerce, t. 1, p. 303.

Distillation de l'huile de ricin, t. 2, p. 507.

Distillation de la cétine, t. 2, p. 507.

Action de l'acide nitrique sur la graisse, t. 2, p. 558.

Note sur la matière cristalline de l'huile d'œufs, t. 4, p. 607.

LECOEUR, *pharmacien à Dive.*

Analyse des eaux minérales de Brucourt (Calvados),

présentée à la société Linnéenne du Calvados le 7 novembre 1825.

LECOQ, *pharmacien à Clermont-Ferrand.*

Élémens de minéralogie, 2 vol. in-8°, chez Thomine, 1827.

Analyse des racines de typha. Journ. de Pharm., t. 14, p. 221.

Publication d'un grand nombre de travaux dans les *Annales de l'Auvergne*, journal institué par ce pharmacien, professeur à Clermont.

LE DANOIS, *pharmacien français à Orizava.*

Lettre sur la culture du jalap mâle, et analyse de cette racine. Journ. de Chim. méd., t. 5, p. 507.

LEFORTIER, *pharmacien à Sèvres.*

Découverte d'un moyen propre à incendier les vaisseaux et les bois les plus épais, au moyen de procédés particuliers. L'examen de la découverte de M. Lefortier a paru d'un assez grand intérêt, pour que le ministre de la marine ait demandé à ce pharmacien des détails et des expériences, qui furent faites avec succès dans divers ports de France.

LEMAIRE-LISANCOURT, *pharmacien à Sceaux.*

Note sur les sénés. Journ. de Pharm., t. 7, p. 345.

Note sur la gentiana chirayita. Journ. de Chim. méd., t. 1, p. 154.

Note sur diverses productions de l'Inde, t. 1, p. 208.

Note sur la gomme de Hucari et Hycaye, t., 1, p. 262.

Note sur l'action du chlorure de soude, t. 1, p. 452.

LEPERDRIEL, *pharmacien.*

Note sur la préparation et la conservation du suc de coings. Journ. de Pharm., t. 13, p. 261.

LEROUX, *pharmacien à Paris.*

Note sur la meilleure manière de préparer l'extrait gommeux d'opium. Ann. de Chim., t. 46, p. 161.

Note sur la dissolution à froid du mercure dans l'acide nitrique. Journ. de la Soc. des Pharm. de Paris, p. 54.

Réflexions sur la préparation de l'onguent populeum, p. 425.

Essais pour prouver l'avantage qui résulterait de substituer la fécule verte des plantes aux plantes fraîches, pour préparer l'onguent populeum, p. 440.

Note sur les changemens spontanés qu'éprouve l'oxyde de mercure rouge, traité par l'acide nitrique, et sur son emploi dans la pratique chirurgicale, p. 453.

Essai d'analyse de la partie colorante qui se sépare pendant l'épuration du suc des plantes, pour fixer l'opinion que les chimistes peuvent se former de cette substance, p. 474.

LEROUX, *pharmacien à Versailles.*

Mémoire sur la gomme que contient le *Hyacintus non scriptus* Ann. de Chim., t. 40, p. 145.

LESANT, *pharmacien à Nantes.*

Mémoire sur une pluie de sang. Journ. de Pharm., t. 3, p. 248.

Essai sur les propriétés physiques et chimiques de l'eau minérale de Forges, t. 7, p. 306.

Recherches sur la composition chimique des tubercules du souchet comestible, t. 8, p. 497.

Un grand nombre de travaux sur la salubrité publique. Ces travaux sont consignés chaque année dans les rapports du conseil de salubrité de Nantes.

LESCALIER, *pharmacien à Vierzon.*

Mémoire sur l'action du nitrate mercuriel liquide, et de l'acide nitrique, sur les huiles fixes, la cire, l'huile volatile de térébenthine. Journ. de Pharm., t. 13, p. 203.

LESCOT, *pharmacien à Paris.*

Mémoire sur la préparation et l'emploi du phosphore comme médicament. Broch. in 8°, 20 p. Paris, 1825, Cordier fils.

LESSAUVAGE, *pharmacien militaire.*

Note sur le *Phytolaca decandra.* Recueil de mémoires de Méd., de Chim. et de Pharm., t. 19, p. 257.

LESSON.

Notice sur l'huile essentielle de caioupouti ou de cajeput. Journ. de Chim. méd., t. 3, p. 236.

Voyage médical autour du monde, exécuté sur la corvette du Roi *la Coquille*, commandée par M. Duperrey, pendant les années 1822, 1824 et 1825; ou rapport sur l'état sanitaire de l'équipage pendant la durée de la campagne; avec quelques renseignemens sur des pratiques empiriques locales, en usage dans plusieurs des contrées visitées par l'expédition; suivi d'un mémoire sur les races humaines répandues dans l'Océanie, la Malaise et l'Australie, 1829.

LETELLIER.

Note sur les propriétés de l'euphorbia cyparisias, lue à la Société Philomatique le 5 mai 1827.

L'HERMINIER, *pharmacien.*

Relation de l'histoire naturelle médicale, tirée des trois règnes, dans l'île de Guadeloupe. Journ. de Pharm., t. 3, p. 461.

LIMOUZIN-LAMOTHE, *pharmacien à Alby.*

Observations sur la nécessité et l'importance de soumettre les aéromètres à la vérification et à l'épreuve des poids et mesures. Annales de Chim., t. 69, p. 95.

Précis d'expériences sur l'extraction de l'indigo du pastel. Bull. de Pharm., t. 5, p. 214.

Nouvelles observations sur l'emplâtre de ciguë. Journ. de Pharm., t. 8, p. 444.

LODIBERT, *pharmacien à Paris.*

Note sur l'emploi du nitrate d'argent. Journ. de pharm., t. 8, p. 351.

Notice sur la culture de l'asperge et sur les produits qu'on peut obtenir de cette plante, t. 8, p. 495.

Note sur la matière cristalline du gérofle, t. 11, p. 101.

Note sur le sucre de fleurs d'aloès. Journ. de Chim. méd., t. 4, p. 455.

Essai de thymiatechnie médicale, 1 vol. in-8°, 1808, Didot.

LOISEAU, *pharmacien.*

Observations sur le traitement des calculs au moyen du bicarbonate de soude. Journ. de Chim. méd., t. 2 p. 593.

M.

MAGNES, *pharmacien à Toulouse.*

Observations relatives à la purification de l'air par l'acide muriatique oxygéné. Bull. de Pharm., t. 1, p. 186.

Réflexions sur le sirop de mûres, t. 1, p. 253.

Réflexions sur les sirops acides végétaux et sur les oximels, comparés au sucre de raisins, t. 1, p. 253.

Analyse de l'eau minérale d'Audinac, t. 2, p. 177.

Observations sur le sucre de betteraves, t. 4, p. 232.

Analyse de l'eau minérale de la fontaine de Tarascon (Arriége). Journ. de Pharm., t. 4.

Analyse des eaux minérales de Dax. Journ. de Pharm., t. 9, p. 319.

MANDEL, *doyen de l'ancien collége de pharmacie de Nancy.*

Observations sur les boules de Mars, dites de Nancy. Bull. de Pharm., t. 4, p. 263.

MARION, *pharmacien à Auxonne.*

Note sur la pommade d'hydriodate de potasse. Journ. de Pharm., t. 9, p. 122.

Note sur l'huile de cornouiller sanguin. Journ. de Chim. méd., t. 2, p. 350.

Note sur l'onguent rosat ioduré, t. 2, p. 351.

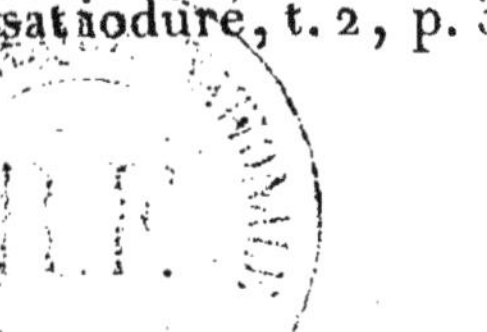

7

Note sur l'acide benzoïque dans l'eau de cannelle,
t. 3, p. 287.

Analyse des vrilles de la vigne, t. 3, p. 465.

MARGUERON, *pharmacien à Tours.*

Examen chimique de la synovie. Ann. de Chim.,
t. 24, p. 123.

Résultats de l'action du froid sur les huiles volatiles,
et examen de concrétions trouvées dans plusieurs de
ces huiles, t. 20, p. 174.

Examen chimique de la sérosité produite par les remèdes vésicaux, p. 225.

Note relative à l'huile de *Cornus sanguinea.* Journ.
de Pharm., t. 10, p. 609.

MARTIN, *pharmacien.*

Essai de pharmacologie, considérée d'une manière
générale dans ses rapports avec les sciences physico-
chimiques. Chez Crevot, 1819.

MARTRÉS fils, *pharmacien.*

Expériences sur les amandes amères. Journ. de Ph.,
t. 5, p. 289.

MASSONFOUR, *pharmacien à Dijon.*

Mémoire sur l'ipécacuanha et ses préparations. Bull.
de Pharm., t. 1, p. 161.

Analyse des eaux minérales de Jouhe, t. 1, p. 289.

Notice sur la fontaine minérale de Santenay (Côte-
d'or). Journ. de Pharm., t. 9, p. 359.

Notice analytique sur les sources d'eaux minérales
du parc de Saint-Marc (Seine-et-Marne), t. 10,
p. 18.

MAUJEAN.

Mémoire sur une nouvelle résine. Journ. de Pharm.,
t. 9, p. 45.

MÉNARD, *pharmacien à Lunel.*

Découverte de la propriété dont jouit le charbon
d'os de décolorer les liquides. Bull. de Pharm., t. 3,
p. 213.

MENIGAUT, *pharmacien à Sainte-Livrade.*

Remarques sur la préparation du magistère de Bis-
muth. Journ. de Pharm., t. 13, p. 7.

MÉRAT-GUILLOT, *pharmacien à Auxerre.*

Analyse comparée des os de l'homme avec ceux des
différens animaux. Ann. de Chim., t. 34, p. 68.

Expériences sur le principe tannant, et réflexions
sur l'art du tannage, t. 41, p. 323.

Observations sur le sel retiré de l'extrait de ciguë.
Journ. de la Soc. des Pharm. de Paris, p. 330.

Note sur une propriété remarquable du phosphate
acide de chaux. Journ. de Pharm., t. 7, p. 333.

MERCADIEU, *pharmacien.*

Analyse d'une écorce apportée du Mexique et connue sous le nom de copalchi. Journ. de Chim. méd.,
t. 1, p. 236.

MÉTRASSE, *pharmacien.*

Note sur l'emploi de l'acide muriatique oxygéné à
l'état liquide comme désinfectant. Bull. de Pharm.,
t. 3, p. 72.

MÉYRAC.

Analyse des eaux salino-sulfureuses de Gamarde. Ann. de Chim., t. 35, p. 3oo.

Nouveau procédé pour la préparation de la crême de tartre soluble.

MIALHE, *à Paris.*

Procédé pour la solidification du baume de copahu. Journ. de Chim. méd., t. 4.

MITOUART, *pharmacien à Paris.*

Observations sur la décoloration de l'acétate et du phosphate de soude par le manganèse. Bull. de Ph., t. 3, p. 367.

Analyse de l'écorce de grenadier sauvage. Journ. de Pharm., t. 10, p. 352.

MOLLIER, *pharmacien à Fontainebleau.*

Procédé pour la préparation de l'extrait de saturne (acétate de plomb liquide). Bull. de Pharm., t. 2, p. 56o.

Observations sur l'action réciproque du muriate suroxydé de mercure, et du café au lait, à l'occasion d'un empoisonnement produit par un mélange de cette espèce, t. 4, p. 102.

MOREL, *pharmacien à Saint-Etienne.*

Note sur l'hydrochlorate d'ammoniaque. Journ. de Chim. méd., t. 2, p. 39.

MORELOT.

Nouvelles observations sur la feuillaison et l'effeuillaison, avec l'indication des signes qui annoncent la pleine vigueur des feuilles des végétaux, et le moment où l'on doit les récolter pour les usages pharmaceutiques et économiques. Journ. de la Soc. des Pharm. de Paris, p. 390.

Cours élémentaire, théorique et pratique de Pharmacie chimique, ou Manuel du pharmacien chimiste, 1815.

Cours élémentaire d'histoire naturelle pharmaceutique, 1800.

Dictionnaire des drogues de Leméry, revu par Morelot. Paris, 1807, chez Rémont.

MORIN, *pharmacien.*

Analyse chimique de l'humeur de la teigne. Journ. de Pharm., t. 7, p. 533.

Recherches analytiques sur l'écorce de simarouba, t. 8, p. 57.

Examen chimique de l'éperlan, t. 8, p. 61.

Note sur trois matières fournies par une tumeur cancéreuse du sein, t. 8, p. 415.

Essai analytique sur les fruits de l'aréquier, t. 8, p. 449.

Note sur le moyen de marquer le linge avec un procédé chimique, t. 9, p. 109.

Analyse des œufs de la truite commune des rivières et de ceux de la carpe, t. 9, p. 203.

Recherches chimiques sur plusieurs végétaux de la famille des drymyrrhizées, t. 9, p. 251.

Analyse de la racine de pivoine (*Pæonia off.*), t. 10, p. 287.

Analyse d'un sang épanché dans la cavité gauche de

la poitrine, et provenant de la rupture d'un anévrisme fort étendu de l'aorte, t. 12, p. 248.

Recherches analytiques sur les fruits du *Solanum mammosum*. Journ. de Chim. méd., t. 1, p. 84.

Examen chimique du liquide fourni par une tumeur enkystée qui avait son siége dans l'abdomen, t. 1, p. 276.

Recherches chimiques sur les fleurs de molène, t. 2, p. 223.

Analyse d'un sang provenant d'un anévrisme, t. 2, p. 293.

Notice sur une concrétion trouvée dans le cerveau d'un homme qui a succombé à une gastrite aiguë, t. 3, p. 13.

Recherches analytiques sur le chardon-bénit, t. 3, p. 105.

Examen chimique des feuilles de redoul, t. 5, p. 404.

Recherches chimiques sur le sang de poisson, t. 5, p. 457.

MORINGLANE, *pharmacien de Paris.*

Observations sur les effets de la ciguë. Journ. de la Soc. des Pharm. de Paris, p. 99.
Mémoire sur les gommes résines.

MOUCHON fils, *pharmacien à Lyon.*

Recette d'un sirop de gomme adragant. Journ. de Pharm., t. 15, p. 471.

MOUCHOUS, *pharmacien à Perpignan.*

Procédé pour perforer les bouchons. Journal de Chim. méd., t. 2, p. 135.

Observations sur l'emploi du carbonate de magnésie dans la fabrication du pain, t. 5, p. 149.

Note sur l'emploi de la magnésie dans la panification, t. 5, p. 415.

MOUGEAT, *pharmacien à Quimper.*

Note sur la racine du petit houx. Bull. de Pharm., t. 5, p. 330.

MOUQUET, *pharmacien.*

Observations sur l'osmologie ou l'histoire naturelle des odeurs. Bull. de Pharm., t. 4, p. 319.

MOUTILLARD, *pharmacien à Paris.*

Appareil pour opérer la filtration du beurre de cacao. Journ. de Pharm., t. 12.

Divers rapports faits à la Société de Pharmacie de Paris. Voyez les différens numéros da Journal de Pharmacie.

N.

NICOLE, *pharmacien à Dieppe.*

Note sur un moyen pour découvrir le sublimé corosif au moyen de la pile galvanique, dans les cas d'empoisonnemens. Journ. de Pharm., t. 11, p. 404.

O.

OLIVIER, *pharmacien à Châlons-sur-Marne.*

Note sur la préparation des sirops aromatiques composés. Bull. de Pharm., t. 6, p. 34.

OPOIX, *pharmacien à Provins.*

Examen de la théorie des couleurs et des corps in-flammables. Bull. de Pharm., t. 2, p. 458.

Manière de préparer des médecines par un procédé qui présente beaucoup d'avantages, t. 33, p. 449.

De l'ame dans la veille et dans le sommeil. 1 vol. in-12, chez Brunot-Labbe, 1821.

Procédé pour conserver le beurre. Journ. de Chim. méd., t. 1, p. 206.

P.

PALLAS, *pharmacien militaire.*

Analyse chimique des feuilles et des écorces d'olivier. Recueil des mémoires de Médecine, de Chimie et de Pharmacie militaire, t. 23 p. 152.

Expériences chimiques sur le sang veineux et le sang des capillaires. Journal de Chimie méd., t. 4, p. 465.

Observations sur la mannite et sur le principe cristallin de l'olivier, t. 4, p. 481.

PANETIER, *pharmacien à Corbeil.*

Formule des pastilles de magnésie au cacao. Journ. de Chim. méd., t. 2, p. 198.

PARENT, *pharmacien à Clamecy.*

Note sur les solutions de gomme faites à froid, pour diverses préparations. Journ. de Pharm., t. 9, p. 313.

PARMENTIER.

Analyse du lait. Ann. de Chim., t. 6, p. 183.

Observations sur quelques procédés hollandais relatifs aux sciences et aux arts, t. 51, p. 197.

Expériences et observations sur le collage et la clarification des vins, t. 51, p. 179.

Notice sur le plâtre considéré comme engrais des terres et des prairies artificielles, t. 53, p. 44.

Examen chimique et pharmaceutique des produits du raisin non fermenté, t. 53, p. 118.

Nouvelles observations relatives à l'oxyde rouge de mercure préparé par l'acide nitrique, t. 34, p. 66.

Note sur un vernis, t. 56, p. 254.

Note sur les eaux-de-vie, considérées comme boisson à l'usage des troupes, t. 59, p. 65.

Précis d'expériences et observations sur les différentes espèces de lait (avec Deyeux), t. 61, p. 55.

Réflexions sur l'espèce de mousse proposée comme substitut de la laine dans la confection des lits, t. 65, p. 175.

Mémoire sur la conserve de raisin, et son application à la cuve en fermentation, t. 67, p. 173.

Instruction sur les moyens de suppléer au sucre dans les principaux usages qu'on en fait pour la médecine, l'économie domestique, t. 68, p. 106.

Extrait de l'analyse des substances végétales, d'après les principes d'Hermbstaedt, t. 68, p. 323.

Des propriétés spécifiques des sirops et conserves de raisin, t. 70, p. 126.

Application des sirops et conserves de raisin à la cuve en fermentation.

Mémoire sur les effets de la matière sucrante, t. 75, p. 5.

Considérations sur les différens moyens de muter le jus de raisin au sortir du pressoir, t. 76, p. 159.

Deuxième mémoire touchant les considérations sur les différens moyens de muter le jus de raisin , t. 76 , p. 283.

Notice historique et chronologique de la matière sucrante, t. 80 , p. 89.

Suite de la même notice, t. 80 , p. 293.

Aperçus des résultats obtenus de la fabrication des sirops et des conserves de raisin , dans le cours des années 1810 et 1811 , pour servir de suite au traité publié sur cette matière, t. 82, p. 332.

Notice sur le maïs ou blé de turquie , apprécié sous tous les rapports, t. 85 , p. 219.

Nouvel aperçu des résultats obtenus de la fabrication des sirops et conserves de raisin dans le cours de l'année 1812, t. 87 , p. 224.

Suite du nouvel aperçu des résultats obtenus de le fabrication des sirops et conserves de raisin dans le cours de l'année 1812 , pour servir de suite à l'instruction sur cette matière, publiée en 1809, avec des réflexions générales concernant les sirops et les sucres extraits des autres végétaux indigènes, t. 88, p. 104.

Manière de recueillir les mouches cantharides. Journ. de la Soc. des Pharm. de Paris, p. 360.

Notice sur la saturation du moût de raisin. Bull. de Pharm., t. 1, p. 176.

Des hydromels vineux, simples et composés, t. 1 , p. 256.

Observations sur les vins considérés relativement à la manière de les conserver dans les tonneaux et en bouteilles, t. 1 , p. 342.

Des accidens et des maladies qui surviennent aux vins après avoir achevé leur fermentation, t. 1 , p. 433.

Instruction sur les sirops et conserves destinés à remplacer le sucre dans les principaux usages de l'économie domestique, 1809.

Expériences et observations sur la truffe comestible. Bull. de Pharm., t. 1, p. 548.

Nouvelles observations sur la fabrication du sirop de raisin, t. 2, p. 76.

Sur l'eau considérée relativement à ses propriétés économiques, t. 2, p. 166.

Observations sur la pulvérisation, t. 2, p. 368.

Baume opodeldoch, t. 3, p. 143.

Procédé pour extraire le sucre liquide des coings, t. 3, p. 215.

Code pharmaceutique à l'usage des hospices civils, des secours à domicile et des infirmiers des maisons d'arrêt, publié par ordre du ministre de l'intérieur, 1811.

Observations sur le mutisme au moyen du sulfite de chaux. Bull. de Pharm., t. 4, p. 117.

Mémoire sur le maïs ou blé de turquie, t. 4, p. 574.

Bibliographie, nouvel aperçu des résultats obtenus de la fabrication des sirops et conserves de raisins dans le cours de l'année 1812, t. 5, p. 487.

PAYSSÉ, *pharmacien à l'hôpital d'Averne.*

Note sur un brouillard qui a eu lieu à Maestricht l'an 1800. Ann. de Chim., t. 33, p. 117.

Analyse des eaux minérales de Tongres, t. 36, p. 161.

Observations sur la baryte et la strontiane, t. 39, p. 321.

Préparation d'un lut propre à toutes les opérations de chimie où il est nécessaire d'en employer, t. 35, p. 139.

Note sur un phénomène chimique particulier, t. 47, p. 217.

Observations sur quelques procédés hollandais relatifs aux sciences et aux arts, t. 51, p. 97.

Mémoire sur la préparation en grand de quelques oxydes de mercure, t. 52, p. 68.

Observation sur le colchique d'automne. Journal de la Soc. des Pharm. de Paris, p. 33.

Observations sur les urines des quadrupèdes herbivores, et sur l'acide benzoïque, p. 398.

Expériences et observations sur la préparation de l'acétite de plomb liquide, p. 408.

Note sur le sirop de canne de maïs. Bull. de Pharm., t. 4, p. 521.

Mémoire sur le café. Ann. de Chim. méd., t. 59, p. 196 et 293.

Notice statistique sur l'établissement de la mine de mercure d'Hydria en Illyrie, t. 91, p. 161.

Suite de la même notice, t. 91, p. 225.

PELLERIN, *pharmacien à Paris.*

Analyse des bourgeons de peuplier noir. Journ. de Pharm., t. 8, p. 425.

PELLETIER père, *pharmacien.*

Moyen de distinguer les mines de plomb spathiques des sulfates de baryte. Ann. de Chim. t. 9, p. 56.

Analyse de la terre phosphorique de Marmarosch en Hongrie, t. 9, p. 225.

Observations sur l'affinage du métal des cloches, t. 10, p. 155.

Combinaisons du phosphore avec le soufre et les substances métalliques, p. 201.

Moyen de rectifier l'éther sulfurique.

Examen de l'action des alcalis et des huiles sur l'alcool, p. 202.

Analyse d'un genre de pierre particulière, p. 3o3.

Moyen dont on peut faire usage pour distinguer plusieurs mines de plomb spathique, p. 2o4.

PELLETIER fils, *pharmacien à Paris.*

Analyse de l'*Assa-fœtida.* Bull. de Pharm., t. 3 p. 556.

Analyse de l'opopanax, du bdellium et de la myrrhe, t. 4, p. 49.

Analyse du galbanum, t. 4, p. 97.

Examen chimique de la gomme caragne, t. 4, p. 241.

Mémoire sur l'examen général et comparé des gommes-résines, t. 4, p. 5o2.

Analyse de la sarcocole, t. 5, p. 1.

Examen chimique du suc d'hypocistis, et de quelques combinaisons de l'acide gallique avec des substances végétales, t. 5, p. 289.

De l'action de l'iode sur l'amidon, t. 6, p. 289.

Examen chimique de quelques substances colorantes de nature résineuse, t. 6, p. 432.

Examen chimique de la racine de curcuma. Journ. de Pharm., t. 1, p. 289.

Mémoire sur la gomme d'olivier, t. 2, p. 337.

Recherches chimiques et physiologiques sur l'ipécacuanha, t. 3, p. 145.

Recherches sur l'action qu'exerce l'acide nitrique

Antidote des poisons végétaux, t. 6, p. 383.

Moyen pour obtenir le nitrate d'argent, t. 6, p. 285.

Analyse du camphre, t. 6, p. 386.

Analyse de la morphine, t. 6, p. 441.

Faits pour servir à l'histoire de l'or, t. 7, p. 3.

Recherches chimiques sur les quinquinas, t. 7, p. 49.

Examen chimique du quinquina Carthagène (*Portlandia exandra*), t. 7, p. 101.

Examen chimique de l'écorce connue sous le nom de kina-nova, pour faire suite à l'examen chimique des quinquinas, t. 7, p. 109.

Essai chimique sur le quinquina de Sainte-Lucie (*Kina piton*) *Exostemma floribunda*, t. 7, p. 115.

Examen raisonné des principales préparations pharmaceutiques ayant pour base le quinquina, t. 7, p. 118.

Notes sur la composition chimique des écorces de saule et de marronnier d'Inde, t. 7, p. 123.

Observations médicales sur l'emploi des bases salifiables des quinquinas, t. 7, p. 128.

Analyse du poivre, t. 7, p. 373.

Nouvelle poudre dentifrice, t. 7, p. 573.

Nouvelles recherches sur la strychnine et sur les procédés employés pour son extraction, t. 8, p. 305.

Note sur un acide nouveau, acide hydroxantique, t. 9, p. 106.

Examen chimique d'une matière végétale proposée comme susceptible de remplacer le quinquina, t. 9, p. 453.

Note sur la découverte de la cinchonine, t. 9, p. 479.

Recherches sur le genre hirudo, t. 11, p. 105.

Note sur la cristallisation de la quinine, et sur sa présence dans les décoctions et les extraits aqueux de quinquina, t. 11, p. 249.

Examen chimique d'une écorce désignée sous le nom de quina bicolor, t. 11, p. 449.

Note sur la caféine. Journal de Pharmacie, t. 12, p. 229.

Mémoire sur les sangsues. Journ. de Chim. méd., t. 1, p. 98. (avec M. Huzard.)

Note sur le kina bicolor. Journ. de Chim. méd., t. 1, p. 351.

Note sur l'emploi du charbon animal, pour arrêter les progrès d'une maladie qui détruisait les carpes d'un étang, t. 2, p. 41.

Note sur la préparation de la caféine, t. 2, p. 295.

Note sur un moyen de constater la présence de l'acide hydrocianique, t. 3, p. 40.

Note sur l'émétine pure, t. 4, p. 248.

Note sur un faux quinquina, t. 4, 455.

Notice sur une nouvelle base salifiable organique, t. 15, p. 565.

PENAUT, *pharmacien à Bourges.*

Observations sur les charançons. Journ. de Chimie méd., t. 3, p. 150.

Note sur le sucre du cactier éclatant, t. 4, p. 453.

PÉRÈS, *pharmacien de l'hôpital du Val-de-Grâce.*

Examen de la teinture de Ludovic, et nouvelle manière de la préparer. Journ. de la Soc. des Ph. de Paris, p. 154.

Notice sur les insectes que le pharmacien peut, dans un cas de nécessité, substituer aux cantharides, p. 183.

PESCHE, *pharmacien à la Ferté-Bernard.*

De la préparation de l'onguent basilicum. Journal de Pharm., t. 1, p. 275.

Manière d'indiquer les proportions dans les formules des médicamens officinaux, procédés qui peuvent être d'un usage général, t. 2, p. 178.

PETIT, *pharmacien à Corbeil.*

Essai d'analyse des fleurs de chardon étoilé. Journ. de Pharm., t. 8, p. 440.

Nouvelle machine pour réduire les corps en poudre impalpable, t. 8, p. 591.

Note sur l'existence de la morphine de la narcotine et de l'acide méconique dans l'extrait de pavot d'orient cultivé en France. Journ. de Chim. méd., t. 2, p. 93.

Note sur un empoisonnement causé par les capsules vertes du pavot, t. 3, p. 24.

Note sur la morphine du pavot indigène, t. 3, p. 136.

PETROZ, *pharmacien à la Charité.*

Examen chimique de l'écorce de carapa. Journ. de Pharm., t. 7, p. 348.

Examen chimique de la cannelle blanche, t. 8, p. 197.

Analyse chimique d'une ossification du péricarde, simulant une ossification du cœur, t. 9, p. 507.

Examen chimique des fruits de lilas (*Syringa communis*), et considérations sur l'emploi de l'acide carbonique et de l'éther acétique dans les analyses végétales, t. 10, p. 139.

Examen chimique d'une écorce désignée sous le nom de quina bicolor, t. 11, p. 449.

Expériences sur l'emploi de la ventouse dans l'empoisonnement par l'absorption sous‑cutanée. Journ. de Chim. médic., t. 1, p. 478.

Note sur le kina bicolor, t. 1, p. 351.

Examen d'une urine laiteuse, t. 4, p. 56.

Note sur les moyens de convertir en bouillon la dissolution de gélatine obtenue des os par le procédé de M. d'Arcet, et procédé pour la préparation du bouillon gommeux, t. 5, p. 529.

PENISSAT, *pharmacien à Clermont-Ferrant.*

Formule pour la préparation de l'onguent mercuriel double. Bulletin de Pharm., t. 1, p. 426.

PICHONNIER, *pharmacien à Vimontier.*

Observation sur l'efficacité de la racine de grenadier.

Observations sur les euphorbes qui existent à Vimontier. Journ. de Chim. médic., t. 3, p. 184.

Procédé pour préparer le sirop d'ipécacuanha, t. 3, p. 212.

PIEL-DESRUISSEAUX, *pharmacien à Versailles.*

Note sur la préparation du sirop de groseilles, et sur la conservation des sucs acides. Journ. de Pharm., t. 13, p. 258.

PIGNOL, *pharmacien à Lyon.*

Notice sur le petit houx. Bulletin de Pharmacie, t. 5, p. 218.

PITAY, *pharmacien à Paris.*

Note sur le procédé de la pharmacopée d'Edimbourg, pour la préparation de l'émétique. Journ. de Pharm., t. 4, p. 452.

PLANCHE, *pharmacien à Paris.*

Observations sur la décomposition de l'acétite de plomb par le zinc, à l'état métallique. Annales de Chimie, t. 45, p. 83.

Note sur la possibilité de recueillir une certaine quantité d'acide succinique pendant la fabrication du vernis au karabé, t. 49, p. 40.

Lettre sur la décomposition spontanée de la dissolution nitrique du camphre, t. 53, p. 346.

Observations sur l'acide sulfurique, t. 60, p. 253.

Procédé économique pour la préparation du mercure doux, suivi d'une méthode facile pour purifier celui du commerce, t. 66, p. 168.

Note sur la formation de l'acide acétique dans la liqueur de nitre camphrée, t. 72, p. 319.

Observation sur la sophistication du quinquina jaune par l'écorce du marronnier d'Inde, *Esculus hippocastanum.* Bull. de Pharm., t. 1, p. 33.

Nouvelle préparation du sirop balsamique de Tolu, t. 1, p. 64.

Examen chimique de deux liqueurs destinées à la préparation des bains d'eaux sulfureuses artificielles, t. 1, p. 97.

Note sur l'existence du tartrite de chaux dans l'ognon de scille, t. 1, p. 158.

Mémoire pour servir à l'histoire de l'huile de ricin, t. 1, p. 241.

Mémoire sur l'analyse de la racine de Colombo, t. 1.

Mémoire sur la solubilité des huiles fixes dans l'alcool et dans les éthers sulfurique et acétique, p. 298.

Emploi de la congellation à l'extraction du sucre contenu dans l'urine des diabétiques, t. 1, p. 324.

Formation de l'éther acétique dans la liqueur de nitre camphrée, et observations sur cette préparation, t. 1, p. 500.

Notice sur les eaux minérales acidules artificielles, t. 2, p. 489.

Note sur la sophistication de la résine de jalap, et sur les moyens de la reconnaître, t. 2, p. 578.

Mémoire sur l'analyse de la racine de Colombo, t. 3, p. 289.

Expériences sur une matière qui s'est décomposée dans un mélange d'extrait de pissenlit étendu d'eau et de tartrate de potasse (sel végétal), t. 3, p. 447.

Observations sur l'émulsion de noix (*Nux juglans regia*), unie au sulfate de fer, t. 4, p. 229.

Notes historiques sur l'emploi de quelques prépararations onguentacées et des bains sulfureux dans le traitement de la gale, t. 5, p. 518.

Essai sur un nouveau moyen d'obtenir la résine de jalap plus pure, avec des observations sur la cause de la coloration de cette résine, t. 6, p. 26.

Observations sur la calcination de la corne de cerf, et sur la meilleure manière d'y procéder, t. 6, p. 372.

Sur l'emploi de l'acétate de zinc, t. 6, p. 374.

Notice sur l'eau-de-vie de gentiane fabriquée en Suisse, t. 6, p. 551.

Essai sur l'action réciproque de quelques sels ammoniacaux et de l'oxymuriate de mercure, précédé d'observations sur un nouveau sel ammoniacal. Journ. de Pharm., t. 1, p. 49.

Des différentes sortes de thés; nouvelle histoire naturelle médicale de ce genre de végétaux, et de ses succédanées, t. 1, p. 70.

Notice sur un nouveau cachou, t. 1, p. 212.

Nouvelles observations sur l'huile d'œufs , ses propriétés, ses usages pharmaceutiques, t. 1, p. 438.

Nouveau procédé pour préparer la pommade mercurielle au beurre de cacao, t. 1, p. 453.

Formule d'un sirop de mou de veau, simple et très
concentré, t. 2, p. 197.

Note sur la découverte du sel ammoniac factice,
t. 2, p. 282.

Description des angustures du commerce, la vraie
et la vénéneuse, t. 2, p. 462.

Notice sur la salsepareille grise ou fausse, t. 4 ,
p. 405.

Note sur la coloration de la résine de gaïac par la
farine de froment, t. 5 , p. 14.

Expériences sur les substances qui développent la
couleur bleue dans la résine de gaïac , t. 6, p. 16.

Notice sur les différens sels de Cheltenham usités
en Angleterre, et sur les eaux de Cheltenham, t. 6,
p. 497.

Note sur les propriétés médicales de la lupuline ou
poussière jaune du houblon, t. 8, p. 320.

Considérations sur l'existence et l'état du soufre
dans les végétaux, t. 8, p. 367.

Observations chimiques sur la stéarine de l'œuf comparée à celle de poule, t. 9 , p. 1.

Note sur la combinaison d'ammoniaque et de copahu, et sur les moyens de reconnaître le copahu fal-
sifié avec l'huile de ricin , t. 2, p. 228.

Note sur l'influence du temps sur la réaction du sulfate de magnésie et du bicarbonate de soude , t. 12 ,
p. 131.

Note sur le passage du deutosulfate de cuivre à

l'état de tartrate acide par le seul fait de sa dissolution dans le vinaigre de vin, t. 12, p. 362.

Note sur une nouvelle poudre de Sedlitz composée, t. 12, p. 572.

Formules applicables aux extraits des plantes vireuses employées sous forme de topique, t. 12, p. 593.

Expériences sur l'action réciproque de l'iode et du protochlorure de mercure, t. 12, p. 651.

Notice sur une nouvelle pommade citrine dans laquelle l'axonge est remplacée par l'huile d'olive, et sur quelques propriétés de cette pommade et de celle du codex, t. 13, p. 98.

Mémoire pour servir à l'histoire des résines des convolvulus, et en particulier des résines de jalap et de scammonée, t. 13, p. 165.

Note sur la falsification du baume de copahu. Journ. de Chimie médicale, t. 1, p. 211.

Rapport sur le seigle ergoté, t. 2, p. 201.

Note sur la formation du tartrate de cuivre dans le vinaigre, t. 2, p. 358.

Moyen propre à faciliter l'application externe des extraits de plantes vireuses, t. 2, p. 559.

Note sur la pommade citrine, t. 3, p. 101.

Note sur la pommade mercurielle, p. 102.

PLISSON, *pharmacien, à la Pharmacie centrale.*

Mémoire pour faire suite à l'histoire de la quinine, de la cinchonine et de l'acide quinique. Journal de Pharmacie, t. 13, p. 268.

Mémoire sur l'identité du malate acide d'althéine avec l'asparagine et sur un acide nouveau, t. 13, p. 477.

Note sur une substance cristalline retirée de la grande consoude, t. 13, p. 635.

Note sur l'iodure d'arsenic, t. 14, p. 46.

Préparation de l'iodure d'arsenic par la voie humide, et cristallisation de l'iode, t. 14, p. 158.

Mémoire sur l'identité de l'asparagine avec l'agédoïte, t. 14, p. 176.

Procédé pour extraire la morphine pure de l'opium, sans l'emploi de l'alcool, p. 241.

Nouvelles recherches sur l'iodure d'arsénic, t. 14, p. 592.

Examen de la matière cristallisable de l'huile volatile de fleur d'oranger, t. 15, p. 152.
Recherches sur l'acide aspartique, t. 15, p. 268.

Mémoire sur l'acide kinique, ses principes, ses combinaisons avec les bases salifiables, t. 15, p. 389.

Procédé pour la préparation du baume opodeldoch. Journ. de Chim. méd., t. 2, p. 558.

Analyse de la grande consoude, t. 3, p. 408.

Observations sur la racine de guimauve et l'althéine, t. 3, p. 151, 205, et 309.

Mémoire sur la matière solide cristallisable contenue dans l'huile volatile de fleurs d'oranger, t. 5, p. 94.

Mémoire sur l'acide aspartique, t. 2, p. 58.

PLUQUET, *pharmacien à Bayeux.*

Observations sur un moyen proposé par M. John Bostock pour découvrir de petites portions d'arsenic mêlé avec d'autres substances. Bulletin de Pharmacie, t. 2, p. 414.

Essais sur la nature des poisons et sur les moyens de les reconnaître. Bull. de Pharm., t. 1, p. 576.

Observations sur les sirops acides. Dict. des Découvertes, t. 15, p. 130.

PODEVIN, *pharmacien à Paris.*

Découverte d'un composé nouveau de cyanure, de mercure et de potasse. Journ. de Pharm., mai 1825.

POMIER, *pharmacien à Salies.*

Essai d'analyse de la fontaine de Salies (Basses-Pyrénées). Journ. de Ph., t. 11, p. 256.

Analyse de l'eau d'Autiveille. Journ. de Chim. méd., t. 4, p. 246.

Note sur un savon préparé avec le baume de copahu, t. 5, p. 44.

Note sur un nouveau moyen de priver le vin du goût de fût, t. 5, p. 44.

Analyse et propriétés médicales des eaux minérales et thermales de Barrége, Saint-Sauveur, etc. Annales de Chimie, t. 92, p. 319.

POUTET, *pharmacien à Marseilles.*

Préparation d'un sirop acide de raisin de la plus grande blancheur. Bulletin de Pharmacie, t. 3, p. 461.

Observations sur l'emploi du gaz acide sulfureux, pour la conservation du sang de bœuf, t. 3, p. 567.

Notice sur la fermentation vineuse. Ann. de Chim., t. 88, p. 5.

Traité sur l'art de perfectionner le sirop et le sucre de raisin.

Notice sur le perfectionnement de l'acétate de potasse. Journ. de Pharm., t. 1, p. 203.

Mémoire sur la falsification de l'huile d'olive, t. 5, p. 337.

Instruction pour reconnaître la falsification de l'huile d'olive par celle de graine, t. 6, p. 77.

Analyse du poivre, t. 7, p. 373.

Note sur le moyen de condenser les vapeurs d'acide hydrochlorique. Journ. de Chim. méd., t. 1, p. 449.

Observations sur la préparation de pipérin, t. 1, p. 531.

Nouveau manuel du raffineur de sucre, 1826.

Condensateur pour l'acide. Journ. de Médec., t. 4, p. 30.

PRÉVEL, *pharmacien à Nantes.*

Essai sur les propriétés physiques, chimiques et médicales de l'eau minérale de Forges. Journ. de Ph., t. 7, p. 306.

Examen chimique d'une concrétion du larynx et des autres parties des voies aériennes. Journ. de Chimie méd., t. 2, p. 279.

Note sur une affaire de faux en écriture, t. 2, p. 490.

Note sur un sparadrapier, t. 2.

PUISSAN, *pharmacien à Oléron.*

Note sur la pommade d'hydriodate de potasse. Journ. de Chim. méd., t. 3, p. 210.

R.

RAGON, *pharmacien à Paris.*

Nouvelle formule pour préparer le sirop balsamique de Tolu. Bull. de Pharm., t. 4, p. 453.

Note sur un taffetas vésicant. Bullet. de Pharm., t. 1.

RATELOT (Ant.), *pharmacien.*

Mèche ou ficelle combustible, préparée avec l'acé-tate de plomb liquide, préférable à celle composée

depuis long-temps par les artificiers. Bull. de Pharm.,
t. 4, p. 419.

REBOULH , *pharmacien.*

Analyse des eaux minérales de Campagne, arron-
dissement de Limoux, département de l'Aude. Bull.
de Pharm., t. 6, p. 74.

RÉCLUZ, *pharmacien à Vaugirard.*

Essai d'une nouvelle classification des extraits, d'a-
près la nature des principes immédiats les plus actifs
qu'ils contiennent, 1823.

Note sur les fruits du genévrier. Journ. de Pharm.,
t. 13, p. 215.

Nouveau procédé pour la préparation du sirop de
nerprun, t. 13, p. 460.

Note sur l'huile de géranium. Journ. de Chim. méd.,
t. 3, p. 408.

Travail sur les sucs végétaux aqueux en général,
t. 4, p. 65, 132, 181, 209 et 336.

REGIMBEAU, *pharmacien à Montpellier.*

Note sur l'acide prussique médicinal du commerce.
Journ. de Pharm., t. 11, p. 565.

Observations sur la tisane de Vigaroux. Journ. de
Chim. méd., t. 4, p. 12.

Analyse de la racine d'asaret, t. 4, p. 551.

REZAT, *pharmacien à Remiremont.*

Nouveau procédé pour la préparation du muriate
de baryte, et sur les moyens de priver les eaux-de-vie
de pomme de terre, de houblon et autres, de leur
odeur désagéable. Ann. de Chim., t. 55, p. 51.

Note sur la conservation de l'alcool de bière en vinaigre, et sur la couleur rouge de l'huile de chenevis, t. 74, p. 261.

RÉSÉS , *pharmacien.*

Idée chimique sur la nature de la lumière. Bull. de Pharm., t. 1, p. 385.

RIFFARD , *pharmacien.*

Essai analytique sur la fleur de coquelicot. Journ. de Pharm., t. 12 , p. 412.

Observations sur l'huile de millepertuis , t. 13 , p. 133.

Analyse des fleurs de coquelicot. Journ. de Chim. méd., t. 4, p. 227.

RISSART, *pharmacien à Tarascon.*

Observations sur la clarification des décoctions animales par les blancs d'œufs. Journ. de Pharm., t. 15, p. 294.

RIVET, *pharmacien à Passy.*

Dictionnaire raisonné de pharmacie chimique, théorique et pratique, 1806.

ROBERT, *pharmacien à Rouen.*

Mémoire sur l'inflammation des combustibles mélangés avec le muriate suroyxgéné de potasse, par le contact de l'acide sulfurique. Annal. de Chim., t. 44, p. 321.

Essai historique et médical sur les eaux thermales d'Aix, connues sous le nom de *Sextius*, t. 88, p. 214.

Recherches sur l'acide prussique, t. 92, p. 52.

Analyse des eaux de Forges , t. 92, p. 172.

Observations sur une cristallisation due à la dé-composition du verre par l'acide sulfurique. Journ. de la Soc. des Pharm. de Paris, p. 403.

Mémoire sur l'analyse des eaux minérales de Forges. Journ. de Pharm., t. 1, p. 172.

Observations sur la fécule amylacée, t. 4, p. 537.

Observations sur l'anémone des prés, t. 6, p. 229.

Essai d'analyse de plusieurs concrétions provenant des intestins et de la vessie, t. 7, p. 153.

ROBINET STÉPHANE , *pharmacien à Paris.*

Traduction de l'allemand des Tableaux chimiques du règne animal, ou aperçu des résultats de toutes les analyses faites jusqu'à ce jour sur les animaux ; par John ; 1 vol. in-4°, chez Colas ; 1816.

Examen chimique de l'écorce de carapa. Journ. de pharm., t. 7, p. 349.

Examen chimique de la cannelle blanche, t. 8, p. 197.

Analyse chimique d'une ossification du péricarde, simulant une ossification du cœur, t. 9, p. 507.

Note sur l'extraction du sélénium des dépôts provenant de la fabrication de l'acide sulfurique par les pyrites, t. 10, p. 94.

Examen chimique des fruits du lilas (*Syringa communis*), et considérations sur l'emploi de l'acide carbonique et de l'éther acétique dans les analyses végétales, t. 10, p. 139.

Note sur la préparation du sirop d'ipécacuanha, t. 10, p. 483.

Mémoire sur l'emploi des sels neutres dans les analyses végétales et applications de cette méthode, t. 11, p. 365.

Préparation de lichen. Journ. de Chim. méd., t. 1, p. 123.

Note sur l'acide benzoïque et le baume noir du Pérou, t. 1, p. 137.

Note sur l'emploi de l'albumine contre l'empoisonnement par le sublimé corrosif, t. 1, p. 163.

Observations sur la salsepareille, t. 1, p. 213.

Note sur la préparation du sirop de gomme et de la pâte de jujubes, t. 1, p. 246.

Recherches sur l'emploi des sels neutres dans les analyses végétales, et application de cette méthode à l'opium, t. 1, p. 310. Suite de ce mémoire, p. 358.

Note sur la préparation du sirop de groseilles, t. 1, p. 338.

Note sur un moyen de purifier les substances cristallisées, t. 2, p. 69.

Appareil propre à opérer la dissolution des calculs, t. 2, p. 246.

Préparation de la moutarde pour sinapismes, t. 2, p. 347.

Essais sur l'affinité organique, t. 2, p. 354.

Analyse de la poudre de Sedlitz des Anglais, t. 2, p. 394.

Note sur l'alcool de savon, t. 2, p. 481.

Note sur l'extraction de la morphine, t. 2, p. 481.

Note sur la température du corps humain, t. 3, p. 115.

Traduction des expériences de Ch. Gmelin sur l'iridium, le rhodium et le palladium, t. 3, p. 126 et 388.

Observations sur diverses colorations des feuilles, t. 3, p. 161.

Note sur la matière colorante du raisin, t. 3, p. 307.

Réflexions sur les garanties exigées du pharmacien, et des droits qui en dérivent, t. 5, p. 215.

ROBIQUET, *pharmacien à Paris.*

Essai analytique des asperges. Annal. de Chim., t. 55, p. 152.

Expériences sur le soufre liquide de Lampadius, t. 61, p. 145.

Note sur la préparation de la baryte pure, t. 62, p. 61.

Note sur la purification du nikel par l'hydrogène sulfuré, t. 69, p. 285.

Analyse de la réglisse, t. 72, p. 143.

Expériences sur les cantharides, t. 76, p. 302.

Observations sur la nature du kermès, t. 81, p. 317.

Note sur la décomposition spontanée du sulfure hydrogéné de baryte (avec M. Chevreul), t. 62, p. 180.

Analyse de la racine de réglisse. Bull. de Pharm., t. 2, p. 22.

Observations sur la réaction de l'eau régale et de l'antimoine. Journ. de Pharm., t. 3, p. 310.

Note sur la distillation du succin, t. 3, p. 327.

Observations sur le tinkal ou borax brut, et sa purification en grand, t. 4, p. 97.

Note sur la préparation de l'acide prussique pour les usages de la médecine, t. 4, p. 187.

Notice sur l'extraction de l'acide borique du tinkal, t. 5, p. 258.

Notice sur l'acide borique de Toscane, et son emploi dans la fabrication du borax, t. 5, p. 261.

Notice sur le fer oxydulé, t. 5, p. 265.

Notice sur le moiré métallique, t. 5, p. 266.

Note sur un nouvel extrait d'opium, t. 7, p. 231.

Notice sur la préparation de l'hydriodate de potasse, t. 8, p. 140.

Nouvelles expériences sur l'huile volatile d'amandes amères, t. 8, p. 293.

Note sur la purification de l'opium par l'éther, t. 8, p. 438.

Note sur l'emploi en médecine de la solution de cyanure de potassium pur, comme succédané de l'acide prussique (avec M. L. R. Villermès), t. 9, p. 370.

Note sur l'extraction de la strychnine. Journ. de Pharm., t. 11, p. 580.

Note sur l'emploi du bicarbonate de soude dans le traitement médical des calculs urinaires, t. 12, p. 124.

Note sur un nouveau principe immédiat des végétaux obtenus de la garance (avec M. Colin), t. 12, p. 407.

Observations sur l'alcalinité de l'hydrogène bicarboné, t. 14, p. 323.

Note sur le cyanure de mercure rouge de potassium et de fer (avec M. Clenison), t. 14, p. 356.

Note sur la strychnine. Journ. de Chim. méd., t. 1, p. 158.

Note sur l'opium, t. 2, p. 101.

Note sur l'emploi du bicarbonate de soude dans le traitement des affections calculeuses.

Remarque sur la préparation de la quinine, t. 2 p. 400.

Note sur la mylabre de la chicorée, t. 4, p. 100.

Procédé pour reconnaître la falsification du chromate de potasse, t. 4, p. 248.

Procédé pour obtenir le sucre de réglisse, t. 4, p. 250.

Note sur la volatilité de la cantharidine, t. 4, p. 35.

Note sur l'outremer factice, t. 4, p. 235.

Travail sur l'orseille, 1829, analyse du *Variolaria orcina*, t. 5, p. 324.

ROL, *pharmacien à Mirecour.*

Observations sur la question suivante :
Quels sont les procédés employés dans les diverses contrées pour obtenir les produits des pins et des sapins.

ROSIÈRE, *pharmacien à Tarbes.*

Analyse des eaux de Bagnères de Bigorre, avec M. Ganderax. *Voy.* les recherches sur ces eaux. 1 vol. in-8°, Gabon.

ROUCH (Mathieu), *pharmacien à Limoux.*

Traitement antipsorique. Bull. de Pharm., t. 2, p. 381.

ROUX, *pharmacien à Nîmes.*

Note sur l'extinction du mercure. Journ. de Pharm., t. 11, p. 215.

Essai d'analyse chimique sur la fleur de tilleul, et sur celle de la belle-de-nuit., t. 11, p. 506.

ROUYER, *pharmacien à Paris.*

Notice sur les médicamens usuels des Égyptiens. Bull. de Pharm., t. 2, p. 385.

Notice sur le pastel, t. 3, p. 208.

Notice sur les embaumemens des anciens Égyptiens, t. 6, p. 209.

SALAIGNAC fils, *pharmacien à Bayonne.*

Analyse des eaux minérales de Cambo, départem. des Basses-Pyrénées. Bull. de Pharm., t. 2, p. 433.

Observation sur un effet particulier que produit le nitrate d'argent dans quelques eaux minérales, t. 4, p. 405.

SALLÉ de Brest, *pharmacien.*

Cours élémentaire d'histoire naturelle des médicamens. 1 vol. in-8°; Paris, 1817, Gabon et Crochard.

SAVE, *pharmacien à Saint-Plamard.*

1798. Observations sur l'éthiops martial et l'onguent nutritum. Journ. de la Société des Pharm. de Paris, p. 248.

Mémoire sur les eaux de Bagnères de Luchon. Annales de Chimie, t. 57, p. 19.

Analyse des eaux minérales d'Encausse, faite en 1803. Bull. de Pharm., t. 2, p. 537.

Mémoire sur l'analyse et les propriétés des eaux minérales de Sainte-Marie, département des Hautes-Pyrénées, t. 4, p. 289.

Mémoire sur l'analyse et les propriétés de l'eau minérale de Siradam, t. 4, p. 337.

Observations sur la préparation de l'acide borique, t. 5, p. 18.

Sur l'altération des huiles, t. 5, p. 20.

Sur la manière de conserver les fleurs de violettes, t. 5, p. 21.

SAXE, *pharmacien.*

Préparation de l'opium à la manière des Egyptiens, Bull. de Pharm., t. 1, p. 362.

SÉRULLAS, *pharmacien au Val-de-Grace, à Paris.*

Observations sur les alliages du potassium et du sodium avec d'autres métaux. Journ. de Pharm., t. 6, p. 571.

Second mémoire sur les alliages du potassium et sur l'existence de l'arsenic dans les préparations antimoniales usitées en médecine, t. 7, p. 425.

Mémoire sur l'hydriodure de carbone, t. 9, p. 514.

Mémoire sur le moyen d'enflammer la poudre sous l'eau à toutes les profondeurs, sans feu, par le seul contact de l'eau, et sur la préparation des matières nécessaires pour obtenir ce résultat, t. 9, p. 549.

Mémoire sur de nouveaux composés de brôme. Ether hydro-bromique et cyanure de brôme, solidification du brôme et de l'hydro-carbure de brôme, t. 13, p. 361.

Note sur l'emploi de l'iodure d'antimoine pour la préparation de l'iodure de potassium, t. 14, p. 19.

Note sur la formation de l'éther, t. 15, p. 59.

Note sur le sodium, t. 15, p. 264.

Note sur une falsification de calculs urinaires, t. 15, p. 443.

Mémoire sur la combinaison du chlore et du cyanure de chlore. Recueil des Mémoires de Méd. chir. et Pharm. militaire, t. 23, p. 189.

Note sur le brômure de selenium, t. 23, p. 223.

Note sur la décomposition de l'oxalate d'ammoniaque par le potassium. Journ. de Chim. médic., t. 2, p. 556.

Note sur le cyanure de chlore, t. 3, p. 398.

Note sur le brômure d'arsenic, t. 3, p. 563.

Observation sur l'huile douce de vin, sur l'éther oxalique et hydrogène carboné, t. 4, p. 207.

Lettre sur la découverte de l'hydrogène carboné cristallisé, t. 4, p. 345.

Note sur l'acide cyanique, t. 4, p. 498.

Note sur l'action de l'acide sulfurique sur l'alcool, et les produits qui en résultent, t. 4, p. 658.

Mémoire sur un nouveau composé de chlore et de cyanogène, ou perchlorure de cyanogène, t. 5, p. 49.

Mémoire sur l'action de l'acide sulfurique sur l'alcool, t. 5, p. 171.

Observation sur l'iodure et le chlorure d'azote, et sur l'action de l'hydrogène sulfuré sur les deux chlorures de phosphore, t. 5, p. 539.

SANSON, *pharmacien à Calais.*

Observations sur l'alcornoque, sur l'aya-pana et sur le malanbo. Journ. de Pharm., t. 1, p. 408.

Lettre à M. Virey sur les racines de *Ratanhia*, t. 2, p. 75.

SCHOEDELIN, *pharmacien à Schelestat, Bas-Rhin.*

Description d'un nouveau procédé pour fabriquer le vinaigre. Journ. de Pharm., t. 2, p. 123.

SIMONIN, *pharmacien à Nancy.*

Appareil propre à la fabrication des eaux gazeuses. Journ. de Pharm, t. 11, p. 206.

Mémoire sur les causes qui peuvent influer sur l'ex-

tinction du mercure dans la préparation de la pommade mercurielle, et nouveau procédé pour l'obtenir
promptement, t. 14, p. 285.

Réflexions sur les visites annuelles des pharmacies.
Journ. de Chim. méd., t. 5, p. 230.

SIRET, *pharmacien à Paris.*

Procédé pour la conservation des cadavres. Mémoire
adressé à l'Académie royale de Médecine en 1829.

SIVET, *pharmacien.*

Procédé pour la séparation du sucre, du miel. Bull.
de Pharm., t. 3, p. 142.

SMYTTÈRE, *pharmacien à Paris.*

Phytologie pharmaceutique et médicale. Un volume
avec figures. 1829. Levrault.

SOUBEIRAN, *pharmacien en chef à l'hôpital de la Pitié, à Paris.*

Thèse sur la nature chimique de la crême soluble
par l'acide borique. Journ. de Pharm., t. 10, p. 395.

Observations sur la préparation de l'émétique, t. 10.

Mémoire sur la composition des borates, t. 11, p. 29.

Note sur la crême de tartre soluble, t. 12, p. 148.

Examen de l'action des acides sur quelques dissolutions salines, t. 11, p. 430.

Observations sur la composition de l'acide borique,
t. 11, p. 558.

Note pour servir à l'histoire des semences émulsives,
t. 12, p. 52.

Mémoire sur les muriates ammoniaco-mercuriels,
t. 12, p. 184. Suite de ce mémoire, t. 12, p. 238.

Recherches chimiques sur les nitrates ammoniaco-mercuriels et le mercure d'Hahnemann, t. 12, p. 465.

Mémoire sur les nitrates ammoniaco-mercuriels et le mercure d'Hanemann, t. 12, p. 509.

Expériences sur l'action réciproque de l'iode et du protochlorure de mercure, t. 12, p. 651.

Manuel de Pharmacie théorique et pratique, 1 volume in-8° (chez Compère jeune), 1827.

Mémoire sur l'action réciproque du nitrate de potasse et de l'hydrochlorate d'ammoniaque, de l'acide nitreux et de l'ammoniaque, t. 13, p. 321.

Mémoire sur la fabrication de l'iode, t. 13, p. 421.

Observations sur le carbonate de magnésie, t. 13, p. 594.

Note sur la préparation de quelques sels mercuriels par les métaux, t. 16, p. 16.

Note sur les propriétés médicales du séné du Sénégal, t. 14, p. 70.

Expériences sur la racine de manioc et sur le suc du jatropha curcas, t. 14, p. 393.

Observations sur un moyen nouvellement proposé de distinguer le sang des divers animaux, t. 15, p. 447.

Observations sur l'action des acides sur quelques dissolutions salines. Journ. de Chim. méd., t. 1, p. 408.

Note sur les hydrochlorates d'ammoniaque et de mercure, sur les nitrates ammoniaco - mercuriels, tome 2.

Note sur l'action réciproque de l'iode et du mercure doux, t. 2, p. 558.

Analyse de l'air des Silos, t. 3, p. 407.

Note sur la fabrication de l'iode, t. 3, p. 512.

Note sur le carbonate de magnésie, t. 3, p. 598.

Mémoire sur le sang considéré sous le rapport de médecine légale, t. 5, p. 5o6.

Mémoire sur les semences de quelques euphorbiacées. Journ. de Pharm. , t. 15, p. 5oi.

STEINACHER, *pharmacien à Paris.*

Observations sur plusieurs préparations pharmaceutiques. Annales de Chim., t. 47, p. 97.

Réclamation au sujet de la découverte de la cristallisation de l'acide phosphorique, t. 53, p. 83.

Examen du vinaigre distillé, t. 53, p. 84.

Combustion spontanée du fer traité par le vinaigre distillé, t. 5 , p. 87.

Observations sur le carbonate de potasse, t. 55, p. 79.

Notice sur l'eau distillée du *Borrago officinalis*, t. 6o, p. 83.

Mémoire sur l'acétate d'ammoniaque, t. 64, p. 164

T.

TANCOIGNE, *pharmacien de Paris.*

Procédé pour préparer l'acidule tartareux. Journal de la Soc. des Pharm. de Paris, p. 2i3.

TAPIÉ, *pharmacien.*

Note sur le rob de Laffecteur. Journ. de Chim. méd., t. 4, p. 199.

Sur l'acide prussique du commerce. Journ. de Pharm., t. 15.

THEVENIN , d'Issoudun, *pharmacien à Paris.*

Dissertation sur l'acide tartrique et sur sa combinaison avec l'acide borique. Journ. de Pharm., t. 2, p. 420.

THIBIERGE, *pharmacien.*

Examen analytique de la graine de moutarde noire. Journ. de Pharm., t. 5, p. 439.

THIERRY fils, *pharmacien à Caen.*

Résumé des faits observés par MM. Vauquelin et Thierry fils aux sources de Bagnoles, près Domfront, département de l'Orne. Bull. de Pharm., t. 6, p. 71.

THOUÉRY, *pharmacien à Solomiac.*

Procédé pour la préparation de la gelée de lichen. Journ. de Chim. méd., t. 5, p. 505.

Préparation du piperin par des procédés particuliers. Mémoire présenté en 1829 à la section de Pharmacie de l'Acad. royale de Médecine.

TILLOY, *pharmacien à Dijon.*

Note sur la production du gaz nitreux pendant la fermentation des sirops de betteraves. Journ. de Pharm., t. 12, p. 133.

Note sur la scille, t. 12, p. 635.

Observations sur l'atropine, t. 14, p. 658.

Mémoire sur le sucre de betteraves. Journ. de Chim. méd., t. 1, p. 301.

Note sur la recherche du cuivre dans un cas de médecine légale, t. 3, p. 18.

Découverte de la morphine dans le pavot indigène, t. 3, p. 22.

Procédé pour extraire la morphine du pavot indigène, t. 3, p. 97.

Procédé pour obtenir l'huile de racine de fougère, t. 3, p. 154.

Note sur l'emploi du charbon animal pour purifier l'acide pyroligneux, t. 3, p. 287.

Procédé pour l'essai des quinquinas, t. 3, p. 465.

Mémoire sur l'acide citrique contenu dans les groseilles, t. 4, p. 86. (*Médaille d'or.*)

Note sur la préparation de l'atropine, t. 5, p. 203.

TIRAN, *pharmacien à Marseille.*

Formule d'une préparation composée d'ipécacuanha et d'émétique, et à laquelle il donne le nom de *pastilles d'ipécacuanha composées.* Journ. de Pharm., t. 4, p. 280.

TISSERAND, *pharmacien à Paris.*

Formule d'une liqueur pour faire cailler le lait. Bull. de Pharm., t. 2, p. 96.

TISSIER, *pharmacien à Lyon.*

Essai sur la théorie des trois élémens comparés aux élémens de la nouvelle chimie pharmaceutique. Journ. de Chim. méd., t. 52, p. 100 et 222.

TISSIER jeune, *pharmacien à Lyon.*

Mémoire sur le moyen de reconnaître facilement la falsification du sucre et des cassonades. Bull. de Pharm., t. 4, p. 402.

TORDEUX, *pharmacien à Cambrai.*

Analyse de quelques eaux de source. Journal de Pharm., t. 7, p. 394.

Analyse chimique de l'eau de l'Escaut. Journal de Chim. méd., t. 2, p. 522.

Note sur la décomposition de l'eau par le charbon. Ann. de Chim., t. 66, p. 318.

Analyse de l'eau minérale de Férou, t. 72, p. 216.

TOUCHALEAUME, *pharmacien à Château-Gonthier.*

Analyse de l'eau de Pougues de Château-Gonthier. Journ. de Chim. méd., t. 2, p. 178.

TOURNAL, *pharmacien à Narbonne.*

Note sur les herborisations du baume Opodeldoch. Journ. de Pharm., t. 13, p. 131.

Note sur le soufre trouvé à Malvézy, t. 14, p. 500.

Note sur l'hypospadias. Journ de Chim. méd., t. 3, p. 406.

TRAVE, *pharmacien à Saint-Flour.*

Observations sur l'humeur arthritique. Bull. de Pharm., t. 3, p. 85.

TRÉMOLIÈRE, *pharmacien militaire.*

Caoutchouc retiré du lait de figuier. Bulletin de Pharm., t. 6, p. 317.

Note sur les sangsues. Journ. de Chim. méd., t. 4, p. 396.

Examen chimique du virus variolique avec ou sans complication, t. 4, p. 488.

TRUSSON.

Combustion des végétaux, fabrication du salin, de la cendre gravélée. Ann. de Chim., t. 29, p. 194.

Notice sur un nouveau procédé pour préparer l'oxyde de fer noir (avec M. Bouillon Lagrange), t. 51, p. 338.

V.

VALLÉE, *pharmacien à Paris.*

Notice sur le raffinage du camphre, lue à la Société de Pharmacie le 15 juillet 1813.

VALLET, *pharmacien à Paris.*

Communications diverses à la Société de Pharmacie de Paris, pendant l'année 1829.

VAUDIN, *pharmacien à Laon.*

Observation sur l'emploi de la pierre infernale. Journ. de Pharm., t. 8, p. 351.

Note sur l'emploi en médecine de la gomme arabique, t. 9, p. 193.

Notice sur l'action de l'acide nitrique sur la rhubarbe. Journ. de Chim. méd., t. 2, p. 186.

Note sur la préparation du sirop de gomme.

VAUQUELIN, *directeur de l'Ecole de pharmacie.*

Observation sur l'ignition du phosphore dans le gaz acide muriatique oxygéné. Ann. de Chim., t. 4, p. 253.

Analyse du tamarin, t. 5, p. 92.

Expérience sur le sperme humain, t. 9, p. 64.

Examen chimique du foie de raie, t. 10, p. 193.

Observations sur la respiration des insectes et des vers, t. 12, p. 273.

Expériences sur la diminution de volume et la rupture des vaisseaux qui ont lieu pendant la cristallisation des dissolutions salines, t. 14, p. 286.

Analyse du *Salsola soda* de Linné, t. 18, p. 65.

Observation sur une maladie des arbres analogue à un ulcère, maladie qui attaque spécialement l'orme, t. 21, p. 39. Analyse du péridot, p. 96.

Nouvelles méthodes d'analyser les fers et aciers, t. 22, p. 3.

Mémoire sur les grenats blancs ou leucite des volcans, p. 127.

Analyse comparative des hyacinthes de Ceylan et d'Espailly, p. 179.

Mémoire sur la nature de l'alun du commerce, existence de la potasse dans ce sel, p. 258.

Mémoire sur le chrôme, nouvelle substance métallique contenue dans le plomb rouge de Sibérie, t. 25, p. 21. Second Mémoire sur ce métal, p. 194.

Analyse de la chrysolite des joailliers, ou du commerce, t. 26, p. 128.

Analyse de l'aigue-marine ou béril, découverte d'une terre nouvelle dans cette pierre, p. 155.

Notice sur la terre du béril, p. 170.

Analyse de l'émeraude du Pérou, p. 259.

Analyse du rubis spinelle, t. 27, p. 3.

Analyse du laiton, précédé de quelques réflexions sur la précipitation des métaux les uns par les autres, de leurs dissolutions, t. 28, p. 40.

Notice sur une matière végétale qui se trouve sur l'épiderme du *Robinia viscosa*, p. 223.

Expériences sur les excrémens de poules comparés à la nourriture prise par ces animaux, et réflexions sur la formation de la coquille de l'œuf, t. 29, p. 3.

Sur quelques propriétés de la strontiane et de la baryte, p. 270.

Réflexions sur l'analyse des pierres, et résultats de plusieurs de ces analyses, t. 30, p. 66.

Manuel de l'essayeur, 1 vol. in-8°.

Combustion des végétaux, fabrication du salin, de la cendre gravelée, t. 29, p. 194.

Réflexions sur la décomposition du muriate de soude par l'oxyde de plomb, t. 31, p. 3.

Mémoire sur les sèves des végétaux, t. 31, p. 20.

Expériences sur les alliages de plomb et d'étain avec le vinaigre, le vin et l'huile, t. 32, p. 243.

Notice sur un sel provenant de la manufacture de M. Payen, à Javelle, t. 32, p. 296.

Notice sur la présence du malate de chaux dans le suc de joubarbe, t. 34, p. 127.

Note sur le verre d'antimoine, t. 35, p. 136.

Analyse d'une pierre appelée gadolinite, et exposé de quelques propriétés d'une terre nouvelle qu'elle contient, t. 36, p. 143.

Analyse du mellite ou honigstein, t. 36, p. 203.

Note sur la combinaison des métaux avec le soufre, t. 37, p. 57.

Note sur la présence de la soude dans la chryolite du Groenland, t. 37, p. 89.

Analyse de la chlorite blanche argentée, t. 37, p. 182.

Expériences relatives à l'action de l'hydrogène sulfuré sur le fer, par laquelle on prétend qu'il se forme de l'acide muriatique, t. 37, p. 191.

Mémoire sur la fabrication du sel de saturne, t. 37 p. 268.

Note sur les eaux sures des amidonniers, t. 38, p. 248.

Analyse des eaux de Plombières, t. 39, p. 160.

Essais des différentes espèces de potasses à l'aide desquelles on donne des moyens simples pour déterminer la quantité d'alcali et des sels étrangers qu'elles contiennent, t. 40, p. 273.

Notes sur l'hydrosulfure de soude, t. 41, p. 190.

Note sur le phosphate de fer natif mélangé de manganèse, t. 41, p. 242.

Note sur l'hydrosulfure de potasse, t. 42, p. 40.

Note sur l'oisanite ou anatase, t. 42, p. 72.

Analyse du diaspore, t. 42, p. 113.

Notice sur la propolis, t. 42, p. 205.

Examen chimique du suc de papayer, t. 43, p. 267.

Expériences qui démontrent la présence de l'acide prussique tout formé dans quelques substances végétales, t. 45, p. 206.

Mémoire sur les pierres dites tombées du ciel, t. 45, p. 225.

Expériences sur la gomme kino, t. 45, p. 321.

Notice sur la décomposition du tartrite acidule de potasse au moyen de la chaux, t. 47, p. 147.

Expériences sur le suint, suivies de quelques considérations sur le lavage et le blanchiment des laines, t. 47, p. 276.

Note sur le béril de Saxe ou agustite, t. 48, p. 134.

Notice sur une pierre météorique tombée aux environs d'Apt, suivie de l'analyse de la lithologie atmosphérique de M. Izarn, t. 48, p. 225.

Analyse comparée de plusieurs variétés de stéatites ou talcs, t. 49, p. 74.

Analyse comparée de plusieurs sortes d'aluns, t. 5o, p. 154.

Analyse des topazes, t. 52, p. 297.

Expériences sur un minéral appelé autrefois faux tungstène, aujourd'hui cérite, et dans lequel on a trouvé un métal nouveau, t. 54, p. 26.

Expériences sur les gommes arabiques et adragants, t. 54, p. 312.

Examen chimique de la racine de calaguala, t. 55, p. 22.

Analyse de la pierre perlée de cinapecuaro au Mexique, apportée par M. Humboldt, t. 55, p. 288.

Mémoire sur les cheveux, t. 58, p. 41.

Expériences sur les diverses espèces de quinquina, t. 6o, p. 113.

Note sur l'existence du platine dans les mines d'argent du Guadalcanal, t. 6o, p. 317.

Découverte d'un nouveau principe dans les asperges, t. 57, p. 88. (Avec M. Robiquet.)

Note sur le soufre liquide de Lampadius, t. 61, p. 153.

Note sur la pechblende, mine d'Urane, t. 68, p. 277.

Examen chimique d'une substance trouvée dans le baume de la Mecque, t. 69, p. 221.

Expériences sur l'aréolithe tombée aux environs de Parme, pour y découvrir la présence de l'alumine annoncée par M. Sage, t. 69, p. 280.

Note sur l'acide benzoïque des urines des animaux herbivores, t. 69, p. 311.

Mémoire sur la meilleure méthode pour décomposer le chromate de fer, obtenir l'oxyde de chrôme,

préparer l'acide chrômique, et sur quelques combinaisons de ce dernier, t. 70, p. 70.

Analyse de l'aréolithe tombée à Staunern en Mora-
vie, t. 70, p. 321.

Analyse de la belladone, t. 72, p. 53.

Analyse du tabac à feuilles larges, t. 71, p. 139.

Analyse de la gratiole, t. 72, p. 191.

Examen chimique de quelques substances végétales,
t. 72, p. 297.

Examen chimique d'une matière blanche filamenteuse qui se trouve dans les cavités de la fonte qui
reste attachée aux parois des hauts fourneaux, t. 73,
p. 102.

Expériences sur les phosphates acides de potasse,
t. 74, p. 96.

Table exprimant les quantités d'acide sulfurique à
66° contenues dans les mélanges d'eau et de cet acide
à divers degrés de l'aréomètre, t. 76, p. 260.

Instruction sur les moyens de distinguer les différentes sortes d'étain qui se trouvent dans le commerce,
t. 77, p. 85.

Analyse des eaux minérales de Néris et d'Argen-
tière, t. 77, p. 113.

Expériences sur quelques préparations d'or, t. 77,
p. 321.

Expériences pour déterminer la quantité de soufre
que quelques métaux peuvent absorber par la voie
sèche, t. 80, p. 259.

Note sur le mucilage de graine de lin et sur l'acide
muqueux qu'il fournit au moyen de l'acide nitrique,
t. 80, p. 314.

Analyse de la matière cérébrale de l'homme et de
quelques animaux, t. 81, p. 37.

Note sur un accident produit par le chlorate de baryte mélangé d'acétate, t. 93, p. 318.

Recherches chimiques sur l'acide chlorique et ses combinaisons, t. 95, p. 91.

Suite des mêmes recherches, t. 95, p. 113.

Analyse de l'écorce de malambo, t. 96, p. 113.

Note sur le phosphate d'alumine, t. 96, p. 213.

Analyse de quatre variétés de trapps compacts (avec M. Chevreul), t. 87, p. 180.

Description d'un effet destructeur de l'urine sur le fer, et résultats utiles de la connaissance de cet effet. Journ. de la Soc. des Pharm. de Paris, p. 21.

Note sur l'éthiops martial.

Mémoire sur l'alun du commerce et sur les diverses espèces de sulfate d'alumine, p. 24.

De l'action de l'acide sulfurique concentré sur les substances végétales et animales (avec Fourcroy), p. 27.

Mémoire sur la formation de l'éther sulfurique (avec Fourcroy), p. 29.

Examen d'un procédé pour faire servir de nouveau la potasse employée dans les lessives (avec Bouillon-Lagrange), p. 31.

Sur l'acide benzoïque contenu dans les urines des quadrupèdes herbivores, sur les moyens de l'en extraire (avec Fourcroy), p. 41.

Mémoire sur le grenat ou leucite, et la lave qui le renferme, p. 44.

Observations sur l'état actuel de l'analyse végétale, suivies d'une notice sur l'analyse de plusieurs espèces de sèves d'arbres (avec M. Deyeux), p. 46.

Mémoire sur l'acide sulfureux et sur ses combinaisons avec les alcalis et les terres (avec Fourcroy), p. 65.

Résultat des expériences sur le phosphate de chaux dans deux états; sur l'analyse des os et la préparation du phosphore, p. 68.

Expériences sur l'acide citrique et ses combinaisons salines, p. 89.

Méthode pour le blanchiment du linge taché par l'onguent mercuriel, p. 105.

Observations sur la formation de l'acide prussique.

Mémoire sur le principe extractif des végétaux, p. 133.

Note sur le sulfate de strontiane et les combinaisons de cette nouvelle terre, p. 137.

Expériences sur le tartrite de potasse et de soude, ou le sel de seignette, et sur la substance qui se dépose lorsqu'on le prépare, p. 145.

Mémoire sur la découverte d'un nouveau métal à l'état d'acide et d'oxyde dans le plomb rouge de Sibérie, le rubis, l'émeraude et le béril, p. 174.

Combinaisons salines de la glucine ou de la terre particulière qui se trouve dans l'émeraude et dans le béril, p. 180.

Réflexions sur les couleurs végétales, p. 222.

Observations sur la dissolution du zinc dans le gaz hydrogène, p. 241.

Notice sur la cause et les effets de la dissolution du gaz nitreux dans la solution du sulfate de fer (avec M. Humboldt), p. 297.

Expériences sur la congélation de différens liquides par un froid artificiel de 40 degrés au dessous du 0° de Réaumur (avec Fourcroy), p. 334.

Expériences sur les sèves des végétaux, p. 338.

Analyse de l'eau de Mettemberg. Bul. de Pharm., t. 1, p. 354.

Note sur deux variétés de tabac, t. 1, p. 418.

Analyse de la belladone, t. 1, p. 473.

Analyse de la gratiole, t. 1, p. 481.

Mémoire sur l'existence d'une combinaison de tannin et d'une matière animale dans quelques végétaux (avec Fourcroy), t. 2, p. 241.

Expériences comparatives sur le sucre, la gomme, et le sucre de lait, t. 3, p. 49.

Expériences sur une matière rose que les urines déposent dans certaines maladies, t. 3, p. 416.

Analyse du mucilage de la graine de lin, t. 4, p. 93.

Analyse des écailles d'huîtres, t. 4, p. 123.

Expériences sur les différentes parties du marronnier d'Inde, t. 4, p. 385.

Expériences sur le *Daphne alpina*, t. 4, p. 529.

Expériences sur les champignons, t. 5, p. 120.

Analyse de l'écorce de malambo. Journ. de Pharm., t. 2, p. 172.

Analyse du seigle ergoté du bois de Boulogne près Paris, t. 3, p. 164.

Analyse du gaz trouvé dans l'abdomen de l'éléphant mort au Museum d'histoire naturelle, la nuit du 14 au 15 mars 1817, t. 3, p. 205.

Analyse d'une espèce de concrétion trouvée dans les glandes maxillaires du même éléphant, t. 3, p. 208.

Expériences pour déterminer l'action de l'alcool à différens degrés sur l'huile de Bergamotte, t. 3, p. 241.

Analyse de la synovie d'éléphant, t. 3, p. 289.

Analyse du riz, t. 3, p. 315.

Analyse des œufs de brochet, t. 3, p. 385.

Analyse comparée des cannelles de Ceylan et de la Guiane, t. 3, p. 433.

Analyse de différentes variétés de pommes de terre, t. 3, p. 481.

Expériences sur l'acide sorbique, t. 4, p. 10.

Mémoire sur le cyanogène, et sur l'acide hydro-cyanique, t. 4, 495.

Examen chimique des cubèbes, t. 6, p. 309.

Analyse de diverses sortes de farines, t. 8, p. 353.

Analyse du fruit du baobab, t. 9, p. 158.

Note sur le prétendu alcali du daphné, t. 10, p. 333.

Note sur le principe actif de la coloquinte, t. 10, p. 416.

Expériences sur le *Daphne alpina*, t. 10, p. 419.

Expériences sur l'eau minérale d'Enghien, t. 11, p. 124.

Expériences sur le savon, et l'action que quelques sels neutres exercent sur la solution de cette matière, t. 11, p. 497.

Note sur une matière blanche filamenteuse qui se trouve sur de la fonte, t. 12, p. 1.

Examen chimique d'une pierre dite pierre de coco, t. 12, p. 405.

Examen chimique de l'ipécacuanha *branca*, racine du *viola* ipécacuanha, rapporté de Rio - Janeiro par M. Taunay fils, t. 14, p. 304.

Mémoire sur l'acide pectique et la racine de carottes, t. 15, p. 340.

Examen chimique d'une matière verte qui se forme sur l'eau minérale de Vichy. Journ. de Chim. méd., t. 1, p. 31.

Procédé pour reconnaître de très petites quantités de phosphate de chaux, t. 1, p. 17 et 47.

Mémoire sur une nouvelle variété de wolfram, t. 1, p. 244.

Note sur le phosphate de fer, t. 1, p. 301.

Découverte de l'iode dans le règne minéral, t. 1, p. 349.

Note sur le diabète sucré, t. 1. p. 1.

Analyse des cendres de l'Etna, t. 2, p. 39.

Note sur la silice cristallisée sur de la fonte, t. 2, p. 42.

Analyse du tartre des dents, t. 2, p. 97.

Note sur la présence du fer dans le sang, t. 2, p. 295.

Examen d'une variété de manganèse, t. 2, p. 409.

Examen chimique de l'ipécacuanha *branca*, t. 4, p. 521.

VERGNE, *pharmacien à Martel.*

Analyse des eaux minérales de Saint-Félix de Bagnères, près de Condat. Bullet. de Pharm., t. 2, p. 127.

Note sur l'amalgame de mercure et d'argent, appelé arbre de Diane. Annales de Chimie, t. 72, p. 93.

VERNET, *pharmacien à Marseille.*

Procédé pour la fabrication de l'oxyde rouge de mercure par l'acide nitrique. Ann. de Chim., t. 54, p. 66.

VIGNON, *pharmacien à Toulon.*

Note sur la meilleure manière de construire les entonnoirs à filtrer. Annales de Chimie, t. 44, p. 223.

VILLENEUVE, *pharmacien à Tarbes.*

Note sur un moyen de diviser le camphre dans les potions. Journ. de Pharm., t. 1, p. 450.

VIREY, *pharmacien au Val-de-Grâce.*

Réflexions géologiques et chimiques sur les volcans. Annales de Chimie, t. 44, p. 223.

Sur l'origine de la résine tacamahaca. Journ. de la Société des Pharm. de Paris, p. 53.

Remarques sur plusieurs substances végétales étranges, de la matière médicale, **p.** 449.

Considérations sur les couleurs des médicamens simples du règne végétal, comme indices de leurs propriétés. Bullet. de Pharm., t. 3, p. 529.

Observations sur les plantes qui fournissent la racine d'orcanette, t. 4, p. 38.

Remarques sur les différens états des racines recueillies en automne et au printemps, t. 4, p. 39.

Notes sur l'acide borique natif, t. 4, p. 88.

De l'osmologie, ou histoire naturelle des odeurs, avec leur classification et les observations sur leur nature et leurs diverses modifications, t. 4, p. 191.

Sur l'histoire naturelle du kino ou gambier, improprement appelé gomme kino, t. 4, p. 364.

Mémoire sur l'histoire naturelle des quinquinas, et de leurs différentes espèces, t. 4, p. 481.

Des huiles de graines de crucifères et d'autres plantes, avec l'examen des meilleurs procédés pour les épurer, t. 4, p. 499.

Preuves que l'alcornoque vient du chêne liége et des espèces de chênes voisines, en Espagne, t. 5, p. 14.

Note sur le népenthès, t. 5, p. 49.

Nouvelle méthode de préparer les extraits de plantes vireuses, t. 5, p. 61.

Des rapports de l'histoire naturelle des insectes avec

l'art pharmaceutique, et description de plusieurs nouveaux insectes vésicatoires, t. 5, p. 97.

Observations d'histoire naturelle médicale, t. 5, p. 157.

Des médicamens aphrodisiaques en général, t. 5, p. 193.

Notice sur le tartrate de potasse et de soude, t. 5, p. 302.

Comparaison des nourritures des anciens avec celles des modernes, résultats de la différence de leur régime alimentaire, t. 5, p. 432.

Histoire naturelle médicale de l'encens, et découverte d'un arbre qui le produit, t. 5, p. 537.

Méthode suivie à la Pharmacie centrale de Paris pour la préparation des sulfures, t. 5, p. 572.

Des fruits alimentaires et de leurs principes constituans, avec des observations d'histoire naturelle et de chimie sur leur nature, t. 6, p. 1.

Note sur la vie et les ouvrages de Parmentier, t. 6, p. 49.

Éphémérides de la vie humaine, in-4°, 1814.

Histoire naturelle des nouveaux médicamens des deux Indes, récemment introduits dans la matière médicale. Bull. de Pharm., t. 6, p. 241.

Taujole pill, contrepoison employé intérieurement dans l'Inde orientale contre la morsure des chiens enragés et des serpens venimeux, t. 6, p. 347.

Notice sur les orcanettes d'Orient, t. 6, p. 90.

Sur des médicamens importans qui manquent essentiellement dans le service des hôpitaux, t. 6, p. 529.

Sur l'art de rendre la médecine agréable, ou de la réforme des médicamens les plus répugnans à prendre, Journ. de Pharm., t. 1, p. 318.

Fomentation pour l'accroissement des cheveux, t. 1, p. 470.

Matière médicale d'Hippocrate, ou des médicamens simples cités dans ses ouvrages, t. 1, p. 535.

Nouvelles considérations sur l'histoire et les effets hygiéniques du café, et sur le genre *coffea*, t. 2, p. 145.

Observations de physique végétale, épis de blé d'une apparence métallique, t. 2.

Histoire naturelle et médicale de la noix de serpent ou nhandicroba, et considérations générales sur la famille des cucurbitacées, t. 2, p. 529.

Note sur le tapioka, t. 3, p. 38.

Du sirop de karata, t. 3, p. 185.

Remarques sur les vers intestinaux qu'on trouve dans l'homme, sur leur origine, et les remèdes employés en médecine, t. 3, p. 390.

Remarques sur la disposition géographique des végétaux alimentaires, et son influence sur le genre de la vie des hommes, t. 3, p. 529.

Recherches historiques et bibliques sur la manne des Hébreux et les mannes diverses de l'orient, t. 4, p. 120.

Nouvelles recherches sur l'origine et l'époque de l'introduction des pommes de terre en Europe.

Notice sur les chataignes du Brésil, t. 4, p. 233.

Des animaux médecins d'eux-mêmes, ou de la découverte de plusieurs remèdes par les bêtes, t. 4, p. 282.

Nouvelle écorce fébrifuge de l'Inde, t. 4, p. 298.

Notice sur la salsepareille grise ou fausse, t. 4, p. 405.

Revue générale des substances naturelles phosphorescentes, et de leurs causes principales chez les minéraux, les végétaux et les animaux, t. 5, p. 26.

Note sur la maniguette ou poivre d'Éthiopie, canang aromatique d'Aublet, t. 5, p. 75.

Recherches sur un médicament précieux chez les anciens, connu sous le nom de *lycion*, à quelles substances il doit être rapporté, t. 5, p. 88.

Note sur le sandaron ou sandarous, résine transparente de l'Orient et de l'Inde, employé en masticatoire et en fumigations odorantes, t. 5, p. 119.

Note sur le séné américain, t. 5, p. 188.

Observations sur quelques phénomènes dus à diverses substances placées sur l'eau, t. 5, p. 237.

De l'origine de l'ambre gris, des animaux qui le produisent, et des moyens par lesquels on peut en obtenir de véritable, t. 5, p. 385.

Note sur l'origine d'une racine poivrée des Indes orientales, t. 6, p. 84.

Note sur une écorce amère, nommée cascanoqui, servant à la teinture, t. 6, p. 88.

Notice sur des insectes coléoptères de la famille des scarabées, servant de savon, t. 6, p. 90.

Histoire naturelle des galles des végétaux et des insectes qui les produisent, t. 6, p. 161.

Remarques sur les propriétés des végétaux en général, t. 6. p. 181.

Note sur des médicamens peu connus, t. 6, p. 188.

Description de l'atech-gah, source de feu, ou de naphte enflammée, près de Bakou, dans la Perse, t. 6, p. 209.

Eclaircissemens sur un racine amère jaune, venant du levant, et connue sous le nom de souline ou plutôt chyn-len, t. 6, p. 233.

Histoire naturelle des médicamens, des alimens et des poisons, 1 vol. in-8°, 1820, chez Rémont.

Questions sur la solution de différens sels dans une eau déja saturée d'autres sels. Journ. de Pharm., t. 6, p. 257.

Éclaircissemens sur l'histoire naturelle et médicale des ipécacuanha, avec la description de la plante nouvelle du vrai ipécacuanha blanc, t. 6, p. 267.

Curiosité de la matière médicale des Orientaux, t. 6, p. 320.

Observations d'histoire naturelle faites sur une araignée de l'espèce appelée domestique, t. 6, p. 325.

De l'emploi du gombeau comme café, t. 6, p. 392.

Plante proposée contre l'hydrophobie, t. 6, p. 394.

Analyse approximative de l'élatérium, t. 6, p. 395.

Note sur les végétaux exhalant l'odeur balsamique de la vanille, ou contenant de l'acide benzoïque, t. 6, p. 591.

Note sur la nouvelle espèce de camphrier de Sumatra, donnant un camphre plus suave et plus pénétrant que le laurier camphrier, t. 7, p. 143.

Description d'une plante célèbre, dite baume des îles de France et de Bourbon, t. 7, p. 188.

Notice sur plusieurs nouveaux médicamens, et leur histoire naturelle, t. 7, p. 190.

Pourquoi le corail rouge, porté en bijoux, devient-il blanc et poreux à l'extérieur ; explication de ce phénomène et moyens de le prévenir, t. 7, p. 193.

Notice sur le chirayita, plante fébrifuge très usitée dans l'Indostan et introduite en France, t. 7, p. 224.

Considérations sur l'origine uniquement américaine du maïs, et sur sa nouvelle analyse chimique, t. 7, p. 362.

Notice sur l'arbre carapa et sur d'autres espèces voisines, rangées dans leur famille naturelle, t. 7 p. 411.

Observations sur l'histoire naturelle de la laque, avec de nouvelles observations sur les insectes qui la produisent, t. 7, p. 512.

Histoire des mœurs et de l'instinct des animaux, 2 vol. in-8º, 1821, chez Déterville.

Notice sur quelques végétaux étrangers, alimentaires, naturalisés en France, t. 8, p. 65.

Remarque sur les herbes dont on se nourrit en différentes contrées, sous le nom de brèdes ou brette, t. 8, p. 70.

Note sur l'emploi de l'huile pyrogénée de bouleau, p. 75.

Notice sur le tanguin de Madagascar, fruit vénéneux, t. 8, p. 90.

Note sur le nouveau bois néphrétique, t. 8.

Recherches d'histoire naturelle sur l'asphalte, dit musnie minérale, t. 8, p. 285.

Bois amer de l'île Bourbon, employé comme stomachique, t. 8, p. 241.

Notice sur un café dit d'Eden ou du paradis terrestre, cultivé à l'île Bourbon, t. 8, p. 245.

Remarques sur l'existence probable de l'iode chez plusieurs mollusques, t. 8, p. 317.

Sur les semences des plantes légumineuses qui contiennent un principe amer et purgatif, t. 8, p. 364.

Note sur le kerfé, écorce du Sénégal, t. 9, p. 57.

Observations sur des mites trouvées dans l'intérieur des noix, t. 9, p. 59.

Observations sur des végétaux de la Perse et de l'Asie mineure, t. 9, p. 209.

Note sur l'usage de l'écorce de racine de grenadier comme vermifuge, et description du pentastome, genre nouveau de ver solitaire du corps humain, t. 9, p. 219.

De l'effet des huiles volatiles pour empêcher la production des plantes de l'ordre des moisissures, t. 9, p. 258.

Traité de pharmacie théorique et pratique, 3ᵉ édition, 2 vol. in-8°, 1823.

Note sur l'organisation des tissus végétaux dans les excroissances appelées galles, t. 9, p. 314.

Note sur l'atchar de l'Inde, et des substances qui entrent dans cette préparation, t. 9, p. 317.

Procédé pour enlever les taches aux vêtemens, t. 9, p. 323.

Note sur l'égragropile marine, ou la pelotte de mer, et sur sa formation, t. 9, p. 423.

Note sur le bois de naghas à odeur d'anis, des Indes orientales, t. 9, p. 468.

Note sur les diverses sortes d'essence ou huiles volatiles de térébenthine, t. 9, p. 556, p. 823.

Note sur le poison appelé urourara, t. 10, p. 125.

Examen physiologique d'un phénomène de la végétation, t. 10, p. 295.

Observations sur l'alcanna des Orientaux, ou heuvé d'Égypte, t. 10, p. 405.

Histoire naturelle du genre humain. Nouvelle édition. 1824.

Note sur les caractères distinctifs de la graine de *Croton tiglium*, t. 11, p. 17.

Note sur l'origine de la salsepareille rouge (fausse salsepareille), t. 11, p. 73.

Complément de l'anatomie de la sangsue officinale, et de ses organes sexuels, t. 11, p. 201.

Note sur le baume aracouchini de la Guiane, t. 11, p. 268.

Note sur le patchouly, t. 12, p. 61.

Recherches d'histoire naturelle médicale sur les poivriers, et la racine d'ava ou kawa, t. 12, p. 116.

Note sur la matière glutineuse produite par l'*Atractylis gummifera*, usitée dans l'Orient, t. 12 , p. 256.

Remarques sur la lueur des scolopendres, insectes aptères, t. 12, p. 365.

Note sur le kino véritable de la Gambie ou d'Afrique; de son origine, et des divers sucs concrets astringens, usités en médecine, t. 13, p. 228.

Notice sur un bois de teinture rouge d'Afrique, dit *cam wood*, t. 13, p. 284.

Note sur l'aspic rougeâtre, ou vipère des environs de Paris, t. 13, p. 383.

Note sur le vétiver des Indes orientales, t. 13, p. 499.

Note sur l'huile de tourlourou anti-rhumatismale, t. 13, p. 502.

Notice sur le mylabre de la chicorée, ou la cantharide des anciens , t. 14, p. 67.

Note sur le thébel, plante odorante servant à parfumer les cigares de la Havane, t. 14, p. 306.

Note sur l'emploi en médecine du foam ou fahou, t. 14, p. 358.

Hygiène philosophique, ou de la santé dans le régime physique, moral et politique de la civilisation moderne, 1828, chez Crochard.

Considération sur la matière médicale de l'Indostan, t. 14, p. 457.

Note sur la manne, t. 14, p. 490.

Note sur le génépi des Alpes pour la préparation

de la quintessence d'absinthe des Suisses, t. 14, p. 574.

Note sur une nouvelle résine odorante du Mexique, et des insectes qu'elle renferme, t. 15, p. 5.

Remarques sur le premier quinquina des anciens Péruviens, ou sur l'arbre du baume du Pérou, avec la description de ses semences, t. 15, p. 180.

Notice sur la racine dite *cainca,* ou plutôt *raiz cainana* des Brésiliens, t. 15, p. 573.

Note sur la fève tonka, t. 15, p. 583.

VIVIE, *pharmacien.*

Expériences sur l'extinction du mercure. Journ. de Pharm., t. 14, p. 530.

Procédé pour préparer l'onguent mercuriel. Journ. de Chim. méd., t. 3, p. 465.

WAFLARD, *pharmacien.*

Note sur le chromate de cuivre ammoniacal. Journ. de Pharm., t. 10, p. 607.

Note sur l'*aya-pana* (famille des corymbifères), t. 15, p. 8.

WAHART-DUNÈME, *pharmacien à Charleville.*

Analyse d'eau salée. Journ. de Pharm., t. 13, p. 627.

ÉLÈVES EN PHARMACIE.

ADER, *élève en pharmacie.*

Nouveau moyen d'extraire l'huile volatile de copahu, et de saponifier la résine en même temps. Journ. de Pharm., t. 15, p. 95.

BOQUÉ (Paul), *élève en pharmacie, à Paris.*

Examen critique d'une note de M. Erhembert, annonçant le développement d'une odeur d'acide prussique, lorsqu'on dissout l'acétate de potasse dans l'eau, lu à la Société de Pharmacie, déc. 1829.

BOUDET fils, *élève en pharmacie à Paris.*

Note sur la nature de la cire. Journ. de Chim. méd., t. 2, p. 604.

Observations sur l'action du protonitrate acide de mercure sur les huiles, t. 3, p. 101.

BOULLAY (Polydore), *élève en pharmacie chez son père.*

Mémoire sur les iodures doubles. Journ. de Pharm., t. 13, p. 338.

Mémoire sur les iodures doubles, t. 13, p. 435.

Mémoire sur la formation de l'éther sulfurique (avec M. Dumas), t. 14, p. 1.

Mémoire sur les éthers composés (avec M. Dumas), t. 14, p. 113.

COUERBE, *élève en pharmacie, à Paris.*

Note sur un nouveau principe immédiat retiré de l'albumine. Journ. de Pharm., t. 15, p. 497.

Note sur l'action de l'acide sulfurique sur les substances végétales, lue à la Société de Pharmacie.

DELESCHAMPS, *élève à Paris.*

Note sur la salsepareille, dans laquelle l'auteur démontre que les souches et les tiges de salsepareille ne contiennent pas autant d'extrait que les racines. Dictionn. des drogues, t. 4, p. 592.

Nouveau procédé pour la préparation du cyanure de mercure (avec M. Chevallier). Journ. de Chimie méd., 1830.

DESCHAMPS, *élève en pharmacie, à Paris.*

Formule pour la préparation des pastilles de chlorure de chaux.

Formule pour la préparation d'une poudre dentifrice qui enlève aux dents la couleur jaune qu'elles ont acquise. Journ. de Chim. méd., oct. 1827.

DESMARET, *élève en pharmacie.*

Note sur les causes de la transparence et de la cristallisation du baume opodeldoch. Journ. de Pharm., t. 13, p. 155.

Procédé pour la clarification des sirops, t. 13, p. 313.

Note sur l'extinction du mercure, t. 14, p. 488.

Mémoire sur l'extinction du mercure dans l'onguent mercuriel, et les préparations analogues, t. 15, p. 31.

DROGUET, *élève en pharmacie.*

Nouveau procédé pour la préparation de l'acide phosphoreux.

FERREZ, *élève en pharmacie.*

Note sur la préparation de la gelée de corne de cerf et du blanc-manger. Journ. de Pharm., t. 14, p. 408.

FIARD, *élève en pharmacie, à Paris.*

Observations sur la cause de la couleur améthyste qu'on remarque souvent dans la liqueur connue sous le nom d'eau de Javelle. Journ. de Pharm., t. 5, p. 457 et 461.

FIGUIER, *élève à Paris.*

Auteur d'une institution ou société élémentaire pour l'étude de la Chimie et de la pharmacie, par l'application de l'instruction mutuelle.

Sa société, créée en 1828, comptait vingt sociétaires; elle a continué en 1829, et deux élèves qui ont suivi les séances ont montré, lors de leurs examens, une instruction solide.

M. Figuier est le fils de Figuier de Montpelier, dont nous avons parlé dans les premières pages de ce résumé.

GUILLEMIN, *élève en pharmacie, à Genève.*

Essai chimique sur la racine de gentiane. Journ. de Pharm., t. 5, p. 110.

Dictionnaire des drogues simples et composées (avec MM. Chevallier et Richard), 5 vol. in-8". Paris, 1829. Béchet jeune.

11.

JUILLET, *élève en pharmacie, à Paris.*

Nouveau Manuel de Botanique, ou Principes élémentaires de physique végétale. Un vol. in-8° avec planches. Paris 1827. Compère jeune.

MERY, *élève en pharmacie à Rouen.*

Sur la présence des hydrocyanates dans les soudes et potasses du commerce.

PELOUZE, Jules, *élève en pharmacie à Paris.*

Essais sur les quantités d'eau et de matière extractive contenues dans les tiges du *Solanum dulcamara*. Bulletin des Sciences médicales de M. le baron de Férussac, t. 5, p. 175.

PIUSSAN, *élève en pharmacie.*

Lettre sur l'existence de l'émétine, dans l'iris de Florence, lue à l'Académie le 14 août 1826.

POUDEROUS, fils, *élève en pharmacie, à Perpignan.*

Note sur les sangsues. Journ. de Pharm., t. 15, p. 410.

QUESNEVILLE, fils, *élève en pharmacie à Paris.*

Procédé pour obtenir l'oxide de cobalt. Journ. de Pharm., t. 15, p. 291.

Procédé pour obtenir les chlorures volatils, t. 15, p. 328.

Note sur la préparation de l'oxide d'urane sans l'emploi direct du carbonate d'ammoniaque, t. 15, p. 494.

Note sur un nouveau procédé pour préparer le deutoxyde de barium. Journ. de méd., t. 3, 442.

Note sur un procédé pour obtenir en même temps l'acide purpurique rose et blanc.

Nouveau procédé pour distinguer la baryte de la strontiane (avec M. Julia-Fontenelle), t. 4, p. 129.

REGIMBEAU, Eugène, *élève en pharmacie.*

Note sur l'action réciproque du protochlorure de mercure et de l'acide hydro-cyanique. Journ. de Pharm., t. 15, p. 522.

SIRET, *élève en pharmacie, à Paris.*

Mémoire sur l'art de faire le sirop de raisin. Bulletin de Pharmacie, t. 5, p. 344.

Analyse de l'eau sulfureuse de Gamarde, département des Landes. Journ. de Pharm., t. 6, p. 127.

THOUERY, *élève en pharmacie à Montpellier.*

Note sur la présence de l'émétine dans l'iris de Florence. Journal de Chimie méd., t. 2, p. 448.

FIN DES TRAVAUX DES PHARMACIENS.

DICTIONNAIRE

DES

RÉSULTATS OBTENUS DE L'ANALYSE

DES SUBSTANCES VÉGÉTALES,

RACINES, FEUILLES, FLEURS, FRUITS, SEMENCES.

A.

ABSINTHE, *Artemisia.* — ABSINTHIUM, *Absinthium officinale.*

M. BRACONNOT, de Nancy, qui a analysé 600 grammes de la plante récente, a obtenu les résultats suivans :

Eau,	487,7
Fibre ligneuse,	65,0
Huile volatile d'un vert foncé,	0,9
Matière résineuse verte,	3,0
Albumine,	7,5
Fécule particulière,	1,0
Nitrate de potasse,	2,0
Matière résineuse extrêmement amère,	1,4
Matière animalisée peu sapide,	8,0
Matière animalisée très amère,	18,0
Absintathe de potasse,	5,5
Sulfate et muriate de potasse,	»
	600

ACHE DOUCE, SCÉLERI OU CÉLERI, *Apium dulce, Celeri Italorum.*

L'analyse du Céleri a été faite par VOGEL, de Munich, qui y a trouvé les substances suivantes :

1. De l'huile volatile incolore à laquelle est due l'odeur pénétrante du Céleri ;

2. Une huile grasse mêlée de chlorophylle ;

3. De soufre en petite quantité ;

4. De la bassorine dissoute dans un acide faible qui constitue une gélatine tremblante ;

5. Une matière brune extractive, et une matière gommeuse ;.

6. De la mannite ;

7. Du nitrate de potasse en quantité considérable ;

8. Du muriate de potasse.

ACONIT NAPEL, *Aconitum napellus.*

Analyse faite en 1808 par M. STEINACHER. qui reconnut que cette plante contenait :

1. De la fécule verte ;

2. Une substance odorante gazeuze ;

3. De l'hydro-chlorate d'ammoniaque;

4. Du Carbonate ;

5. Du phosphate de chaux.

M. Tuiten avait déjà annoncé, il y a 40 ans, la présence d'un phosphate dans l'aconit.

Analyse de l'*Aconit tue-loup*, faite récemment par M. PALLAS. Ce chimiste n'ayant pu se procurer la racine du Napel, étudia celle du lycoctonum. Il a obtenu les résultats suivans :

1. Une matière huileuse noire ;

2. Une matière verte ayant de l'analogie avec la matière verte du quinquina ;

3. Une matière ayant de l'analogie avec les alcalis végétaux (1) ;

4. De l'albumine ;

5. Des malate, muriate et sulfate de chaux ;

6. De l'amidon ;

7. Du ligneux.

ACORUS VRAI, *Acorus odorant, Acorus calamus.*

D'après l'analyse qui en a été faite par M. TROMSDORFF, 4 livres de cette racine fraîche sont composées de :

	Onc.	G.
1. Huile volatile plus légère que l'eau,		15
2. Inuline,	1	
3. Matière extractive,		9
4. Gomme,	3 $\frac{1}{4}$	
5. Résine visqueuse,	1 $\frac{1}{2}$	
6. Matière ligneuse,	13	6
7. Eau,	42	

AGARIC DE CHÊNE, *Boletus ignarius.*

L'analyse de l'Agaric de chêne a été faite par M. BOUILLON-LAGRANGE, comparativement avec celle de l'agaric blanc ; les résultats qu'il obtint de cette analyse lui démontrèrent que ce champignon contient :

1. Une matière extractive ;

2. Une très petite quantité de résine ;

3. Une petite quantité de matière animale ;

4. De l'hydro-chlorate de potasse ;

5. Du sulfate de chaux ;

Et, dans le produit de l'incinération, du sulfate de chaux et de magnésie, et du fer.

ALCORNOQUE.

Racine venant de l'Amérique méridionale.

Le docteur REIN a reconnu que la partie ligneuse de l'Alcornoque contenait :

1. Gomme,	105
2. Matière extractive,	102
3. Résine,	54
4. Humidité,	136
5. Acide tartrique, des traces.	

AMANDES AMÈRES.

D'après les recherches analytiques faites par M. VOGEL, et dont les résultats sont consignés dans le t. 3 du *Bulletin de Pharmacie*, p. 450, année 1817, les enveloppes des amandes amères contiennent, outre le tissu membraneux :

Du tannin,

Et de l'huile grasse.

En second lieu, *cent* parties d'Amandes renferment :

1. Enveloppes,	8,5
2. Huile grasse,	28,0
3. Matière caseuse,	30,0
4. Sucre,	6,5
5. Gomme,	3,0
6. Fibre végétale,	5,0
7. Huile volatile pesante,	"
8. Acide prussique,	"

AMANDES DOUCES, *Amygdalus communis.*

D'après l'analyse dont les résultats ont été consignés par M. P. F. G. BOULLAY, dans le t. 3, p. 342 du *Journal de Pharmacie*, année 1817, les proportions des principes constituans des Amandes douces doivent être établies ainsi qu'il suit :

1. Eau,	3,50
2. Pellicules,	5,00
3. Huile fixe,	54,00
4. Albumine,	24,00
5. Sucre liquide,	6,00
6. Gomme,	3,00
7. Partie fibreuse,	4,00
8. perte et acide acétique,	0,50
Total,	100

---

(1) La matière alcaline signalée par M. Pallas, et qu'il a décrite dans son mémoire, est sans doute l'Aconitine de M. Brande.

AMIDON , *Fécule amilacée.*

Plusieurs chimistes ont fait l'analyse de l'Amidon. Il contient ,

	D'après Gay-Lussac et Thénard.	D'après de Saussure.
Hydrogène ,	6,77	5,90
Carbone ,	43,55	45,39
Oxygène ,	49,68	48,31
Azote ,	» »	0,40
	100,00	100,00

	D'après Berzelius.	D'après Collard de Martigny. (Inéd.)
Hydrogène ,	7,066	1,692
Carbone ,	43,481	10,891
Oxygène ,	49,453	12,417
	100,000	25,000

ANIS.

MM. le docteur BRANDES de Salzuflen, et L. REIMANN ont donné l'analyse des semences d'Anis (voir *Repertor fur die Pharmacie* et *Journal de Chimie médicale*, t. 4, p. 229); 1,000 parties de ces semences contiennent :

1. Stéarine unie à de la chlorophylle,	1,25
2. Résine avec des traces de malate de chaux et potasse,	1,75
3. Huile grasse très soluble dans l'alcool,	33,75
4. Huile volatile,	30,00
5. Sous-résine,	4,00
6. Matière extractive,	55,00
7. Phyteumacolle,	78,50
8. Mucoso - sucré avec acide malique,	6,50
9. Gommine,	29,00
10. Gomme avec malate, phosphate et sulfate de chaux ,	65,00
11. *Anis-ulmine,*	86,00
12. Extractif,	5,00
13. Malate acide de potasse ,	10,00
14. —— de chaux ,	1,25
15. Phosphate de chaux ,	13,50
16. Sels inorganiques avec silice et oxyde de fer,	35,50
17. Fibre végétale,	328,50
18. Enfin , eau,	230,00

Ces chimistes ont donné le nom d'*Anis-ulmine* à une substance particulière qui n'est pas encore étudiée, qui semble tenir le milieu entre l'ulmine pure et le gluten , mais qui pourrait bien être un acide.

ARMOISE.

D'après le D^r. VAN DER PRANT (voir le *Médical recorder du Dr Colhoun*, 1826 , n° 34, p. 417, et le *Bulletin universel* d'avril 1829, n° 4, p. 89), les fibrilles de la racine de l'Armoise contienent :

1. De l'huile éthérée ;
2. De la résine jaunâtre ;
3. Une matière grasse végétale ;
4. De la cire;
5. De la gomme ;
6. Du muqueux végétal ;
7. Un principe extractif;
8. Un principe tannant ;
9. Du sucre non cristallisable;
10. Du gluten;
11. De l'albumine végétale ;
12. Un principe ligneux ;
13. Une matière colorante ;
14. de l'acide tartarique ;
15. De l'acide sulfurique;
16. De l'acide hydrochlorique;
17. De l'alumine ;
18. De la magnésie ;
19. De la chaux ;
20. De la potasse ;
21. De la silice ;
22. Du fer ;
23. Enfin, une substance encore inconnue, mais probablement alcaline.

ARNICA , *Arnica montana.*

D'après l'analyse consignée par MM. Chevallier et Lassaigne dans le t. 5 du *Journal de Pharmacie*, année 1819, p. 252, l'Arnica contient:

1. Une résine ayant l'odeur de l'Arnica;
2. Une matière amère nauséabonde, ressemblant à la matière vomitive du cytise (*cytisine*);

3. De l'acide gallique ;

4. Une matière colorante jaune ;

5. De l'albumine ;

6. De la gomme ;

7. Des muriates et des phosphates de potasse ;

8. Des traces de sulfate ;

9. Du carbonate de chaux (un peu d'acétate décomposé) ;

10. Un atome de silice ;

ARTÉMISE VULGAIRE, *Artemisia vulgaris.*

D'après M. GROEFE (voir *Journal fur Chirurgie und augenheilkunde,* vol. 9, cahier 3, 1826, et *Bulletin universel* d'avril 1829, n° 4, p. 90), la racine d'Artemisia soumise à l'analyse a fourni :

1. Huile grasse verte, 4
2. Résine balsamique, 12
3. Demi-résine, 14
4. Tannin, 13
5. Extractif doux, 191
6. Extractif gommeux, 177
7. Albumine, 11
8. Substance grise, insoluble dans l'eau et l'alcool, et analogue à la fibre végétale, 21
9. Alumine, des traces.
10. Fibre ligneuse, 524
11. Enfin, perte, 33

Total, 1,000

ARUNDO-DONAX (*Canne de Provence*).

L'analyse de la racine de l'Arundo-donax a été faite par M. CHEVALLIER, qui en a retiré (voir le *Journal de Pharmacie,* t. 3, p. 248, année 1817) :

1. Un extrait muqueux légèrement amer ;

2. Une matière résineuse amère aromatique, ayant de l'analogie avec la matière résineuse aromatique de la vanille ;

3. De l'acide malique ;

4. Une huile essentielle d'un goût et d'une odeur particulière ;

5. Une matière azotée ;

6. Du sucre en quantité appréciable quand la canne est fraîche ; mais ce principe ne s'y trouve plus au bout d'un certain nombre d'années ;

7. Des muriates, malates, phosphates de potasse et de sulfate de chaux ;

8. Enfin, de la silice.

ASARUM.

MM. LASSAIGNE et FENEULLE ont consigné dans le t. 6 du *Bulletin de Pharmacie,* année 1820, p. 565, les résultats de l'analyse qu'ils avaient faite de la racine d'Asarum ; cette racine contient :

1. Une huile volatile concrète ;

2. Une huile grasse très âcre ;

3. Une matière jaune analogue à la cytisine, dans laquelle paraissent résider les propriétés de l'Asarum ;

4. De la fécule ;

5. Du muqueux ;

6. De l'ulmine ;

7. De l'acide citrique ;

8. Du citrate acide et malate de chaux ;

9. Un acétate, un sel à base ammoniacale et sels minéraux.

ASCLEPIAS VINCETOXICUM.

D'après l'analyse faite par M. FENEULLE (voir *Journal de Chimie médicale,* t. 4, p. 347), cette racine contient :

1. Un principe émétique différent de l'émétine ;

2. Une espèce de résine ;

3. Du muqueux ;

4. De la fécule ;

5. Une huile grasse de consistance presque cireuse ;

6. Une huile volatile ;

7. De l'acide pectique ;

8. Du ligneux ;

9. Des malates de potasse et de chaux ;

10. De l'oxalate de chaux, de la silice et autres sels minéraux.

ASPERGE.

D'après l'analyse faite par M. DULONG, et dont les résultats sont consigués dans le *Journal de Pharmacie*, t. 12, p. 284, année 1826, la racine d'Asperge contient :

1. De l'albumine végétale ;
2. Une matière gommeuse ;
3. Une matière particulière, précipitant abondamment par le sous-acétate de plomb et le protonitrate de mercure ;
4. Une résine ;
5. Une matière sucrée rougissant par l'acide sulfurique concentré ;
6. Des malates acides, à base de potasse et de chaux ;
7. Des hydro-chlorates, *idem* ;
8. Des acétates, *idem* ;
9. Des phosphates, *idem* ;
10. Une petite quantité de fer.

Assa-foetida, *Ferula Assa-fœtida.*

Substance regardée généralement comme une gomme-résine.

Il résulte d'une analyse publiée par M. Pelletier dans le 3ᵉ vol. du *Bulletin de Pharmacie*, p. 556, année 1811, que l'Assa-fœtida est composé sur cinquante parties, savoir :

1. D'une résine qui doit être considérée comme de nature particulière, à raison de plusieurs propriétés dont elle jouit exclusivem. 32,50
2. D'une huile volatie à laquelle il doit son odeur, son âcreté et probablement ses propriétés médicales, 1,80
3. D'une gomme semblable à la gomme arabique, mais donnant plus d'acide muqueux lorsqu'on la traite par l'acide nitrique, 9,72
4. D'une matière analogue à à la gomme Bassora, et qu'on pourrait nommer *bassorine*, 5,83
5. Malate, acide de chaux, des traces.
6. Perte, 0,15

Total. 50,00

M. Lorenzo Angelini a donné une analyse de l'Assa-fœtida (voir *Giornale di Fisica*, t. 9, 3ᵉ. bimestre), et le *Bulletin universel* nᵒ 1 de janvier 1828, p. 88); sur une once ou vingt-quatre denari, M. Angelini a trouvé :

	Den.	Gr.
1. Sulfate de chaux,	12	11
2. Résine,	7	
3. Gomme,	1	12
4. Substance amère,	1	8
5. Matière floconneuse,		12
6. Perte,		23

On voit que ces résultats diffèrent beaucoup de ceux qu'avait obtenus M. Pelletier.

Aunée, *Emila helenium.*

L'analyse de la racine d'Aunée faite par L. Vogel (voir *Journal de Pharmacie* de 1810, t. 2, p. 568; extrait du *Journal de Pharmacie* de Tromsdorf, t. 18), a donné les résultats suivans :

1. Une huile volatile cristallisable ;
2. Une fécule particulière ;
3. Une matière extractive ;
4. De l'acide acétique libre ;
5. Une résine cristallisable ;
6. De l'albumine ;
7. De la matière fibreuse.

Avicennes, *Eupatorium cannabinum.*

D'après l'analyse consignée par M. J. P. Boudet dans le 3. vol. du *Bulletin de Pharmacie*, mars 1811, p. 105, la racine d'Avicennes contient :

1. Beaucoup de fécule amilacée ;
2. Une matière de nature animale ;
3. Une huile volatile;
4. De la résine ;
5. Un principe amer âcre ;
6. Du sulfate de potasse ;
7. Du muriate de potasse ;
8. Du muriate de chaux,
9. Probablement du malate, de l'acétate de chaux et du phosphate de chaux ;
10. Enfin, de la silice et un atome de fer.

Ces principes sont indiqués dans l'ordre de leurs proportions.

Avocatier , *Laurus persea.*

Il résulte de l'analyse faite par M. Ricord-Madianna , de la Guadeloupe (voir le *Journal de Pharmacie*, t. 15, p. 94 , année 1829), que 1152 grains d'un Avocat mûr ont donné :

	Gr.
1. Huile verte ou chlorophylle,	50
2. La laurine obtenue dans cette huile verte;	
3. Huile douce composée de	
4. Oléïne,	39
5. Stéarine,	25
6. Matière végéto-animale,	60
7. Muqueux ou gomme,	60
8. Ligneux,	14
9. Sucre non cristallisé, quantité supposée;	
10. Acide acétique, quantité supposée ,	
11. Eau évaporée de cette pulpe dans les opérations, ainsi que la perte ,	904
Total,	1152

Aya-pana.

D'après l'analyse publiée par M. Waflart pharmacien (voir *Journal de Pharmacie*, t. 15, p. 10, 1829), l'Ayapana contient :

1. Une matière grasse soluble dans l'éther;

2. Une huile essentielle assez abondante ;

3. Un principe amer que l'on peut facilement séparer en traitant l'extrait par l'alcool bouillant;

4. De l'amidon, quelques traces ;

5. Du sucre, *idem.*

B.

Batate douce, variété à peau rose, cultivée en France.

D'après l'analyse publiée par MM. Payen et Henry fils, dans le t. 2 du *Journal de Chimie médicale*, 1826, p. 26, des tubercules bien sains, fraichement arrachés, leur ont donné :

1. Eau,	0,7410
2. Amidon ou fécule,	0,0942
3. Ligneux,	0,0254
4. Acide pectique,	0,0130
5. Sucre cristallisable,	0,0145
6. Sucre incristallisable,	0,0104
7. Albumine,	0,0110
8. Mat. grasses { l'une fluide, l'autre consistante, }	0,0089
9. Acide malique,	0,0021
10. Huile essentielle, des traces ;	
11. Substance aromatique, *id.*;	
12. Matière colorante rougeâtre, *idem ;*	
13. Substance colorée en brun par le contact de l'air, *id.* ;	
14. Malates acid. { de potasse,	0,0150
{ d'ammon. ,	0,0020
{ de fer ,	0,0005
15. Hydrochlorate de potasse,	0,0100
16. Oxalate de chaux,	0,0072
17. Phosphate de chaux,	0,0057
18. Sulfate de potasse,	0,0043
19. Malate de chaux,	0,0015
20. Silice ,	0,0009
21. Oxide de manganèse uni à l'un des acides, des traces;	
22. Pertes et substances non pesées ,	0,0324
Total,	1,0000

Baume a cochon , ou *Baume de sucrier.*

Analyse faite par M. Bonastre.

1. Huile volatile ,	12
2. Matière organique combinée à la chaux ,	8
3. Extrait très amer,	2,18
4. Sels à base de potasse et de magnésie,	4
5. Résine soluble,	74
6. Sous-résine (*ou bursérine*),	5
7. Perte ,	5
Total,	110,18

Baume de la Mecque.

D'après M. Tromsdorff (voir *Neues Journal der Pharmacie*, t. 16,

1re partie, 1828, p. 62, et *Bulletin universel* de février 1828, n° 2, page 348), 500 parties de Baume de la Mecque contiennent :

1. Huile éthérée,	150
2. Résine neutre, insoluble dans l'alcool,	20
3. Résine neutre, soluble dans l'alcool,	320
4. Matière extractive, colorante amère ,	2
5. Perte,	8
Total,	500

BAUME DU PÉROU, *Balsamum Peruvianum.*

L'analyse du Baume noir du Pérou, faite par STOLTZ a donné :

1. Résine brune peu soluble,	24
2. Résine brune soluble,	207
3. Huile de Baume du Pérou,	690
4. Acide benzoïque,	64
5. Matière extractive ,	6
6. Humidité et perte,	9
Total,	1,000

BDELIUM.

Gomme résine qui vient des contrées orientales de l'Afrique et de l'Asie. On ne connaît pas le végétal qui la produit.

D'après l'analyse publiée par M. PELLETIER dans le t. 4 du *Bulletin de Pharmacie*, p. 53, 1812, le Bdelium contient :

1. Résine,	59
2. Gomme,	9,2
3. Matière analogue à la gomme de Bassora,	30,6
4. Huile volatile et perte,	1,2
Total,	100,0

Le Bdelium distillé à feu nu donne :

1. Une huile très fétide d'un rouge brun ;

2. De l'eau ;

3. De l'acétate d'ammoniaque ;

4. Des gaz hydrogènes carbonés et oxi-carbonés.

On obtient 0,9 d'un charbon qui, incinéré, fournit 0,4 de cendre composée :

De carbonate de chaux ;

D'oxide de fer ;

Et de muriate de soude.

BELLADONE , *Atropa Belladona.*

D'après le résultat de l'analyse consignée par M. VAUQUELIN dans le *Bull. de Pharmacie* de 1809, t. 1, p. 476, le suc de la Belladone renferme :

1. Une substance animale en partie coagulée par la chaleur et en partie dissoute par l'acide acétique ;

2. Une autre substance amère et nauséabonde, soluble dans l'esprit de vin, formant avec le tannin une combinaison insoluble, et fournissant de l'ammoniaque par sa décomposition au feu ;

3. Plusieurs sels à base de potasse ; tels que des nitrate, muriate, sulfate, oxalate acidule, et acétate.

Le marc du suc, exprimé, lavé, séché et brûlé, a laissé des cendres composées de chaux , de phosphate de chaux, de fer et de silice. La présence de la chaux dans ce résidu prouve que la plante contient de l'oxalate calcaire.

M. VAUQUELIN a constaté par des expériences que la matière soluble dans l'alcool est le véritable principe actif de la Belladone.

BENJOIN.

L'analyse du Benjoin a été faite par M. BUCHOLZ (voir le *Journal de Pharmacie de Tromsdorff*, t. 21, et le *Bull. de Pharmacie* de 1813, t. 5, p. 177); 25 gros de Benjoin choisi se composent de :

	Gros.	Gr.
1. Résine de Benjoin,	20	50
2. Acide benzoïque,	3	7
3. Substance analogue au baume du Pérou,	»	25
4. Principe particulier, aromatique, soluble dans l'alcool et dans l'eau,	»	8
5. Débris ligneux et impuretés,	«	30

BENOITE, *Geum urbanum.*

Résultats de l'analyse de la racine de Benoîte par MM. Mélandry et Moretti (*Bulletin de Pharmacie*, t. 2, p. 358).

	Onc.	Grains.
1. Résine,		23
2. Tannin,		118
3. Extrait oxygénable,		181
4. Extrait savonneux,		
5. Acide gallique,		
6. Muriate de potasse,		
7. — de magnésie,		69
8. Nitrate de potasse,		
9. Malate acide de chaux,		
10. Extrait muqueux,		92
11. Ligneux,	1	16½
12. Huile volatile, eau, perte,		76½

2 onces.

Une autre analyse de cette racine par Tromsdorff a donné les résultats suivans :

1. Huile volatile plus pesante que l'eau,	0,39
2. Résine,	40,00
3. Tannin,	410,00
4. Adraganthine,	92,08
5. Matière gommeuse,	158,00
6. Ligneux,	308,08

BETTERAVE.

D'après les observations publiées par M. Payen dans le t. 1 du *Journal de Chimie médicale*, p. 386, les substances qui constituent le plus ordinairement la Betterave sont dans l'ordre suivant, étant rangées dans leurs plus fortes proportions :

1. Eau;
2. Sucre { cristallisable; incristallisable;
3. Albumine;
4. Acide pectique;
5. Ligneux;
6. Substance azotée, soluble dans l'alcool;
7. Matières colorantes { rouge; jaune; brune;
8. Substance aromatique;

9. Matière grasse;

10. Malates acides { de potasse; d'ammoniaque; de fer; de chaux;

11. Hydrochlorate de potasse;

12. Nitrates { de potasse; d'ammoniaque;

13. Oxalate de chaux;

14. Phosphate de chaux;

15. Substance alcaline, inorganique, non suffisamment déterminée;

16. Soufre, des traces.

BOULEAU.

M. Gauthier a consigné dans le t. 13 du *Journal de Pharmacie*, p. 548, année 1827, l'analyse de l'épiderme du Bouleau.

En voici les résultats :

1. Résine,	186
2. Extractif,	45
3. Matière qui a de l'analogie avec la subérine,	92
4. Acide gallique et tannin,	22
5. Alumine,	8
6. Oxyde de fer,	18
7. Silice,	15
8. Carbonate de chaux,	10
9. Perte,	4
Total,	400

BOURDAINE, *Rhamnus frangula.*

D'après M. Gerber qui a fait l'analyse chimique de l'écorce desséchée de Bourdaine (voir *Arch. de Brandes*, t. 26, p. 1re), mille parties contiennent :

1. Des traces d'une huile volatile d'une odeur désagréable;	
2. De la cire,	5
3. De la chlorophylle,	17,5
4. Du mucoso sucré,	6
5. Un principe extractif, âcre, amer, contenant du malate et de l'hydro-chlorate de chaux,	46
6. Un principe colorant résineux,	80

7. Un principe colorant modifié, ... 27

8. De l'albumine végétale, ... 18,6

9. De la gomme contenant du malate, de l'hydrochlorate et du sulfate de potasse, plus, des sels de chaux, ... 85

10. Un extractif contenant du sucre, du malate et de l'hydrochlorate de potasse, ... 45

11. Du phosphate et un peu d'alumine, ... 21

12. Du malate de chaux et de magnésie, ... n

13. Une matière analogue à l'humus, ... 110

14. De la gomme obtenue par les alcalis, ... 145

15. Extractif obtenu par les alcalis, ... 75

16. Ligneux, ... 266

Perte, ... 34 .

BRUCINE.

Alcali végétal découvert par MM. PELLETIER et CAVENTON, dans l'écorce de la fausse angusture (*Brucea dysenterica*), dans la fève Saint-Iguace et dans la noix vomique.

La Brucine est composée de :

1. Carbone, ... 75,04
2. Azote, ... 7,22
3. Hydrogène, ... 6,52
4. Oxygène, ... 11,21

———————

99,99

BRYONE (racine de), *Bryonia alba.*

L'analyse faite par M. VAUQUELIN a donné :

1. De l'amidon ;

2. Une substance amère, soluble dans l'eau et dans l'alcool ;

3. De la gomme ;

4. Une matière végéto-animale ;

5. De la fibre ligneuse,

6. Du sucre ;

7. Du surmalate et du phosphate de chaux.

Une autre analyse faite par M. DULONG, pharmacien d'Astafort, a pro-duit (V. *Journal de Pharmacie*, t. 11, p. 172) :

1. Une matière amère à laquelle la Bryone doit ses propriétés drastiques et vénéneuses ;

2. De l'amidon ;

3. Une huile verte concrète ;

4. De la résine ;

5. De l'albumine ;

6. De la gomme ;

7. Du sous-malate et du carbonate de chaux ;

8. Enfin, un malate acide.

Les cendres sont composées de carbonate, de sulfate et d'hydrochlorate de potasse ; de carbonate et de phosphate de chaux ; un peu d'oxyde de fer.

MM. BRANDES et FIRNHABER ont obtenu les résultats suivans, de 200 parties de racine :

1. Bryonine avec un peu de sucre, ... 88
2. Résine et un peu de cire, ... 42
3. Sous-résine, ... 26
4. Mucoso-sucré, ... 200
5. Gomme, ... 290
6. Amidon, ... 40
7. Gélatine, ... 50
8. Fécule durcie, ... 20
9. Phosphates de magnésie et d'alumine, ... 10
10. Malate de magnésie, ... 20
11. Albumine concrète, ... 124
12. Gommarine, ... 55
13. Matière extractive, ... 340
14. Fibre, ... 315
15. Eau, ... 400

C.

CACHOU, *Catechu.*

L'analyse chimique du Cachou du Bengale et de celui de Bombay, faite par l'illustre sir H. DAVY, a donné les résultats suivans :

	De Bomb.	Du Beng.
Tannin,	109	97
Matière extractive,	68	73
Mucilage,	13	16
Résidu insoluble,	10	14
	———	———
	200	200

CAFÉ, graine du caféier. *Coffœa arabica.*

Plusieurs chimistes ont entrepris l'analyse du café.

Il résulte des recherches faites par MM. CADET-GASSICOURT, Armand SÉGUIN, ROBIQUET et PELLETIER, que le Café contient :

Une petite quantité d'huile volatile concrète ;

De la gomme ou mucilage ;

De l'albumine ;

Une huile fusible à 25°, blanche, douce et inodore ;

Un principe amer qui verdit par le contact de l'albumine animale et des alcalis fixes ;

Une substance oléo-résinoïde colorée et très âcre ;

Enfin, un corps cristallisable en belles aiguilles soyeuses, composées elles-mêmes d'une grande quantité d'azote, et à laquelle on a donné le nom de *caféine.*

CALAMUS AROMATICUS OU VÉRUS, racine de l'*Acorus calamus.*

Analyse faite par M. TROMSDORFF, du *Calamus aromaticus* à l'état frais, sur 64 onces.

	Onc.	Gr.	Gr.
1. Matière extractive ,		9	
2. Gomme,	$3\frac{1}{2}$		
3. Résine visqueuse,	$1\frac{1}{4}$		
4. Inuline , ou substance amylacée qui a du rapport avec l'inuline ,	1		
5. Huile volatile,			15
6. Matière ligneuse,	13	6	
7. Eau,	42		

CAMOMILLE ROMAINE, *Anthemis nobilis.*

Ses fleurs contiennent une grande quantité de substance extractive amère, et on en retire, par la distillation, une huile volatile d'une belle couleur bleue.

Quelques chimistes ont obtenu du camphre (qui probablement se forme par le temps dans cette huile volatile),

un principe résineux et une petite quantité de tannin.

CAMPHRE, *Camphora.*

Cette substance immédiate des végétaux , analysée par M. Théodore DE SAUSSURE, a donné, sur 100 parties :

1. Carbonne,	74,38
2. Hydrogène,	10,67
3. Oxygène,	14,61
4. Azote,	0,34
	100

CANNELLE, *Cortex cinnamomi.*

Écorce privée d'épiderme des branches du *Laurier cannellier*, *Laurus cinnamomum.*

D'après l'analyse comparative que M. VAUQUELIN a faite des Cannelles du Ceylan et de Cayenne, ces écorces contiennent :

1. De l'huile volatile ;
2. Du tannin ;
3. Du mucilage ;
4. Une substance colorante ;
5. Du ligneux ;
6. Et un acide.

(*Journal de Pharmacie,* t. II, p. 433.)

CANNELLE BLANCHE, Murray, *Vinterania Canella.*

M. HENRY n'a point trouvé de tannin, de sulfate de fer, ni d'oxide de fer dans la Cannelle blanche.

MM. PETROZ et ROBINET, qui en ont repris l'analyse (voir *Journal de Pharmacie*, t. 8, p. 200, année 1822), ont retiré de cette Cannelle blanche :

1. Une matière sucrée ;
2. Une matière amère ;
3. De la résine ;
4. Une huile volatile très âcre ;
5. De la gomme ;
6. De l'albumine ;
7. De l'amidon ;
8. Et quelques sels.

CARAPA.

MM. PETROZ et ROBINET, ont donné

dans le t. 7 du *Bull. de Pharmacie*, p. 361, année 1821, les résultats de l'analyse qu'ils ont faite de l'écorce de Carapa, qui leur a paru composée à peu près des mêmes principes que le quinquina.

Voici ces résultats :

1. Une matière alcaline ;
2. De l'acide kinique ;
3. De la matière rouge insoluble (rouge cinchonique) ;
4. De la matière rouge soluble ;
5. De la matière grasse verte ;
6. Un sel de chaux, peut-être du kinate.

CARDAMOME, *Cardamine pratensis.*

L'analyse, faite par NEUMANN, des graines du petit Cardamome, a produit, sur 480 parties :

20 parties d'huile volatile,
15 parties d'extrait résineux,
Et 45 parties d'extrait aqueux.

CAROTTE, *Daucus carotta.*

En traitant une de ses racines par la potasse caustique et l'acide hydro-chlorique, M. BRACONNOT, de Nancy, en a retiré de l'acide en abondance, mais d'une couleur jaune.

M. BOUILLON-LAGRANGE a retiré de la carotte, par la distillation, une huile volatile d'une couleur jaune pâle. La décoction a donné un principe amer et du tannin.

M. LAUGIER a reconnu que le suc de carotte était susceptible de donner, par la fermentation, naissance à du vinaigre qu'on peut obtenir par distillation ; une substance sucrée qu'on obtient par l'évaporation du résidu, et que M. Laugier a reconnue pour être de la manite, n'existe pas dans le suc, mais elle est le produit de la décomposition.

CARTHAME, *Carthamus tinctorius.*

Analyse des fleurs de Carthame (voir les *Annales de Chimie*, t. 48, p. 283.)

1. Eau,	0,062
2. Débris de la plante, etc.	0,034
3. Albumine végétale,	0,055
4. Extrait soluble dans l'eau,	0,264
5. Extractif,	0,042
6. Résine,	0,003
7. Cire d'une espèce particulière,	00,09
8. Matière colorante rouge,	0,005
9. Ligneux,	0,496
10. Alumine et magnésie,	0,005
11. Oxyde rouge de fer,	0,002
12. Sable,	0,012

CASSE DES BOUTIQUES, CASSE EN BATONS ET CANÉFICE, *Gousse ligneuse du Canéficier, Cassia fistula.*

La pulpe de Casse, analysée par M. VAUQUELIN, a donné par livre :

	Onc.	Gr.	Gr.
1. Eau,	7	5	62
2. Parenchyme,		6	53
3. Gluten,		2	20
4. Gélatine,	1	1	7
5. Gomme,		4	37
6. Matière extractive,			61
7. Sucre,	5	2	48
Total,	16		

Deux autres espèces de *Casse*, qui se rapprochent dans leurs rapports du Canéficier, ont été analysées par M. HENRY (voir *Journal de Chimie médicale*, t. 2, p. 370), sous le nom de Casse d'Afrique et de Casse d'Amérique. Les extraits de ces deux Casses ont fourni les résultats suivans :

	D'Afr.	D'Amér.
1. Sucre,	12,20	13,85
2. Gomme,	1,35	0,52
3. Mat. possédant plusieurs propriétés des matières tannantes.	2,65	0,78
4. Mat. ayant quelques propriétés du gluten,	des trac.	des trac.
5. Mat. colorante soluble dans l'éther,	pet. quant.	pet. q.
6. Perte en eau,	3,80	4,85
Total,	20,00	20,00

CEDRELLA FEBRIFUGA.

Écorce provenant d'un arbre qu'on trouve sur la côte de Coromandel et dans l'île de Java, et qui appartient à une famille voisine des méliacées. D'après l'analyse qui en a été publiée par le professeur NÉES D'ESENBECK dans les *Archir der Apotheker vereins*, t. 12, 1er cahier, p. 33 (voir le *Bulletin universel*, t. 12, p. 302, 1827), cette écorce contient pour 100 parties, savoir :

1. Tannin résineux particulier, 4,2
2. Tannin brun ordinaire, 2,7
3. Mat. extractive gommeuse,
4. Un peu d'inuline insipide, 2,7

Le médicament dont elle se rapproche le plus est la racine de ratanhia, à laquelle elle le cède pourtant pour les qualités astringentes.

CERISIER, *Prunus cesarus*, *Cesarus vulgaris*.

M. Hielm, chimiste Suédois, a trouvé dans le jus de la cerise un sel à base de chaux ; il en a retiré un acide qu'il a comparé aux acides formique, tartrique et sébacique, et qu'il a cru reconnaître comme un acide particulier. Ce travail a paru incomplet ; il est digne de fixer de nouveau l'attention des chimistes.

CÉVADILLE, *Veratrum sabadilla*.

Analyse faite par MM. PELLETIER et CAVENTOU (voir *Annales de Chim. et de Physique*, t. 14, p. 69); ils en ont retiré les substances suivantes :

1. Du gallate acide de vératrine ;
2. Un acide particulier, odorant et volatil, nommé *Cévadique;*
3. Une matière grasse composée d'élaïne et de stéarine ;
4. De la cire ;
5. Une matière colorante jaune ;
6. De la gomme ;
7. Du Ligneux.

CHAMPIGNONS, *Fungi.*

Plusieurs chimistes, en tête desquels on doit citer MM. VAUQUELIN, BOUILLON-LAGRANGE et BRACONNOT, se sont occupés de recherches sur les Champignons. Dans les *Annales de Chimie*, vol. 77, 78 et 88, M. Braconnot a surtout traité ce sujet avec beaucoup de détail; mais on est encore à obtenir des résultats positifs sur les principes vénéneux de ces plantes. Suivant les analyses publiées par M. Braconnot, la plupart des Champignons renferment :

1. Une substance particulière qui fait la base et le principe nutritif, substance très abondante, nommée par ce chimiste, *fungine;*
2. Un acide particulier combiné le plus souvent avec de la potasse ; dans quelques espèces de bolets, c'est un autre acide nommé *bolétique;*
3. Deux matières animales, l'une peu connue, insoluble dans l'alcool, l'autre qui se dissout avec ce véhicule et qui est de l'osmazome ;
4. De l'albumine, de la gélatine, du mucus, de l'adipocire, de l'huile, une espèce particulière de sucre, et quelques autres substances en moins grande proportion.

Dans la *peziza nigra*, petit Champignon à chapeau plat et sessile, M. BRACONNOT a trouvé en outre de la gomme, de la bassorine et de l'acide fungique en partie libre.

M. Vauquelin a donné dans le t. 5 du *Bulletin de Pharmacie*, p. 131 et 132, année 1813, les résultats de ses essais chimiques sur le Champignon comestible des couches, et sur trois espèces de Champignons vénéneux. Le Champignon comestible ordinaire contient :

1. De l'adipocire ;
2. De l'huile ou graisse ;
3. De l'albumine ;
4. Une matière sucrée ;
5. Une matière animale soluble dans l'alcool et dans l'eau, l'osmazome ;
6. Une substance animale insoluble dans l'alcool ;

7. La fongine de M. Braconnot, ou partie fibreuse du Champignon ;

8. L'acétate de potasse.

L'Agaricus bulbosus renferme :

1. Une matière animale insoluble dans l'alcool, tout-à-fait semblable à celle du Champignon comestible ;

2. Une matière animale soluble dans l'alcool et dans l'eau, celle que ce savant croit semblable à l'osmazome ;

3. Une substance grasse, molle, d'une couleur jaune et d'une saveur âcre ;

4. Un sel acide qui n'est point un phosphate, car il ne trouble point l'eau de chaux.

Le squelette de ce Champignon a fourni un produit acide à la distillation.

M. Vauquelin a reconnu dans *l'Agaricus theogalus* :

1. Une matière sucrée cristalline ;

2. Une matière grasse d'une saveur amère et âcre ;

3. Une matière animale insoluble dans l'alcool ;

4. De l'osmazome ;

5. Un sel végétal acide.

L'Agaricus muscarius lui a fourni :

1. Les deux matières animales indiquées ci-dessus ;

2. La matière grasse ;

3. Du muriate, du phosphate et du sulfate de potasse.

Le parenchyme de ces deux derniers Champignons a aussi donné à la distillation un produit acide.

Urédo du maïs, *Uredo maydis.*

Analysée par M. Dulong d'Astafort, cette espèce lui a fourni (voir le *Journal de Pharmacie*, t. 14, p. 566, année 1828) :

1. Une matière analogue à la fongine, qui en fait la base ;

2. Une matière azotée, soluble dans l'eau et dans l'alcool, analogue à *l'osmazome végétale* ;

3. Une matière (azotée) soluble dans l'eau, insoluble dans l'alcool ;

4. Une matière grasse ;

5. Une petite quantité de cire ;

6. Une matière colorante brune ;

7. Un acide organique libre, ou en partie, uni à la potasse et peut-être à la magnésie ;

8. Du phosphate de potasse ;

9. Du chlorure de potassium ;

10. Du sulfate de potasse ;

11. Du sous-phosphate de chaux ;

12. Un sel à base d'ammoniaque ;

13. De la magnésie et une très petite quantité de chaux, sans doute unies à un acide organique ;

14. Du fer.

Chara.

Les résultats de l'analyse chimique du Chara faite par MM. Chevallier et Lassaigne sont (voir le *Journal de Pharmacie*, t. 4, p. 156, année 1818) :

1. Une matière animale, dont les propriétés semblent la distinguer des autres connues jusqu'à présent ;

2. Une matière huileuse d'une couleur verte et d'une saveur poissonneuse ;

3. Différens sels.

Les cendres du Chara leur ont fourni :

1. Du sulfate de chaux ;

2. Du muriate de soude ;

3. Du muriate de chaux ;

4. De la chaux provenant du carbonate de chaux, qui existe tout formé dans cette plante, et qui a été décomposé par la chaleur qu'on a employée pour l'incinération du Chara.

Chausse-trappe ou Chardon étoilé, *Centaurea calcitrapa.*

L'analyse en a été faite par Figuier, professeur à l'école de Montpellier. Il a trouvé qu'elle renfermait les principes suivans :

1. Du ligneux ;

2. Une substance gommeuse ;

3. Une matière résiniforme ;

4. Un principe animalisé ;

5. De l'acétate, du muriate et du sulfate de potasse ;

6. Du muriate et du sulfate de chaux ;

7. Une matière verte ;

8. De la silice ;

9. Un peu d'acide acétique.

CHÉLIDOINE (GRANDE) OU ÉCLAIRE, *Chelidonium majus.*

MM. CHEVALLIER et LASSAIGNE, qui ont analysé cette substance, ont trouvé qu'elle renfermait :

1. Une matière résineuse amère d'une couleur jaune très foncée ;

2. Une matière gommo-résineuse, d'une couleur jaune-orangé, d'une saveur amère, nauséabonde ;

3. Du citrate de chaux ;

4. Du phosphate de la même base ;

5. De l'acide malique libre ;

6. Du nitrate et de l'hydro-chlorate de potasse ;

7. Une matière mucilagineuse ;

8. De l'albumine ;

9. De la silice.

MM. GODEFROI et CHEVALLIER ont également signalé dans la Chélidoine la présence d'une matière cristallisable.

On trouve aussi dans *Berliner Jahrbuch für die Pharmacie*, vol. 29, cahier 1er, 1827, et *Bulletin universel* de janvier 1828, n° 1, p. 90, une analyse des feuilles de la Chélidoine, faite par Léon MEIER.

2,500 parties on fourni :

1. Albumine végétale,	85
2. Gomme analogue à la matière extractive gommeuse, avec du carbonate, de l'hydrochlorate et du sulfate de potasse, du phosphate de magnésie, du sulfate de chaux et de la silice,	80
3. Bassorine,	48
4. Matière végéto-animale,	50
5. Matière extractive douce, avec du nitrate, du sulfate	

et de l'hydrochlorate de potasse ; du nitrate de chaux, de l'acide malique libre, du malate et du phosphate de magnésie et de chaux, ... 227

6. Principe narcotique, avec du nitrate, de l'hydrochlorate et du malate de potasse, ... 768

7. Principe narcotique pur, ... 86

8. Résine, ... 155

9. Fibre ligneuse, ... 925

10. Hydrochlorate de potasse, oxyde de fer, hydrochlorate de chaux, oxyde de manganèse, sulfate de potasse, silice, carbonate de chaux, phosphate de magnésie, alumine, ... 74

11. Perte, ... 2

Total, ... 2,500

CHÊNE COMMUN.

D'après l'analyse qui en a été publiée par Ch. LOEVING de Kreuznach (voir *Buchner Repertorium für die Pharmacie*, 1828, t. 28, 2e cahier, p. 169, et *Bulletin universel* de mars 1829, n. 3, p. 460), les glands du Chêne commun contiennent :

1. Huile grasse,	43
2. Résine,	52
3. Gomme,	64
4. Tannin passant au bleu avec le fer,	90
5. Extractif amer,	52
6. Amidon,	380
7. Fibre ligneuse,	319
8. Potasse, chaux, alumine et sels terreux, des traces.	

Total, ... 1,000

CHÊNE D'ESPAGNE, *Quercus falcata.*

D'après l'analyse faite par M. Joseph SCATTERGOOD (voir le *Journal de Philadelphie*, du 1er juillet 1829, et le *Journal de Pharmacie* de la même année, t. 15, p. 551), 400 parties d'écorce du *Quercus falcata*, d'une épaisseur ordinaire, paraissent être composées comme il suit :

1. Tannin, 40
2. Acide gallique, 26
3. Huile et matière résineuse, 10
4. Extractif, 6
5. Quercie, 70
6. Résidu ou ligneux, 248

Total, 400

CHENOPODIUM VULVARIA.

L'Analyse de cette plante dont MM. CHEVALLIER et LASSAIGNE ont consigné les résultats dans le t. 3 du *Bulletin da Pharmacie*, p. 416, année 1817, a donné :

1. Du sous-carbonate d'ammoniaque libre, dû sans doute à une matière animale en putréfaction dans la plante quoique vivante ;

2. De l'osmazone ;

3. De l'albumine ;

4. Une petite quantité d'une résine aromatique ;

5. Une matière amère soluble dans l'eau et dans l'alcool,

6. Du nitrate de potasse en grande quantité ;

7. De l'acétate et du phosphate de potasse ;

8. Du tartrate de la même base.

CHIRETTA OU CHIRAYTA.

Les tiges ont été analysées par MM. LASSAIGNE et BOISSEL., qui ont obtenu les résultats suivans :

1. Une résine ;

2. Une matière amère d'un jaune foncé ;

3. Une matière colorante d'un jaune brunâtre ;

4. De la gomme ;

5. De l'acide malique ;

6. Du chlorure de potassium, du sulfate de potasse et du phosphate de chaux ;

7. Des traces d'oxyde de fer.

CIGUE MACULÉE OU GRANDE CIGUE, *Cicuta major, Conium maculatum.*

SCHRADER (voir le *Journal de Schweig-ger*), a donné les résultats de l'analyse du suc des feuilles fraîches, ainsi qu'il suit :

1. Résine, 0,15
2. Extractif, 2,73
3. Gomme, 3,52
4. Albumine, 0,31
5. Fécule verte, 0, 8
6. Eau, acide acétique et sels divers, 92, 4

CINCHONINE, *Cinchonin.*

Résultats de l'analyse faite par MM. PELLETIER et DUMAS d'un côté, et par BRANDE de l'autre.

	MM. Pelletier et Dumas.	Brande.
1. Carbone,	76,97	79,30
2. Azote,	09,02	13,72
3. Hydrogène,	06,22	7,17

COLCHIQUE, *Colchicum autumnale.*

MM. PELLETIER et CAVENTOU ont fait l'analyse du Bulbe de colchique ; ils ont trouvé qu'il était composé :

1. D'une matière grasse, formée de stéarine, d'élaïne et d'un acide volatil particulier ;

2. D'un nouveau principe végétal alcaloïde, combiné à l'acide gallique, et qu'ils ont nommé *Vératrine*, parce qu'il existe en plus grande abondance dans les *Veratrum album* et *Sabbadilla ;*

3. D'une matière colorante jaune ;

4. De gomme ;

5. D'amidon ;

6. D'inuline en abondance ;

7. De ligneux ;

D'après les résultats d'une autre analyse du Colchique d'automne faite par MM. MÉLANDRY et MORETTI (voir le *Bulletin de Pharmacie*, année 1810, t. 2, p. 217), les principes constituans du Colchique se composent :

1. D'un grande quantité d'eau variable suivant l'état de dessiccation de la plante ;

2. Du tissu parenchymateux ;

3. D'amidon ;

4. D'extractif muqueux ;

5. De sucre ;
6. De gluten ;
7. D'albumine végétale ;
8. D'extractif amer et acre ;
9. D'extractif oxygénable ;
10. De résine ;
11. D'acide malique ;
12. De chaux ;
13. D'acide muriatique.

COLOMBO ou COLUMBO.

Racine du *Cocculus palmatus* D. C. ou *Menispermum palmatum* Lamck.

M. PLANCHE, qui a fait l'analyse chimique de cette racine, a obtenu :

1. Le tiers de son poids d'amidon ;
2. Une matière azotée très abondante ;
3. Une matière jaune, amère, non-précipitable par les sels métalliques ;
4. Des traces d'huile volatile ;
5. Du ligneux ;
6. Des sels de chaux et de potasse, de l'oxide de fer et de la silice.

Ces résultats ont été confirmés par les essais faits par M. GUIBOURT.

COPALCHI.

Écorce connue au Mexique, et usitée comme fébrifuge, soumise à l'analyse chimique par M. MARCADIEU, pharmacien (voir *Journal de Chimie médicale*, t. 1, p. 236); elle a donné les résultats suivans :

1. Une matière astringente de couleur marron ;
2. Une matière excessivement amère, contenant aussi du principe astringent, provoquant des nausées, se dissolvant dans l'eau à laquelle elle communique toute sa saveur ; matière dans laquelle résident les propriétés fébrifuges de l'écorce, qui ont été constatées par les médecins de la Vera-Crux dans les fièvres intermittentes ;
3. Une substance grasse verte, en petite quantité ;
4. Une résine d'un brun clair, insipide et inodore ;
5. Une matière colorante, brune, animalisée, insoluble dans l'éther et

l'alcool très rectifié, soluble, au contraire, dans l'alcool à 28 ° et au dessous ;
6. De l'amidon ;
7. Du ligneux ;
8. Du phosphate et de l'oxalate de chaux.

Les cendres de l'écorce du Copalchi ont donné de l'hydrochlorate et du sulfate de potasse, des oxydes de fer et de manganèse, du carbonate et du phosphate de chaux ; enfin, quelques traces de magnésie et de silice.

Le docteur BRANDES a donné une autre analyse de cette écorce dans *Archiv. des Apothechervereins*, t. 19, 1er cahier, p. 80 (voir le *Bulletin universel* de 1827, t. 11, p. 180).

300 grains de l'écorce lui ont fourni :

1. Matière jaune amère analogue à la colocinthine et à la bryonine, et mêlée avec du malate acide de potasse, de chaux et magnésie,	10
2. Résine molle d'une saveur âcre et aromatique,	19
3. Résine verte,	3
4. Demi-résine,	25
5. Malate de chaux,	10
6. Cire avec du malate de chaux,	2
7. Matière gélatineuse azotée,	20
8. Substance analogue avec une proportion d'hydrochlorate de potasse, de malate, de sulfate et d'un peu de phosphate de chaux,	80
9. Suif avec de la résine verte,	5
10. Oxalate de chaux,	12
11. Phosphate de chaux,	1,4
12. Albumine coagulée,	6
13. Albumine soluble,	20
14. Extractif formé par l'action de la potasse,	10
15. Fibre ligneuse,	53
16. Sulfate de chaux, sulfate de potasse, hydrochlorate de potasse, magnésie, phosphate de chaux, silice, oxyde de fer,	2
17. Enfin, eau et perte,	18,5

Le principe actif de l'écorce paraît

résider dans la matière amère jaune soluble dans l'eau et dans l'alcool, ainsi que dans la résine âcre et aromatique.

COQUE DU LEVANT.

Fruits de plusieurs arbres décrits par Linné sous le nom de *Menispermum cocculus*.

M. Casaseca (v. *Journal de Chimie médicale*, février 1826) a reconnu que les principes contenus dans le squelette de la Coque du Levant se composent :

1. D'une matière organique ;
2. D'une matière colorante ;
3. De silice, de fer, de sulfate et d'hydrochlorate de potasse, et de phosphate de chaux.

COQUELICOT, ou PAVOT ROUGE, *Papaver rhœas*:

L'analyse des fleurs de Coquelicot, faite par M. Riffard, a donné les résultats suivans sur cent parties de fleurs (voir le *Journal de Chimie médicale*, tome 4, page 277, et *Journal de Pharmacie*, 1826):

1. Matière grasse jaune,	12
2. Matière colorante rouge,	40
3. Gomme,	20
4. Fibre végétale,	28
Total,	100

M. Chevallier a reconnu la présence d'une petite quantité de morphine dans de l'extrait de fleurs de Coquelicot préparé à Mont-Louis, qui lui avait été remis par M. Julia - Fontenelle.

MM. Brets et Ludervig, qui ont, de nouveau, analysé des fleurs de Coquelicot, y ont reconnu :

1. De l'albumine végétale ;
2. Une matière colorante rouge ;
3. Une matière astringente ;
4. De la gomme ;
5. De la cérine ;

6. De la résine molle ;
7. Des acides malique, gallique, hydrochlorique et sulfurique ;
8. De la fibrine ;
9. De la potasse, de la chaux ;
10. Des traces d'oxyde de fer et de manganèse.

Extrait du Journal analitique (voir *Journal de Chimie médicale*, tome 4, page 227).

CORAIL.

Analyse faite par M. Vogel de Munich (*Annales de Chimie*, tom. 89, p. 113):

1. Acide carbonique,	27,50
2. Chaux,	50,50
3. Magnésie,	3,00
4. Oxyde de fer,	1,00
5. Eau ,	0,50
6. Débris animaux ,	0,50
7. Sulfate de chaux ,	0,50
8. Muriate de soude, une trace.	
Total,	88

Le déficit que présente cette analyse provient probablement de ce que les moyens employés n'ont pas permis d'apprécier la quantité de matière animale qui forme une sorte de ciment entre les parties calcaires.

CORALINE OFFICINALE , *Corallina officinalis*.

Résultat de l'analyse publiée par M. Bouvier de Marseille (*Annales de Chimie*, t. 8, p. 308 à 317):

1. Gélatine ,	66
2. Albumine ,	64
3. Carbonate de chaux,	616
4. Carbonate de magnésie,	74
5. Sulfate de chaux ,	19
6. Sel marin ,	10
7. Phosphate de chaux,	3
8. Silice,	7
9. Oxyde de fer,	2
10. Eau,	141
Total,	1002

CORROSSOLIER, *Anona triloba*, ou *Asimima triloba*.

L'analyse chimique de ce fruit faite par M. LASSAIGNE a donné les résultats suivans :

1. De la cire :
2. De la chlorophylle ;
3. Une matière amère ;
4. Du sucre incristallisable fermentescible ;
5. Une matière mucilagineuse :
6. De l'acide malique ;
7. Des malates de chaux et de potasse ;
8. Du ligneux.

CRESSON DU BRÉSIL, OU CRESSON DE PARA, *Spilanthus oleracea*.

M. LASSAIGNE, qui a analysé le Cresson de Para, y a trouvé :

1. Une huile volatile odorante d'une saveur très âcre ;
2. Une matière gommeuse ;
3. Une matière extractive ;
4. Du malate acide de potasse ;
5. De la cire ;
6. Un principe colorant jaune ;
7. Du sulfate et du muriate de potasse, du phosphate de chaux ;
8. Des traces d'oxyde de fer.

CUBÈBE, OU POIVRE A QUEUE, *Piper cubeba*.

M. VAUQUELIN, qui a analysé le cubèbe, y a trouvé :

1. Une huile volatile presque concrète ;
2. Une résine analogue à celle du copahu ;
3. Une petite quantité d'une autre résine colorée ;
4. Une matière gommeuse colorée ;
5. Un principe extractif analogue à celui qui se trouve dans les plantes de la famille des légumineuses ;
6. Quelques substances salines.

CURCUMA, *Curcuma longa*.

La racine est connue vulgairement sous le nom de *terra merita*, *souchet*, ou *safran des Indes*.

L'analyse chimique de cette racine, par MM. VOGEL et PELLETIER, a donné les résultats suivans :

1. Une matière ligneuse ;
2. De la fécule amilacée ;
3. Une matière colorante jaune ;
4. Une autre matière colorante brune, analogue à celle des extraits ;
5. Une petite quantité de gomme ;
6. Une huile volatile odorante très âcre ;
7. Enfin, une petite quantité d'hydrochlorate de soude.

JOHN a consigné une autre analyse de cette racine dans ses écrits chimiques ; elle présente les résultats suivans :

1. Huile volatile de couleur jaune, ci,   1
2. Jaune de Curcuma résineux, 10 à 11
3. Jaune de Curcuma extractif,   11 à 12
4. Gomme grise,   14
5. Fibre ligneuse mêlée à une substance soluble dans la potasse, insoluble dans l'alcool,   57
6. Eau et perte,   de 5 à 7

CYNOGLOSSE.

L'analyse de la racine de Cynoglosse, faite par M. CENEDILLA, lui a donné les résultats suivans (voir le *Journal de Pharmacie*, t. 14, p. 622, année 1828) :

1. Eau et principe odorant,   10,00
2. Matière colorante,   }
3. ————— grasse,   }   2,08
4. ————— résineuse,   2,07
5. Sous-malate de potasse,   3,08
6. Acétate de chaux,   1,06
7. Tannin,   }
8. Matière extractive,   }   9,00
9. ————— animale,   2,00
10. Inuline,   1,02
11. Matière gommeuse,   5,00
12. ————— extractive, soluble dans l'eau,   8,03
13. Oxalate de chaux,   3,00

14. Acide pectique, 9,00
15. Fibre ligneuse, 36,00
16. Perte, 5,00

M. Cenedilla pense que le principe actif de la racine de Cynoglosse réside dans l'eau chargée du principe odorant.

Cytise des Alpes, *Cytisus laburnum.*

D'après les résultats de l'analyse faite par M. J. B. Caventou, résultats qui se trouvent consignés dans le troisième volume du *Journal de Pharmacie*, année 1817, p. 509, les fleurs du *Cytisis laburnum* contiennent :

1. Des traces d'une matière huileuse, odorante, analogue à celle du narcisse des prés ;

2. Un principe colorant jaune particulier ;

3. De l'acide gallique ;

4. De la gomme ;

5. Du sulfate de chaux (des traces) ;

6. Du muriate de chaux (des traces) ;

7. De la fibre végétale.

MM. Chevallier et Lassaigne ont trouvé dans cette plante un principe particulier, la *cytisine.*

D.

Dattier, *Phœnix dactilifera.*

L'analyse du pollen du Dattier a donné pour résultats :

1. De la pollenine ;

2. Une matière animale soluble dans l'eau, et qui peut être précipitée par l'infusion de noix de galle ;

3. De l'acide malique libre en grande quantité ;

4. Des phosphates de chaux et de magnésie.

(Fourcroy et Vauquelin.) (*Annales du Muséum d'hist. nat.*, t. 1, p. 417.)

Diosma. Feuilles du *Buchu.*

Les recherches chimiques faites par M. Félix Cadet de Gassicourt sur cette feuille ont donné :

1. Huile volatile, 66,50
2. Gomme, 21,17
3. Extrait aqueux alcoolique, 5,17
4. Chlorophylle, 1,10
5. Résine, 2,15

R. Brandes, pharmacien allemand, a également fait des recherches sur les feuilles du *Diosma crenela*. Les résultats qu'il a obtenus sont indiqués par lui, ainsi qu'il suit (voir le n° 3 du *Bulletin universel*, mars 1828, p. 285).

Il a trouvé dans une demi-livre de feuilles de Diosma :

grains
1. Huile éthérique, 34
2. Acide acétique, quantité insignifiante,
3. Albumine végétale, 35
4. Gomme, 488
5. Muriate et sulfate de potasse, 36,25
6. Phosphate, malate et sulfate de chaux, 55,75
7. Résine verte, 163
8. Acide malique et substance végéto-animale qui se sépare à l'aide d'une solution de noix de galle, 60
9. Phosphate de magnésie, 2
10. Malate de chaux, 4
11. Malate de magnésie, 5
12. Diosmine, 145
13. Demi-résine, 90
14. Résine verte, 20
15. Acétate de chaux avec phosphate de chaux et une substance analogue à la bassorine, 174
16. Albumine concrète, 22
17. Substance colorante brune, reçue par l'alcali, soluble dans l'acool et l'eau, 60
18. Substance végéto-animale, reçue par l'alcali, insoluble dans l'alcool, 93
19. Muriate et sulfate de potasse obtenus par la combustion des fibres ; sulfate et phosphate de chanx avec trace d'oxyde de fer obtenus pareillement par la combustion des fibres, 20

20. Fibres,   17,28
21. Eau,   497

DOMPTE-VENIN, *Asclepias vincetoxycum, Cynancum vincetoxycum.*

Analyse publiée dans le *Journal de
Pharmacie,* 1825, p. 205, par M.
FENEULLE :

1. Une matière vomitive, différente
de l'émétine ;
  2. Une matière résineuse ;
  3. Du mucilage ;
  4. De la fécule ;
  5. Une huile grasse, cireuse ;
  6. Une huile volatile ;
  7. Une gelée analogue à l'acide pectique ;
  8. Du ligneux ;
  9. Des malates de potasse et de
chaux.

DOUCE-AMÈRE.

Il résulte des essais chimiques faits
par M. Jules PELOUZE, élève en pharmacie (voir *Bulletin universel* de 1825,
t. 6, p. 175 et 176), que 100 grammes
de grosses tiges de Douce-amère, cou-
pées par morceaux de la longueur de
quelques lignes, puis portées dans
une étuve, convenablement séchées,
lorsque la dessication fut faite, avaient
perdu 70 parties.

Le résidu de 30 grammes fut traité
par l'eau pour en obtenir les parties
solubles. La solution, évaporée à l'aide
de la vapeur, a donné un extrait qui,
amené à l'état sec, pesait 5 grammes
5 décagrammes.

100 grammes de jeunes tiges de
Douce-amère, soumises à la même opération, laissèrent 47,50 de résidu, et
donnèrent 8 grammes 55 centigrammes
d'extrait.

Ainsi on peut conclure de ces essais :

1. Que la quantité d'eau qui existe
dans les tiges de la Douce-amère est
plus considérable dans les grosses tiges
que dans les plus jeunes ;
  2. Que la quantité d'extrait obtenue
dans les plus jeunes est plus grande.

E.

ÉBÉNIER (faux) ou ÉBÉNIER SAUVAGE,
Cytisus laburnum.

Les graines de cet arbrisseau, analysées par MM. CHEVALLIER et LAS-
SAIGNE, ont donné les résultats suivans :

1. Une matière blanche grasse ;
  2. De l'albumine ;
  3. Une matière vomitive qu'ils ont
nommée *Cytisine ;*
  4. De la chlorophylle ;
  5. Des acides malique et phosphorique ;
  6. Des malates de potasse et de
chaux ;
  7. De la silice.

ELATERIUM.

Fruit d'une plante originaire des contrées méridionales, connu sous le
nom de *Concombre sauvage* ou
Concombre d'âne.

Le docteur Pâris a décrit la composition chimique de l'Élaterium du
commerce. Il résulte des recherches
qu'il a publiées que 100 parties de cet
extrait contiennent :

1. Eau,	4
2. Extractif,	26
3. Fécule (amidon),	28
4. Gluten,	5
5. Matière ligneuse,	25
6. Elatine et principe amer,	12
	100

ÉCORCE DE WINTER, *Cortex Winte-
ranus* fournie par le *Drymis Wia-
teri.*

L'écorce de Winter, analysée par
M. HENRY, comparativement avec la
cannelle blanche, a offert la composition dont suit le détail :

1. Une résine presque inodore, d'un
goût âcre ;
  2. Une huile volatile plus légère
que l'eau et d'une saveur âcre et brûlante ;

3. Une matière colorante ;
4. Du tannin ;
5. Des acétate, hydrochlorate et sulfate de potasse ;
6. Du malate de chaux ;
7. De l'oxyde de fer.

La présence du tannin et de l'oxyde de fer est ce qui caractérise essentiellement l'écorce de Winther. Ces deux substances ne se trouvent pas dans la cannelle blanche.

ELLÉBORE BLANC OU VARAIRE, *Veratrum album.*

D'après l'analyse de la racine d'Ellébore blanc, qui a été consignée par MM. PELLETIER et CAVENTOU dans les *Annales de Physique et de Chimie,* t. 14, p. 81, elle contient :

1. Une matière grasse composée d'élaïne, de stéarine et d'un acide volatile ;
2. Du gallate acide de vératrine ;
3. Une matière colorante jaune ;
4. De l'amidon ;
5. Du ligneux ;
6. De la gomme.

ELLÉBORE NOIR.

MM. FENEULLE et CAPRON, qui ont analysé les racines de l'Ellébore noir, en ont retiré (voir le *Journal de Pharmacie,* année 1821, t. 7, p. 508) :

1. Une huile volatile ;
2. Une huile grasse ;
3. Une matière résineuse ;
4. De la cire ;
5. Un acide volatil ;
6. Un principe amer ;
7. Du muqueux,
8. De l'alumine ;
9. Du gallate de potasse et du gallate acide de chaux ;
10. Un sel à base ammoniacale.

ENCENS OU OLIBAN, *Thus, Olibanum.*

Une analyse de l'Encens, faite sur cent parties, a produit les résultats suivans :

1. Résine (1),   56
2. Huile volatile de couleur jaune, ayant l'odeur de citron,   5
3. Gomme,   30

Sa cendre contient du carbonate, du sulfate et de l'hydrochlorate de potasse, du carbonate et du phosphate de chaux.

ÉPINE VINETTE, *Berberis vulgaris.*

BRANDES a fait l'analyse de l'Épine vinette ; 1000 grains lui ont fourni :

1. Principe colorant jaune,   66,25
2. Principe colorant brun,   25,50
3. Gomme et traces de sel calcaire,   3,50
4. Amidon, phosphate et autre sel de chaux,   2,00
5. Phosphate et sel végétal de chaux,   2,00
6. Cérine,   1,00
7. Élaïne,   2,25
8. Stéarine,   0,75
9. Chlorophylle,   0,25
10. Sous-résine,   5,50
11. Fibre ligneuse,   554,00
12. Humidité,   36,00

EUPHORBE, *Euphorbia.*

MM. BRACONNOT et PELLETIER ont publié chacun une analyse de cette plante ; en voici les résultats :

	D'après M. Braconnot (2).	D'après M. Pelletier (3).
Résine,	37,0	60,80
Cire,	19,0	14,40
Malate de chaux,	20,5	12,20
———— de potasse,	2,0	1,80
Matière ligneuse,	13,5	« «
Matière ligneuse et bassorine,	«	2,00
Eau et huile volatile,	5,0	8,00
Perte,	3,0	0,80
	100	100

(1) M. Braconnot a examiné la résine de l'encens ; il a trouvé qu'elle était limpide, d'une couleur rougeâtre, se ramollissant à 100°, soluble dans l'acide sulfurique, et précipitable par l'eau.

(2) Ann. de Chim., t. 68, p. 44.

(3) Bull. de Pharm., t. 4, p. 503.

L'analyse de M. Pelletier a été faite postérieurement à celle de M. Braconnot.

F.

FARINES.

M. VAUQUELIN a consigné dans le tome 8, pages 354, 355, 356, 357 et 359, année 1822, du *Bulletin de Pharmacie*, les résultats de l'analyse qu'il a faite de différentes espèces de farines.

En voici le résumé :

Farine brute de froment.

1. Humidité,	10,000
2. Gluten ,	10,960
3. Amidon ,	71,490
4. Matière sucrée,	4,720
5. Matière gommo-glutineuse,	3,320
Total,	100,490

Farine de méteil.

1. Humidité,	6,000
2. Gluten,	9,800
3. Amidon,	75,500
4. Matière sucrée ,	4,220
5. Son resté sur le tamis,	1,200
6. Matière gommo-glutineuse,	3,280
Total,	100

Farine brute de blé d'Odessa.

1. Humidité,	12,000
2. Gluten,	14,550
3. Amidon,	56,500
4. Matière sucrée ,	8,480
5. Matière gommo-glutineuse,	4,900
6. Son resté après le lavage,	2,300
Total,	98,730

Farine brute de blé tendre d'Odessa.

1. Humidité,	10,000
2. Gluten,	12,000
3. Amidon,	62,000
4. Matière sucrée ,	7,360
5. Matière gommo-glutineuse,	5,800
6. Son resté après le lavage ,	1,200
Total,	98,360

Farine brute de blé tendre d'Odessa, deuxième qualité.

1. Humidité,	8,000
2. Gluten,	12,100
3. Amidon,	70,840
4. Matière sucrée,	4,900
5. Matière gommo-glutineuse,	4,600
6. Son resté après le lavage,	« «
Total,	100,440

Farine de service, dite seconde.

1. Humidité,	12,000
2. Gluten,	7,300
3. Amidon ,	72,000
4. Matière sucrée ,	5,420
5. Matière gommo-glutineuse,	3,300
6. Son resté après le lavage ,	« «
Total,	100,020

Farine des boulangers de Paris.

1. Humidité,	10,000
2. Gluten ,	10,200
3. Amidon ,	72,800
4. Matière sucrée,	4,200
5. Matière gommo-glutineuse,	2,800
Total,	100

Farine des hospices, deuxième qualité.

1. Humidité ,	8,000
2. Gluten ,	10,300
3. Amidon ,	71,200
4. Matière sucrée ,	4,800
5. Matière gommo-glutineuse,	3,600
Total,	97,900

Farine des hospices, troisième qualité.

1. Humidité ,	12,000
2. Gluten ,	9,020
3. Amidon,	67,780
4. Matière sucrée ,	4,800
5. Matière gommo-glutineuse,	4,600
6. Son resté après le lavage,	2,000
Total,	100,200

Quantités moyennes de l'eau qu'absorbent les farines pour former une pâte d'égale consistance, sur 50 parties.

Farine brute de froment,	25,17
— de méteil,	27,50
— de blé dur d'Odessa,	25,60
— de blé tendre d'Odessa,	27,40
— de blé tendre d'Odessa, 2ᵉ qualité,	18,70
— du service (dite seconde),	18,60
— des boulangers de Paris,	20,30
— des hospices, 2ᵉ qual.,	18,90
— des hospices, 3ᵉ qual.,	18,90

Quantités moyennes d'amidon sec contenues dans les farines.

Farine brute de froment,	0,7149
— de méteil,	0,7550
— de blé dur d'Odessa,	0,5650
— de blé tendre d'Odessa,	0,6400
— idem, 2ᵉ qualité,	0,7542
— du service (dite seconde),	0,7200
— des boulangers de Paris,	0,7280
— des hospices, 2ᵉ qualité,	0,7120
— des hospices, 3ᵉ qualité,	0,6778

Quantités moyennes de gluten contenues dans les farines, sur 100 parties.

	Humide.	Sec.
Farine brute de froment,	29,00	11,00
— de méteil,	25,60	9,80
— de blé dur d'Odessa,	35,11	14,55
— de blé tendre d'Odessa,	30,20	12,06
— de blé tendre d'Odessa, 2ᵉ qual.,	34,00	12,10
— du service (dite seconde),	18,00	7,30
— des boulangers de Paris,	26,40	10,20
— des hospices, 2ᵉ qualité,	25,30	10,30
— idem, 3ᵉ qualité,	21,10	9,02

Proust, qui avait analysé, de son côté, *la farine de froment*, avait trouvé que 100 grammes étaient composés de, savoir:

1. Résine jaune,	1,0
2. Extrait gommeux et sucré,	12,0
3. Gluten,	12,5
4. Amidon,	74,5
Total,	100

M. Vogel a reconnu dans ce produit la présence de l'albumine végétale, qui avait été annoncée par Fourcroy.

Farine d'orge.

On l'obtient de l'*hordeum distichon*. D'après Proust, qui en a fait l'analyse, elle se compose, sur 100 parties :

1. De résine jaune soluble dans l'alcool,	1
2. D'extrait gommeux et sucré,	9
3. — de gluten,	3
4. — d'amidon,	32
5. — d'hordéïne,	55
Total,	100

FÉDÉGOSO.

Écorce apportée du Brésil, et désignée sous ce nom. Racine du *Cassia occidentalis*.

L'écorce du Fédégoso, d'après les résultats des expériences chimiques qui ont été faites par M. Henry, résultats qu'on trouve consignés dans le tom. 10, p. 221 du *Journal de Pharmacie*, année 1824, contient:

1. Une matière cireuse ;

2. Une matière résineuse, amère, nauséabonde, qui paraît être le principe amer de cette écorce ;

3. Une substance colorante jaune, devenant rouge-brune avec l'ammoniaque, la soude, etc. ;

4. Un peu de gomme ;

5. Une petite quantité de matière sucrée, point de fécule amylacée;

6. Un peu d'acide gallique ;

7. Du ligneux ;

8. Du sulfate de potasse ;

9. De l'hydrochlorate de potasse ; point de nitrate ;

10. De l'acétate de potasse, peut-

être aussi d'autres sels végétaux qui n'ont pas été reconnus ;

11. Du phosphate de chaux ;
12. De l'oxalate de chaux ;
13. De la Silice ;
14. De l'oxyde de fer.

500 grammes de cette écorce ont donné, après leur calcination et la lixiviation des cendres, 5,6 de salin, contenant alcali marquant 23 degrés à l'alcalimètre de Descroisilles.

FENUGREC, *Trigonella fœnum grœcum.*

M. BOSSON, pharmacien à Mantes, a retiré du Fenugrec :

1. Une huile volatile ;
2. Une huile fixe et âcre ;
3. Une matière amère, nauséabonde ;
4. Un principe colorant jaune ;
5. De l'acide mallique.

FERMENT.

Produit particulier qui se précipite en plus ou moins grande quantité et sous forme de flocons plus ou moins visqueux de toutes les liqueurs qui éprouvent la fermentation vineuse.

Le ferment soumis à la distillation présente les résultats suivans :

1. Gaz, pour la plus grande partie, formé de gaz inflammable, 4,1
2. Eau, 20,1
3. Carbonate d'ammoniaque, 13,2
4. Huile empyreumatique, 16,4
5. Charbon, 35,4

FÈVE COMMUNE, *Faba vulgaris. Vicia faba.*

RINHOFF a signalé, dans la composition des fèves, les substances suivantes :

1. Substance amère aigre, 3,54
2. Gomme, 4,61
3. Amidon, 34,47
4. Fibre amilacée avec des membranes extérieures, 25,54
5. Substance végéto-animale, (gliadine), 10,86
6. Albumine soluble, 0,81

7. Phosphate de chaux et de magnésie, 0,98
8. Eau, 15,63
9. Perte, 3,46

MM. VAUQUELIN et FOURCROY y ont, en outre, trouvé du sucre et du phosphate de potasse en petite quantité, et du tannin dans les tégumens.

FÈVE DE SAINT-IGNACE, ou NOIX ISA-GUER DES PHILIPPINES.

MM. PELLETIER et CAVENTOU ont donné une analyse très détaillée de la fève Saint-Ignace. Après l'avoir traitée d'abord par l'éther, qui en a séparé une matière grasse, puis par l'alcool, qui en a retiré une matière cireuse, ces chimistes ont fait évaporer la liqueur alcoolique jusqu'à consistance d'extrait. Ce produit dissous dans l'eau et traité par une dissolution alcaline (de potasse), ils ont obtenu un précipité cristallin jouissant de toutes les propriétés alcalines, c'est-à-dire ramenant au bleu les couleurs végétales rougies par les acides, et susceptible de former avec ceux-ci des sels neutres. Le nom de *strychnin* a été donné à ce nouvel alcali végétal, parce qu'il se rencontre également dans plusieurs autres plantes de la famille des strychnées. La précipitation de la strychnine par la potasse est déterminée par la présence d'un acide végétal, qui abandonne la strychnine pour s'unir à cette dernière base, et qui, vu sa nature particulière, a reçu le nom *d'acide igasurique.* On a encore retiré de la liqueur alcoolique une matière jaune qui présentait peu d'importance.

Le résidu, après avoir été épuisé par l'éther et par l'alcool, ayant été soumis à l'eau froide, on en a retiré de la gomme ; puis au moyen de l'eau bouillante, on a obtenu une petite quantité d'amidon. Enfin, on a eu pour résidu une masse volumineuse d'une substance gélatineuse, presque entièrement formée de bassorine et de quelques débris ligneux.

FÈVE PICHURIM.

D'après des expériences faites par M. CHEVALLIER, cette graine contient:

De l'huile volatile plus pesante que l'eau ;

Et une matière grasse (de la stéarine) qui cristallise régulièrement.

M. BONASTRE a fait l'analyse de la Fève pichurim bâtarde (*Journal de Pharmacie*, t. 9, p. 1); il en a retiré les principes suivans sur 500 parties :

1. Huile volatile concrète,   15
2. Huile fixe butireuse,   50
3. Stéarine,   110
4. Résine glutineuse,   15
5. Matière colorante brune,   40
6. Fécule,   55
7. Gomme soluble,   60
8. Gomme ayant quelque rapport avec celle dite adragant,   6
9. Acide uni à une substance étrangère,   2
10. Sucre incristallisable,   4
11. Résidu salin,   7,50
12. Parenchyme,   100
13. Eau,   30

FÈVE TONKA.

Résultats de l'analyse faite par MM. BOUTRON et BOULLAY (v. *Journal de Pharmacie*, t. 11, p. 480, année 1825):

1. Une matière grasse, saponifiable, formée d'élaïne et de stéarine;

2. Une matière cristallisable, odorante, possédant plusieurs caractères des huiles volatiles, dont elle se rapproche beaucoup, et qui, d'après M. GUIBOURT, est un principe végétal neutre (courmarine). Suivant M. CHEVALLIER, elle contient de l'ammoniaque;

3. Une matière sucrée fermentescible ;

4. De l'acide malique libre ;

5. Du malate acide de chaux ;

6. De la gomme ;

7. De la fécule ;

8. Un sel à base d'ammoniaque, et de la fibre végétale.

FIGUIER.

MM. GEIGER et REIMANN ont fait l'analyse du *suc laiteux du figuier* (voir *kastneris archiv.*, t. 14, p. 142). Ils ont trouvé qu'il est composé :

1. D'un mélange de deux résines visqueuses solubles dans l'alcool absolu et dans l'éther, et formant les 3 ou 4 centièmes du suc;

2. D'une résine insoluble dans l'éther ;

3. De deux centièmes de gomme;

4. D'albumine ;

5. De matière extractive.

6. D'hydrochlorates et d'autres sels végétaux combinés avec une substance odorante;

7. D'eau.

FLUTEAU, ou PLANTAIN D'EAU, *Alisma plantago.*

L'analyse de la racine a donné les résultats suivans (*Juch. Répert.*, t. 1, p. 174):

1. Huile volatile épaisse, résine d'un jaune clair,   1,5
2. Matière brune exrractive,   1
3. Amidon,   20

FOUGÈRE MALE, *Polypodium filix mas, Nephrodium filix mas.*

M. MORIN, pharmacien à Rouen, a publié l'analyse de la racine de fougère (*Journal de Pharmacie*, mai 1824, et *Annales de Chimie et de Physique*, juin 1824), et y a signalé les principes suivans :

1. Huile volatile ;

2. Matière gélatiniforme insoluble dans l'eau et l'alcool;

3. Matière grasse composée d'élaïne et de stéarine;

4. Acide gallique et acétique;

5. Sucre incristallisable;

6. Tannin ;

7. Amidon;

8. Ligneux.

M. PESCHIER de Genève a également donné une analyse de bourgeons de la fougère mâle ; il en a obtenu :

1. Une substance qui semble tenir de la cire et de la résine, et qu'il regarde comme un principe adipocireux;

2. Une huile volatile aromatique;

3. Une huile grasse aromatique et vireuse;

4. Une résine brune;

5. Un principe colorant vert;

6. Un principe colorant brun-rougeâtre;

7. De l'extractif;

8. De l'acide acétique;

9. De l'hydrochlorate de potasse.

Il résulterait des recherches chimiques de M. Batso, que la racine de fougère mâle contient un acide et un alcaloïde particuliers, pour lesquels il a proposé les noms d'*acide filicique* et de *filicine*. L'auteur prétend que c'est à ces deux principes qu'est due la propriété anthelmintique de la plante.

M. Brandes fait observer, dans une note, que les recherches faites par M. Batso sont encore trop imparfaites pour pouvoir pleinement justifier ses conclusions, qui paraissent hasardées. (Brandes, *Arch.*, vol. 21, cahier 3, 1827. Voir *Bulletin universel* de 1827, t. 11, p. 254.)

Le docteur Nées d'Esenberg et M. Brandes, annoncent que l'extrait alcoolique des racines de Fougère mâle ne peut nullement remplacer l'extrait qu'on obtient au moyen de l'éther, comme l'avait proposé M. Buchner.

L'alcool fournit une substance résineuse qui a des qualités moins prononcées que l'huile obtenue par l'éther, et découverte par M. Peschier (*Bulletin des Sciences médicales*, t. 7, art. 186). Cette huile est peu soluble dans l'alcool, et se volatilise lorsqu'elle est mêlée; l'éther, non seulement la dissout bien, mais il l'empêche de s'évaporer, parce qu'il est lui-même plus volatil.

G.

GALANGA.

Racine de deux plantes désignées sous le nom de *kempferia galanga*, *maranta galanga*.

Le Galanga analysé par M. Morin (v. *Journal de Pharmacie*, juin 1823), a fourni :

1. Une matière résineuse;

2. Une sous-résine;

3. Une huile volatile blanchâtre très balsamique;

4. De l'osmazome;

5 De l'amidon;

6. Du soufre;

7. Une matière colorante brune;

8. Du ligneux;

9. De l'oxalate de chaux;

12. Enfin, de l'acétate acide de potasse.

GALBANUM.

Substance gommo-résineuse, fournie par le *Bubon galbanum* ou *Selinum galbanum*.

L'analyse de cette substance par M. Pelletier (voy. *Bulletin de Pharmacie*, t. 4, p. 97), a donné les résultats suivants :

1. Résine ,	66,86
2. Gomme ,	19,28
3. Bois et impuretés ,	7,52
4. Huile volatile et perte ,	6,34
5. Malate acide de chaux , des traces.	

100

GARANCE , *Rubia tinctorum.*

M. Kuhlmann a publié une analyse de la Garance dans le tome 24 des *Annales de Chimie et de Physique*. Elle contient :

1. Une matière colorante rouge;

2. Une matière colorante jaune;

3. Du ligneux;

4. Un acide végétal;

5. Une matière mucilagineuse;

6. Une matière végéto-animale;

7. De la gomme;

8. Du sucre ;

9. Une matière amère ;

10. Une résine odorante ;

11. Diverses matières salines contenues dans le produit de l'incinération.

MM. Robiquet et Colin sont parvenus à isoler la matière colorante rouge de la Garance à l'état cristallin.

GABOU, *Daphne mezereum.*

Celinsky a trouvé dans le noyau du mezereum :

1. Huile grasse âcre,	56
2. Matière extractive,	0,5
3. Mucilage,	3
4. Amidon ,	1,5
5. Péricarpe,	1
6. Gluten.	33
7. Alumine ,	1,5
8. Perte ,	4,5

Villert a reconnu, d'abord, que le péricarpe extérieur du mezereum est formé :

1. D'une matière colorante rouge qu'on obtient par la distillation à l'eau ;

2. D'une résine ;

3. D'une matière extractive ;

4. De tannin ;

5. De mucilage et de fibre ligneuse ;

En second lieu, que la chair contient :

1. Une matière extractive acidule peu amère ,	4,2
2. Une sécrétion grenue,	0,2
3. Une sécrétion floconneuse,	0,2
4. Du mucilage,	1,5
5. De la fécule rougeâtre,	0,6
6. Des débris de l'enveloppe,	10,9
7. Eau,	82,4

Point de traces de principe âcre.

100

C. G. Gmelin, de Tubinge, et Boer, ont trouvé dans l'écorce :

1. De la cire ;

2. Une résine âcre ;

3. De la daphnine ;

4. Une matière colorante rouge ;

5. Du sucre incristallisable et fermentescible ;

6. Une gomme azotée ;

7. De la fibre ligneuse ;

8. Une matière colorante brune ;

9. De l'acide malique ;

10. Du malate de chaux ;

11. De la magnésie ;

12. De la potasse.

Les produits de l'incinération étaient formés :

De phosphate de chaux ,

D'alumine ,

De silice ,

Et d'oxyde de fer.

GENÊT DES TEINTURIERS OU GENESTROLLE , *Genista tinctoria.*

Les sommités fleuries du genêt du teinturier, analysées par M. Cadet (*Journ. de Pharmacie,* septembre 1824, t. 10, p. 447), contiennent :

1. Une matière grasse d'un jaune foncé ;

2. Une matière colorante d'un jaune serin ;

3. Une matière brune ;

4. De la chlorophylle ;

5. De l'albumine ;

6. Du mucilage ;

7. Une matière sucrée ;

8. De la cire ;

9. Un principe astringent ;

10. Une matière analogue à l'osmazome ;

11. Une huile volatile concrète.

12. De la fibre végétale.

GENTIANE JAUNE OU GRANDE GENTIANE , *Gentiana lutea.*

Résultats de l'analyse publiée par MM. Henry et Caventou :

1. Un principe colorant fugace ;

2. Un principe amer, jaune, cristallin (gentianin) ;

3. Une matière identique avec la glu ;

4. Une matière huileuse, verdâtre, fixe ;

5. Un acide organique libre ;
6. Du sucre incristallisable ;
7. De la gomme ;
8. Une matière colorante jaune ;
9. Du ligneux ;

GESSE TUBÉREUSE, *Lathyrus tuberosus*, vulgairement connue sous les noms de *magon, méguson, gland de terre, amolle.*

M. BRACONNOT, qui l'a analysée, a trouvé qu'elle était composée :

1. D'eau, 327,98
2. D'amidon, 84,00
3. De sucre analogue à celui
   de la canne, 30,00
4. De matière animalisée, 15,00
5. De fibre ligneuse, 25,20
6. D'albumine, 14,00
7. D'oxalate de chaux, 1,80
8. D'huile rance, 0,90
9. De phosphate de chaux, 0,50
10. D'une matière analogue à
    l'adipocire, 0,90
11. De sulfate de potasse, 0,22
12. De malate de potasse, 0,20
13. De muriate de potasse, 0,10
14. De phosphate de potasse, 0,10
15. Enfin, principe odorant, des traces.

GINGEMBRE OFFICINAL, *Zingiber officinale.*

L'analyse par M. MORIN (*Journal de Pharmacie*, juin 1823) a donné pour résultats :

1. Une matière résineuse ;
2. Une sous-résine ;
3. Une huile volatile d'un bleu verdâtre ;
4. De l'acide acétique libre ;
5. De l'acétate de potasse ;
6. De l'osmazome ;
7. De la gomme ;
8. Une matière végéto-animale ;
9. De l'amidon en assez grande quantité ;
10. Enfin, du ligneux.

GIROFLIER ou GÉROFLIER, *Caryophyllus aromaticus.*

L'analyse des clous de girofle, par TROMSDORFF, a produit (voy. *Journal de Pharmacie*, 1815, page 304), sur 1000 parties :

1. Huile volatile, 180
2. Matière extractive astringente, 170
3. Gomme, 130
4. Résine, 60
5. Fibre végétale, 280
6. Eau, 180

MM. LODIBERT et BONASTRE ont découvert dans les clous de girofle des Moluques et de Bourbon une matière résineuse qui cristallise en aiguilles rayonnées très fines, à laquelle le second de ces estimables pharmaciens a donné le nom de *caryophylline.*

GOMME, *Gummi.*

Produit immédiat d'un grand nombre de végétaux.

Résultats des analyses de la gomme arabique, faites par plusieurs célèbres chimistes : 100 parties de gomme arabique se composent, d'après MM. GAY-LUSSAC et THÉNARD (*Recherches physico-chimiques*):

1. Carbonne, en poids, 42,23
2. Oxygène, 50,84
3. Hydrogène, 6,93

   Ou de :

1. Carbone, 42,23
2. Oxygène et hydrogène dans
   les proportions qui constituent l'eau, 57,77

D'après BERZELIUS (*Annales de Chimie et de Physique*, t. 95, p. 78):

1. Carbone, en poids, 41,906
2. Oxygène, 51,306
3. Hydrogène, 6,788

   Ou de :

1. Vapeur de carbone, en volume, 13
2. Oxygène, 12
3. Hydrogène, 24

D'après Th. de Saussure (*Bibl. brit.*, t. 56, p. 350) :

1. Carbone,   en poids,   45,84
2. Oxygène,   48,26
3. Hydrogène,   5,60
4. Azote,   0,44

Ou de :

1. Carbone,   45,84
2. Oxygène et hydrogène dans les proportions qui constituent l'eau,   46,67
3. Oxygène en excès,   7,05
4. Azote,   0,44

GOMME CARAGNE.

D'après l'examen chimique qui en a été fait par M. Pelletier, et dont les résultats sont consignés dans le tome 4 du *Bulletin de Pharmacie,* page 242, année 1812, 25 grammes de Carague contiennent :

1. Résine,   24
2. Malate, acide de potasse, et matière végéto-animale,   0,10
3. Matières étrangères,   0,90
                                   ———
                                    25

GRATIOLE OU HERBE A PAUVRE HOMME, *Gratiola officinalis.*

Le suc de gratiole, analysé par M. Vauquelin (voy. *Annales de Chimie,* volume 72, page 191), a produit :

1. Une matière gommeuse colorée en brun ;
2. Une matière résineuse très amère, très soluble dans l'alcool, soluble dans l'eau, surtout à la faveur des autres principes ;
3. Du malate et du phosphate de chaux ;
4. Un autre sel calcaire qui a pour radical un acide végétal non déterminé ;
5. De la silice ;
6. Du ligneux.

GRENADIER, *Punica granatum.*

L'analyse de l'écorce de Grenadier sauvage, faite par M. Mitouart (v. *Journal de Pharmacie,* juillet 1824, t. 10, p. 353), a donné pour résultat :

1. Du tannin ;
2. De l'acide gallique ;
3. Une matière analogue à la cire ;
4. Une substance sucrée, dont une partie est soluble dans l'alcool et cristallisable, l'autre soluble dans l'eau et ayant les caractères de la mannite.

GUI, *Viscum album.*

Les fruits de cette plante, analysés par M. Henry (v. *Journal de Pharmacie,* 1823, et juillet 1824), ont donné les principes suivans :

1. une grande quantité de cire, de glu et de gomme ;
2. Une matière visqueuse insoluble ;
3. De la chlorophylle ;
4. Des sels à base de potasse de chaux et de magnésie ;
5. De l'oxide de fer.

GUIMAUVE, *Althea officinalis.*

D'après l'examen chimique de la racine de Guimauve par Léon Meyer (voir le *Bulletin universel,* t. 12, p. 306, 1827), les principes contenus dans 1,000 parties de cette racine sont :

1. Du mucus avec de l'acide malique libre, du malate, de l'hydrochlorate, du sulfate et du phosphate de chaux, du phosphate de magnésie,   200,00
2. De la matière extractive douce avec de l'acide malique libre, du malate de chaux et de potasse, du sulfate de potasse, de l'hydrochlorate et du sulfate de chaux, du sulfate de magnésie et de la silice,   108,44
3. Du gluten,   »
4. De l'inuline,   3,58
5. De la fécule,   15,88
6. De la résine,   »

7. Du ligneux, 657,50
8. Perte, gluten et résine, 14,60

Total, 1000,00

M. Bacon jeune (voir les *Mémoires de l'Académie des sciences de Caen*, 1825, p. 16, et le *Bulletin universel* de la même année, t. 6, p. 176), a extrait de la racine de Guimauve un sel nouveau dont il n'a pu assigner la base, et qui a pour caractère une cristallisation octaèdre rhomboïdale, brillante, demi-transparente, de couleur verte, inodore et rougissant la teinture du tournesol; les autres produits obtenus de l'analyse étaient :

1. De l'amidon ;
2. Du sucre incristallisable;
3. Une gomme, on plutôt une matière mucilagineuse;
4. Une huile jaune.

Gutte, *Gomme résine.*

Elle est composée :

Selon Braconnot (voir *Annales de Chimie*, t. 68, p. 33).

1. De résine, 80 part.
2. De gomme, 20

Selon John :

1. De résine jaune; „
2. De gomme, 10,5
3. D'impuretés, 0,5

H.

Herbe aux chats, *Teucrium marum.*

M. Bley, qui a fait l'analyse chimique de cette herbe (voir *le Bulletin universel*, t. 11, p. 256, année 1827), en a retiré, sur 2,000 parties:

1. Huile volatile, 0,50
2. Acide acétique, 4,00
3. Albumine végétale, 22,00
4. Tannin et acide gallique, 10,00

5. Extractif amer avec de l'hydrochlorate de potasse, 120,00
6. Extractif avec du phosphate de chaux et du sulfate de potasse, 110,00
7. Amidon, 18,00
8. Résine soluble dans l'éther, 22,00
9. Résine insoluble dans les huiles, 25,00
10. Résine insoluble dans l'éther, 24,00
11. Acide malique, 6,00
12. Gomme, 30,00
13. Chlorophylle, 87,50
14. Hydrochlorate de potasse, 13,00
15. — de chaux, 3,00
16. Soufre, des traces;
17. Fibrine, 495,00
18. Eau, 220,00
19. Muscoso-gommeux, 338,00
20. Gomme avec de l'oxalate de potasse, 138,00
21. Albumine endurcie, 137,00
22. Gluten, 109,00
23. Oxyde de fer, 2,00

Pour cette analyse, toute la plante a été employée : les fleurs contiennent de préférence de l'acide malique, de la potasse et du tannin; cependant ce dernier principe se trouve en plus grande abondance dans les feuilles, dans lesquelles prédominent aussi les hydrochlorates; les tiges renferment le plus de parties résineuses, extractives et gommeuses. L'huile volatile à laquelle la plante doit presque toutes ses propriétés, l'extractif amer, le tannin et les hydrochlorates, produisent cette saveur âcre et amère qu'on lui reconnaît. L'eau en est encore le meilleur dissolvant.

Hermodactes ou Hermodattes, *Hermodactyli.*

L'analyse qui en a été faite par M. Lecanu (v. *Journal de Pharmacie*, 1825, p. 350) a donné les résultats suivans :

1. Une grande quantité d'amidon;
2. Une matière grasse en petite quantité;

3. Une substance colorante jaune;
4. De la gomme;
5. Des sels;

HOUBLON, *Humulus lupulus.*

MM. PAYEN et CHEVALLIER, dans un mémoire qu'ils ont publié sur le houblon et sur sa culture en France, mémoire qui présente le plus grand intérêt, ont donné l'analyse de cette plante (voir *le Journal de Pharmacie,* t. 8, p. 218 et 226, année 1822). 200 grammes de matière jaune granulée leur ont ont donné:

1. De l'eau;
2. De l'huile essentielle;
3. De l'acide carbonique;
4. Du sous-acétate d'ammoniaque;
5. Des traces d'osmazome;
6. Des traces de matière grasse;
7. De la gomme;
8. De l'acide malique;
9. Du malate de chaux;
10. Une matière amère, 25 **gr.** ;
11. Une résine bien caractérisée, 105 gr.;
12. De la silice, 8 gr.;
13. Des traces de carbonate;
14. De l'hydrochlorate et de sulfate de potasse;
15. Du carbonate, du phosphate de chaux;
16. De l'oxyde de fer et des traces de soufre.

Les produits que ces chimistes ont isolés du Houblon français cultivé plaine de Grenelle près Paris, sont :

1. De l'eau;
2. Une huile essentielle;
3. Du sur-acétate d'ammoniaque;
4. De l'acide carbonique;
5. Une matière blanche, végétale soluble dans l'eau bouillante (qui précipitée par refroidissement ne se reproduit plus dans ce liquide);
6. Du malate de chaux;
7. De l'albumine;
8. De la gomme;
9. De l'acide malique;
10. Une résine;
11. Une matière verte particulière;
12. Le principe amer de houblon;
13. Une matière grasse;
14. De la chlorophylle;
15. De l'acétate de chaux et d'ammoniaque;
16. Du nitrate, du muriate et du sulfate de potasse;
17. Du sous-carbonate de potasse;
18. Du carbonate et du phosphate de chaux;
19. Des traces de phosphate de magnésie;
20. Du soufre;
21. De l'oxyde de fer;
22. Enfin, de la silice.

HUILE, *Oleum.*

D'après les expériences faites par M. BRACONNOT (v. *Annales de Chimie,* t. 93, p. 225), les huiles d'olive, d'amande douce et de colza, sont composées sur 100 parties, savoir,

	Mat. liquide analogue à l'oléine.	Mat. solide analogue à la stéarine.
Huile d'olive,	72	28
— d'amaude douce,	76	24
— de colza,	54	46

Ce sont là les principes immédiats des huiles pures; quant aux élémens qui les constituent, le tableau suivant offre les résultats de l'analyse de cinq des huiles les plus employées:

Huiles.	Carbone.	Hydrog.	Oxyg.	Azote.
D'olive,	77,21	13,36	9,43	0,0
De noix,	79,774	10,570	9,122	0,534
D'amandes,	77,403	11,481	10,828	0,288
De lin,	76,014	11,351	12,635	0,08
De ricin,	74,178	11,034	14,788	0,0

L'analyse de l'huile d'olive a été publiée par MM. GAY-LUSSAC et THÉNARD (*Recherches physico-chimiques*), et celles des huiles de noix, d'amande, de lin et de ricin, par M. TH. de SAUSSURE (*Bibliothèque universelle*).

I.

If, *Taxus baccata.*

MM. Chevallier et Lassaigne ont consigné dans le tome 4 du *Journal de Pharmacie*, p. 560, année 1818, les résultats de l'analyse qu'ils ont faite des baies du *Taxus baccata.*

Ils en ont retiré :

1. Une matière sucrée fermentescible non cristallisable ;

2. De la gomme ;

3. Des acides malique et phosphorique ;

4. Une matière grasse d'une couleur rouge carminée.

Indigo.

Résultats de l'analyse publiée par M. Chevreul (*Annales de Chimie*, t. 66, p. 20) :

En dissolution dans l'eau,

Ammoniaque,	
Matière verte,	
Un peu d'indigo désoxydé,	12
Extractif,	
Gomme,	

En dissolution dans l'alcool,

Matière verte,	
Résine rouge,	30
Un peu d'alcool,	

En dissolution dans l'acide hydrochlorique,

Résine rouge,	6
Carbonate de chaux,	2
Oxyde de fer,	
Alumine,	2

Résidu formé de

Silice,	3
Indigo pur,	45
Total,	100

La substance colorante se compose des élémens suivans :

	D'après MM. Leroyer et Dumas (1).	D'après M. Walter Crum (2).
Azote,	13,75	11,26 ou 1 at.
Carbone,	73,26	73,22 ou 16 at.
Oxygène,	10,16	12,60 ou 2 at.
Hydrogène,	2,83	2,92 ou 4 at.
	100	100

Ipécacuanha.

MM. Magendie et Pelletier ont consigné dans le *Journal de Pharm.*, t. 3, p. 151, 157 et 158, les résultats des recherches chimiques et physiologiques qu'ils ont faites sur diverses espèces d'Ipécacuanha. Ils ont trouvé que ces différentes espèces étaient composées, savoir, l'Ipécacuanha brun (*Psychotria emetica*) :

1. De matière grasse huileuse,	2
2. De matière vomitive,	16
3. De cire végétale,	6
4. De gomme,	10
5. D'amidon,	42
6. De ligneux,	20
7. D'acide gallique, des traces ;	
8. Perte,	4
Total,	100

L'Ipécacuanha gris (*Calicocca Ipécacuanha*) :

1. D'émétine.	14
2. De matière grasse,	2
3. De gomme,	16
4. D'amidon,	18
5. De ligneux,	48
6. Perte,	2
Total,	100

L'Ipécacuanha blanc, *viola emetica.*

1. D'émétine,	5
2. De gomme,	35
3. De matière végéto-animale,	1
4. De ligneux,	57
5. Perte,	2
Total,	100

(1) V. Journ. de Pharm., t. 8, p. 377.
(2) V. Ann. of Philos., n° 26, février 1828. page 81.

Ces chimistes ont également donné les résultats de l'analyse qu'ils ont faite de la partie ligneuse interne, ou *Meditullium*, de la racine de psychotria. Ils en ont retiré :

1. Matière vomitive,	1,15
2. Matière extractive non vomitive,	2,45
3. Gomme,	5,00
4. Amidon,	20,00
5. Ligneux,	66,60
6. Acide malique et matière, des traces ;	
7. Perte,	4,80
Total,	100

On trouve dans le t. 14 du *Journal de Pharmacie*, p. 205, année 1828, et *Journal de Chimie médicale*, t. 4, p. 523, les résultats d'une analyse faite par M. Vauquelin de l'*Ipecacuanha branca* de Rio-Janeino, qui présente à peu près les mêmes indications que celles qu'on vient de donner. En voici les résultats : 16 grammes séparés et séchés ont donné en poids, savoir :

1. Emétine,	1,50
2. Résine,	0,60
3. Gomme,	0,20
4. Albumine,	0,30
5. Amidon,	3,20
6. Matière cristallisée en écailles,	0,85
7. Matière ligneuse,	7,00
8. Matière grasse et cire, quantité indéterminée ;	
9. Perte,	0,05

M. Mogge-Pons a trouvé que les parties constituantes de trois espèces d'Ipécacuanha se rencontraient dans les proportions suivantes (voir *Lugduni-Buleutorion*, 1818, et *Bulletin universel*, t. 12, p. 300) :

Psychotria emetica.

1. Matière adipo-huileuse,	0,02
2. Emétine,	0,16
3. Cire végétale,	0,06
4. Gomme,	0,10
5. Amidon (amyli),	0,42
6. Ligneux,	0,20
7. Acide gallique, des vestiges ;	
8. Perte,	0,04
Total,	100

Partie ligneuse.

1. Emétine,	1,15
2. Matière extractive non vomitive,	2,45
3. Amidon,	20,00
4. Gomme,	5,00
5. Ligneux,	66,60
6. Acide gallique et matière adipo-huileuse, à peine des traces ;	
7. Perte,	4,80
Total,	100

Calicocca Ipecacuanha.

1. Emétine,	0,14
2. Matière adipeuse,	0,02
3. Gomme,	0,16
4. Amidon,	0,18
5. Ligneux,	0,40
6. Perte,	0,10
Total,	100

Viola emetica.

1. Emétine,	0,05
2. Gomme,	0,35
3. Matière végéto-animale,	0,01
4. Ligneux,	0,57
5. Perte,	0,02
Total,	100

Iris de Florence, *Iris florentina.*

M. Vogel (voir *Journal de Pharm.*, 1815, p. 401) a retiré de l'Iris :

1. De la gomme ;
2. Un extrait brun ;
3. De la fécule ;
4. Une huile fixe ;
5. Une huile volatile cristallisable ;
6. De la fibre végétale.

J.

JALAP.

Racine d'une espèce de liseron nommée par LINNÉ *convolvulus jalapa.*

D'après l'analyse publiée par M. Félix CADET DE GASSICOURT, dans sa dissertation inaugurale(v. *Journ. de Pharmacie,* 1817, p. 495), 500 parties de Jalap contiennent :

1. Résine,   50
2. Eau,   240
3. Extrait gommeux,   220
4. Fécule,   12,5
5. Albumine,   12,5
6. Phosphate de chaux,   4
7. Muriate de potasse,   8,1
8. Sous-carbonate de chaux, de potasse et de fer,   5
9. Silice,   2,7
10. Perte,   17

M. HENRY père, chef de la pharmacie centrale, a fait l'analyse comparative des Jalaps *léger, sain,* et *piqué* (voir le *Bulletin de Pharmacie,* pour 1810); il a reconnu que ces trois sortes donnaient en *résidu,* en *extrait,* et en *résine* :

	Extrait.	Résine.	Résidu.
Jalap sain,	140	48	210
Jalap léger,	75	60	270
Jalap piqué,	125	72	200

On trouve dans le *Journal de Chimie médicale, de Pharmacie et de Toxicologie,* du mois de septembre 1829, p. 508, les résultats de l'analyse faite par M. LEDANOIS, pharmacien ordinaire du roi, qui s'occupe de la culture du *jalap* à Orizaba, Mexique.

La plante sur laquelle il a opéré est désignée sous le nom de Jalap mâle. Cette racine lui a donné pour 1,000 parties :

1. Résine,   80
2. Extrait gommeux,   256
3. Amidon,   32

4. Albumine,   24
5. Ligneux,   580
6. Eau et perte,   28

Total,   1,000

JUSQUIAME NOIRE, *Hiosciamus niger.*

L'analyse des graines de cette plante, faite par KIRKORFF, a donné les résultats suivans :

1. Huile grasse tenant un peu de résine,   15,6
2. Matière extractive avec un peu de sucre,   2,3
3. Gomme avec des sels,   6,2
4. Fibre ligneuse,   41,8
5. Albumine,   5,8
6. Humidité, principe narcotique et perte,   28,3

Total,   100

Les cendres contenaient du phosphate de chaux et d'alumine, de la silice et de l'oxyde de fer.

L.

LADANUM ou LABDANUM.

Substance résineuse qui exsude naturellement de plusieurs espèces d'arbrisseaux, principalement du *cistus creticus.*

L'analyse du Ladanum, par M. PELLETIER (v. *Bulletin de Pharmacie,* t. 4, p. 503), a donné pour résultats :

1. Résine,   20
2. Gomme contenant un peu de malate de chaux,   3,60
3. Acide malique,   0,60
4. Cire,   1,90
5. Sable ferrugineux,   72
6. Huile volatile et perte,   1,90

Total,   100

On a lieu de présumer, d'après la grande quantité de sable que M. PELletier a trouvée, qu'il avait opéré sur un ladanum des plus impurs.

M. Guibourt ayant fait l'analyse du Ladanum en pain (voir *Hist. des drogues simples*, t. 2, p. 120), en a retiré :

1. Résine et huile volatile,	86
2. Cire,	7
3. Extrait aqueux,	1
4. Matière terreuse et poils,	6
Total,	100

LAQUE, *Résine.*

Substance qui exsude de plusieurs arbres de l'Inde orientale, par suite de la piqûre d'un insecte.

M. Hatchett a fait l'analyse de la *Laque plate*, de la *Laque en grains* et de la *Laque en bâtons*. En voici les résultats :

	Laque plate.	en grains.	en bât.
Résine,	90,9	88,5	68,0
Mat. colorante,	0,5	2,5	10,0
Cire,	4,0	4,5	6,0
Gluten,	2,8	2,0	5,5
Corps étrangers,	0,0	0,0	6,5
Perte,	1,8	2,5	4,0
	100	100	100

Laurier d'Apollon, Laurier commun et Laurier franc. *Laurus nobilis.*

M. Bonastre, qui a publié une analyse des fruits, y a signalé, entre autres substances :

1. De l'huile volatile, environ un centième de poids;

2. Une matière cristalline particulière; qu'il a nommée *laurine*, en même quantité que l'huile volatile;

3. A peu près la neuvième partie d'une huile grasse de couleur verte;

4. De la stéarine;

5. Plus du quart en poids de fécule;

6. Un sixième d'extrait gommeux;

7. Plusieurs autres substances moins importantes.

Lédon des marais, *Ledum palustre.*

Une analyse de cette plante avait été donnée en 1796 par le docteur Rauchfuss, qui avait trouvé dans 4 onces :

	Gr.	Scr.	Gr.
1. Huile éthérée,	1		
2. Résine,	2	2	6
3. Fer,			11
4. Sulfate de chaux,		1	10
5. Potasse,			10
6. Chaux,			4
7. Muriate de magnésie,			1/2
8. Extrait gommeux,			6
9. Extrait aqueux,	3	2	2

M. le docteur Meissner, à Halle, a donné une nouvelle analyse des feuilles du Lédon dans le *Berlin Jahrbuch für die Pharmacie*, 1826, 2ᵉ partie, p. 170 (voir le *Bulletin universel*, 1827, t. 11, p. 179). 500 gr. de ces feuilles lui ont donné :

1. Huile volatile,	7,80
2. Chlorophylle,	57,00
3. Résine dure,	37,50
4. Tannin avec du malate acide de chaux,	13,00
5. Tannin avec du malate acide et de l'acétate de chaux et de potasse,	21,00
6. Sucre incristallisable,	15,00
7. Matière colorante brune avec malate acide de potasse et de chaux,	23,00
8. Gomme extraite par l'eau,	30,05
9. Gomme obtenue par la lessive caustique,	155,00
10. Matière extractive obtenue à l'aide de la lessive caustique de potasse,	34,00
11. Ulmine,	20,00
12. Fibre végétale,	55,00
13. Enfin, eau,	30,00

Lentille, *Ervum lens.*

Einoff, qui a fait l'analyse des lentilles sèches, a reconnu que ces semences contiennent :

1. Extrait doux, 3,12
2. Gomme ; 5,99
3. Amidon, 32,81
4. Matières membraneuses, fibre amilacée, 18,75
5. Gliadine, 37,32
6. Albumine soluble, 1,15
7. Phosphate acide de chaux, 0,57
8. Perte, 0,29

Total, 100

Lichen d'Islande, *Lichen Islandicus, Cetraria Islandica, Physcia Islandica.*

Plusieurs chimistes se sont occupés de l'analyse du Lichen d'Islande. M. Berzelius en a retiré les principes suivans :

1. Sirop, 3,6
2. Principe amer, 3,0
3. Tartrate acidule de potasse et de chaux, joints à une très petite quantité de phosphate de chaux, 1,9
4. Matière extractive, colorante, soluble dans l'eau, 7,0
5. Cire verte, 4,6
6. Gomme, 3,7
7. Fécule, 44,6
8. Squelette insoluble, 36,6
9. Acide gallique, des traces.

D'après M. John, ce Lichen est composé (v. *Ecrits chimiques*, t. 4, p. 41) :

1. De résine verte, 1,5
2. De matière extractive soluble dans l'eau et dans l'alcool, 10,0
3. D'inuline, 8,0
4. D'inuline modifiée, 40,0
5. De parties insolubles, 37,5
6. D'acétate de potasse et de sel végétal à base de potasse, 1,5
7. D'ammoniaque, de chaux, de magnésie, de silice, de fer et de manganèse, 0,51

ROCCELLA TINCTORIA.

M. Nées d'Esenberck a publié dans le t. 16, cah. 2, des *Archiv des Apo-* *theker vereins* (v. le *Bulletin universel,* t. 8, 1826, p. 117), une analyse de ce Lichen ; il a trouvé qu'il renfermait les principes suivans :

1. Une résine soluble dans l'éther et dans l'alcool ;
2. Une substance cireuse ;
3. Une matière amilacée ;
4. Une matière extractive jaune ;
5. Une gomme brune jaunâtre ;
6. De l'inuline ;
7. Des tartrate et oxalate de chaux ;
8. Du muriate de soude.

Lichen de Ténériffe, *Lichen fraxineus.*

D'après les résultats de l'analyse faite par M. Cadet et consignés dans le tome 5 du *Journal de Pharmacie*, 1819, p. 56, cette mousse a donné :

1. Une matière colorante jaune rougeâtre, soluble dans l'eau ;
2. Une substance grasse, soluble dans l'éther, insoluble dans l'alcool, susceptible de changer de couleur par les alcalis qui se combinent avec elle et la rendent à l'eau ;
3. D'une matière résineuse soluble dans l'alcool, et se précipitant par l'eau ;
4. Une matière extractive ;
5. Un sel à base de chaux ;
6. Très peu de mucilage ; car une décoction prolongée de cette plante n'a pas sensiblement épaissi l'eau.

Liége, *Suber.*

Énumération des produits de l'analyse du Liége que M. Chevreul a obtenus (v. les *An. de Ch.*, t. 96, p. 141), en faisant d'abord dessécher parfaitement cette substance, la traitant ensuite par l'eau dans le digesteur-distillatoire, examinant ensuite la liqueur distillée et celle du résidu, traitant de nouveau par l'alcool le résidu insoluble dans l'eau, et soumettant la liqueur alcoolique à diverses manipulations chimiques pour obtenir les principes qu'elle avait dissous.

Ces diverses opérations ont fourni :
Produits de l'action de l'eau :

Eau obtenue par la dessiccat., 0,0400
Huile volatile odorante et acide acétique ; principe colorant jaune ; principe astringent ; matière azotée ; acide
gallique ; autre acide végétal ; gallate de fer et de
chaux ; en tout, 0,1425
    Produits particuliers de l'ac-
tion de l'alcool :
Matière analogue à la cire,
mais cristallisable (*cérine*) ;
résine molle (combinaison
de cérine avec une matière
qui l'empêche de cristalliser) ; plus deux autres matières qui paraissent conte-
nir de la cérine unie à des
principes non déterminés ;
en tout, 0,1575
Subérine ou liége épuisé par
l'alcool, et différant peu
par les qualités physiques
du liége naturel, 0,7000
____
1,0000

LIERRE GRIMPANT, *Hedera helix*.

Résultats de l'analyse publiée par
M. PELLETIER (v. *Bulletin de Pharmacie*, t. 4, p. 504), et faite avec de la
gomme de lierre non triée :

1. Gomme, 7
2. Résine, 23
3. Acide malique, etc., 10,30
4. Ligneux, 60,70
____
101

LILAS OU LILAC ORDINAIRE, *Syringa
vulgaris*.

MM. PETROZ et ROBINET, qui ont
fait l'analyse des fruits du Lilas, ont
isolé (v. *Journal de Pharmacie*, 1824,
t. 10, p. 139) :

1. Une matière résineuse ;
2. Une matière sucrée ;
Une matière qui précipite le fer en
gris ;

4. Une matière amère ;
5. Une matière insoluble ayant l'apparence d'une gelée ;
6. De l'acide malique ;
7. Du malate acide de chaux ;
8. Du nitrate de potasse ;
9. Quelques sels que l'on rencontre
ordinairement dans les végétaux.

LIN CULTIVÉ, *Linum usitatissimum*.

L'analyse du mucilage que recèle
en grande quantité le tégument lisse
extérieur de la graine de Lin a été faite
par M. VAUQUELIN (voir *Bulletin de
Pharmacie*, t. 4, p. 93, et *Annales de
Chimie*, t. 80, p. 314). Ce savant en
a retiré :

1. Une substance gommeuse ;
2. Une matière animale ;
3. De l'acide acétique libre ;
4. De l'acétate de potasse et de
chaux ;
5. Du sulfate et du muriate de potasse ;
6. Du phosphate de potasse et de
chaux ;
7. Enfin, une petite quantité de
silice.

M. LÉON MEYER, de Kœnisberg en
Prusse (voir *Berlin Jahrbuch fur die
pharmacie*, 1826, 1re partie, p. 71
et 131, et *Bulletin universel*, t. 11,
p. 178, 1827), a fait l'analyse chimique de *la graine de Lin* spécialement
pour reconnaître la nature de son
mucus. Les résultats de cette analyse
ne différent pas essentiellement de
ceux qu'avait obtenus M. VAUQUELIN,
et que nous venons de rapporter. L'auteur a examiné d'abord la graine en-
tière et ensuite la graine broyée ; il a
trouvé que 1,000 parties de graines
sèches contenaient :

1. Mucus végétal avec acide acétique
libre, acétate de potasse, phosphate
de magnésie, phosphate de chaux,
sulfate et hydrochlorate de potasse
et acétate de chaux, y compris la
perte, 151,20
2. Extractif doux avec acide
malique libre, malate de

potasse, sulfate de potasse
et hydrochlorate de soude, 108,84
3. Amidon avec hydrochlo-
rate de chaux, sulfate de
chaux et silice, 14,80
4. Cire, 1,46
5. Résine molle, 24,88
6. Matière colorante extractive jaune orangée, analogue au tannin, 6,26
7. Mat. color. extract. , avec
hydrochlorate de chaux,
hydrochlorate et nitrate de
potasse, 9,91
8. Gomme avec beaucoup de
chaux ; 61,54
9. Albumine végétale, 27,82
10. Gluten, 29,32
11. Huile grasse, 112,65
12. Matière colorante résineuse, 5,50
13. Émulsion et coques, 445,82
____
Total, 1,000

LISERON, *Convolvulus.*

LISERON DES CHAMPS, *Convolvulus
arvensis.*

D'après l'analyse faite par M. CHE-
VALLIER, la racine du *Convolvulus arvensis* renferme :

1. De l'eau ;
2. De la fécule amilacée ;
3. De l'albumine ;
4. Du sulfate de chaux ;
5. Du sucre cristallisable ;
6. De la résine semblable à celle du
jalap ;
7. Un extrait gommeux ;
8. Des sels solubles et insolubles ;
9. De l'oxyde de fer.

Le même chimiste a analysé aussi le
Convolvulus sepium, LISERON DES HAIES,
et il en a retiré :

1. Une matière grasse soluble dans
l'éther ;
2. Une matière de même nature soluble dans l'alcool bouillant ;
3. 5,02 pour 100 d'une résine purgative analogue à la résine du jalap ;

4. De l'albumine ;
5. Du sucre ;
6. De la gomme ;
7. De l'acétate et de l'hydrochlorate
d'ammoniaque ;
8. Du sulfate de chaux ;
9. Du fer, du soufre et de la silice.

LISERON, *Convolvulus soldanella.*

Chou marin.

M. PLANCHE a publié, dans le *Journal de Pharmacie,* 1824, une analyse
sur la racine de cette plante. Il lui as-
signe pour principes constituans :

1. Une résine verte purgative, dans
une proportion de 24 p. 100 ;
2. Un extrait gommeux ;
3. De l'amidon ; .
4. Du ligneux ;
5. Des sels.

LOBÉLIE SYPHILITIQUE, *Lobelia syphi-
litica.*

Cardinale bleue.

L'analyse de la racine de cette plante
par M. BOISSEL (v. le *Journal de pharmacie,* décembre 1824, p. 623, t. 10)
a donné les résultats suivans :

1. Une matière grasse de consistance
butyreuse ;
2. Une matière sucrée, mais incristallisable et infermentescible ;
3. Du mucilage ;
4. Du malate acide de chaux et du
malate de potasse ;
5. Des traces d'une matière amère
très fugace ;
6. Quelques sels inertes et du ligneux.

LYCOPODE OU SOUFRE VÉGÉTAL.

D'après les essais publiés par CADET
DE GASSICOURT, le Lycopode contient
entre autres principes :

De la cire ; probablement aussi de
la résine ; du sucre, et de la fécule
analogue à celle du lichen.

L'analyse du *Lycopodium clavatum*
a fourni, d'un autre côté, à BUCHOLZ,
les résultats suivans :

1. Huile grasse,   6
2. Sucre,   3
3. Extractif muqueux;   1,5
4. Pollénine,   89,5

Total,   100

M.

MAÏS CULTIVÉ OU BLÉ DE TURQUIE, *Zea maïs.*

Analyse faite par MM. MARCADIEU et LESPÈS (voir *Journal de Chimie médicale*, t. 1, p. 353) :

1. Eau,   12,00
2. Matière sucrée, légèrement azotée, ayant le goût du cacao,   4,50
3. Matière mucilagineuse, analogue à la gomme et au sucre,   2,50
4. Albumine,   0,30
5. Son,   3,25
6. Fécule,   75,35
7. Perte,   2,10

Total,   100

Autre analyse publiée par M. BIZIO de Venise :

1. Amidon,   80,920
2. Zéine,   5,758
3. Principe extractif,   1,092
4. Zumine,   0,945
5. Gomme,   2,283
6. Huile grasse,   0,323
7. Hordéine,   7,710
8. Matière sucrée,   0,895
9. Sel, acide pectique et perte,   0,074

M. VIREY a publié, dans le t. 7 du *Bulletin de Pharmacie*, p. 371, année 1821, les résultats de l'analyse du Maïs faite en Amérique par John GORHAM :

          A l'état frais. Sec.
1. Eau,   9, 0
2. Fécule amylacée,   77, 0 84,599

3. Zéine (matière particulière),   3, 0 3,296
4. Albumine,   2, 5 2,747
5. Matière gommeuse,   1,75 1,922
6. Sucre,   1,45 1,593
7. Principe extractif,   0, 8 0,879
8. Enveloppes et matière ligneuse,   3, 0 3,296
9. Phosphate, carbonate, sulfate de chaux et perte,   1, 5 1,648

Totaux,   100 99,980

MALAMBO (écorce de).

M. VAUQUELIN en a publié, dans les *Annales de Chimie*, t. 95, p. 112, une analyse qui a donné pour principaux résultats :

1. Une huile volatile citrine ;
2. Une résine très amère ;
3. Un extrait soluble dans l'eau.

MANNE, *Manna.*

Matière concrète et sucrée qui exsude de plusieurs espèces de frênes.

D'après l'analyse de la Manne en larmes qui a été faite par M. THÉNARD, elle se compose :

1. D'un principe sucré, cristallisable, auquel on a donné le nom de *Mannite* ;
2. De véritable sucre, dont la quantité n'excède pas un dixième ;
3. D'un principe amer incristallisable, muqueux, dans lequel paraît résider la vertu purgative.

MANNITE.

L'analyse de la Mannite, faite par M. SAUSSURE, a fourni les résultats suivans :

1. Carbone,   47,82
2. Hydrogène,   6,06
3. Oxygène,   45,80
4. Azote,   0,32

Total,   100

Marronnier d'Inde ou Hippocastane,
Æsculus hippocastanum.

L'examen analytique de l'écorce de cet arbre a fourni à MM. Pelletier et Caventou les principes suivans :

1. Huile grasse verdâtre ;
2. Matière brune rougeâtre, de nature résineuse ;
3. Matière colorante rouge ;
4. Matière colorante jaune, peu amère ;
5. Tannin verdissant le fer et ne précipitant pas le tartrate de potasse et d'antimoine ;
6. Gomme,
7. Fibre ligneuse ;
8. Enfin, une petite quantité d'un acide libre, qui forme avec la magnésie un sel peu soluble dans l'eau, insoluble dans l'esprit de vin.

M. Vauquelin a fait l'analyse des diverses parties du Marronnier. Voici les résultats qu'il en a obtenus ; les écailles qui enveloppent les bourgeons se composent :

1. D'une huile grasse d'odeur rance ;
2. De chlorophylle ;
3. D'une résine de couleur brune ;
4. De tannin ;
5. D'un principe brun foncé, très amer ;
6. D'un peu de sucre ;
7. De mucilage ;
8. De Fibre ligneuse.

Les bourgeons à feuilles privés d'écailles contiennent :

1. Une résine molle ;
2. Du tannin en partie libre, en partie combiné avec de l'acide gallique ;
3. Une combinaison qui paraît être en partie formée de tannin et d'une matière végéto-animale ;
4. De la fibre ligneuse ;
5. De l'acétate de potasse ;
6. Du phosphate de chaux.

Les feuilles nouvellement développées ont donné :

1. De la cire ;
2. De la chlorophylle ;
3. Du tannin et du principe amer ;
4. Une matière végéto-animale ;
5. De la fibre ligneuse.

Les étamines ont fourni :

1. Une résine molle, rouge et amère ;
2. Une matière de saveur sucrée ;
3. Une matière mucilagineuse ;
4. De la fibre ligneuse.

Les jeunes marrons avec leurs pistils, après la floraison, étaient composés :

1. D'une résine verte d'une saveur amère ;
2. De tannin ;
3. D'une matière mucilagineuse ;
4. De fibre ligneuse ;
5. D'ammoniaque et de fer, avec de l'acide hydrochlorique en excès ; pas d'amidon.

L'enveloppe intérieure du fruit produit :

1. Un principe amer ;
2. Du tannin ;
3. De la fibre ligneuse ;
4. Un acide libre ;
5. Enfin, quelques sels à base de chaux.

L'enveloppe extérieure a donné :

1. Une grande quantité de chlorophylle ;
2. Du tannin ;
3. Un principe amer ;
4. Des sels.

L'incinération des différentes parties fournit :

1. Du carbonate et du phosphate de potasse ;
2. Du carbonate et du phosphate de chaux ;
3. De la silice et de l'oxyde de fer (Vauquelin, *Annales de Chimie*, t. 82 et 83, p. 309 et 36.

L'examen du suc d'un vieux Marronnier se trouve consigné dans les *Écrits chimiques* de John, t. 6, p. 18.

Ce suc, qui s'était desséché sur l'é-corce, avait l'aspect de la craie ; soumis à l'examen, il a fourni :

1. Un sel à base de magnésie ;
2. Du tannin verdissant les sels de fer ;
3. De la gomme ;
4. Des traces de matière extractive ;
5. Du carbonate et de l'acétate de potasse ;
6. Du phosphate et de l'hydrochlorate de potasse ;
7. Du carbonate de chaux ;
8. Du phosphate de chaux ;
9. Des traces d'oxyde de fer ;
10. Du carbonate de magnésie ;
11. De la silice :
12. Enfin, de l'eau.

MASSOY ou MAZOÏ.

L'écorce de cet arbre analysée par M. BONASTRE (voir *Journal de Pharm.*, 1829, p. 209, t. 15) lui a donné les principes immédiats ci-après indiqués, savoir :

1. Principes volatils :

Huile volatile fluide plus légère que l'eau ;

Huile volatile fluide plus pesante que l'eau ;

Un produit volatil concret, inodore, aussi plus pesant que l'eau.

2. Gommes :

Gomme soluble à froid ;
Gomme visqueuse soluble à chaud.

3. Extractif :

Un extractif tanniné, peu coloré.

4. Résineux :

Fécule amylacée ;
Un acide non caractérisé ;
Résine soluble ;
Sous-résine laurine soluble à chaud ;
Sous-résine caryophyline, *id.*

5. Corps gras :

Huile épaisse, butyreuse ;

Huile épaisse, analogue à la stéarine.

6. Sels :

Sel à base de potasse ;
Sel à base de chaux ;

7. Enfin, d'une assez grande quantité de ligneux.

Ces divers produits immédiats dont l'écorce de Massoy est formée se rapportent beaucoup avec ceux que M. VAUQUELIN a rencontrés dans les produits de cannelle de Chine ou de Ceylan, écorces qui appartiennent aussi au genre *Laurus* de Linné.

MERCURIALE ANNUELLE, *Mercurialis annua.*

L'analyse de la Mercuriale commune, faite par M. FENEULLE, de Cambray (v. *Journal de Chimie médicale*, t. 2, p. 119, 1826), a donné les résultats suivans :

1. Un principe amer, légèrement purgatif ;
2. Du muqueux ;
3. De la chlorophylle ;
4. De l'albumine végétale ;
5. Une substance grasse blanche ;
6. Une huile volatile ;
7. De la gelée de Braconnot ;
8. Du ligneux ;
9. Enfin, diverses substances salines.

MILLEFEUILLE, *Achillea millefolium.*

M. L. F. BLEY, pharmacien à Bernbourg, a publié successivement les résultats de l'analyse qu'il a faite de la racine, des feuilles, et de l'herbe desséchée de Millefeuille. (V. Tromsdorff, *Neues Journ. des Pharmacie*, t. 16 et 17, 1828, 1re et 2e parties, p. 245, 94 et 46 ; et le *Bulletin universel* des mois de février et juin 1829, nos 2 et 6, pag. 344, 423 et 424). D'après cette analyse, la RACINE de Millefeuille a fourni :

1. Huile éthérée, 0,751
2. Acide acétique, 1,125
3. Albumine, 29,000
4. Matière extractive douce, 104,000
5. Gomme avec une petite quantité d'acide malique, 252,000
6. Résine molle avec chlorophylle, 30,000
7. Acide malique avec traces d'acide phosphorique, 4,000
8. Extractif résineux, 2,000
9. Extractif tanninifère, 65,000
10. Extractif avec malates de chaux et de potasse, 75,000
11. Résine, 75,000
12. Chlorophylle, 1,500

Obtenus par des moyens doux tels que l'eau, l'alcool et l'éther.

13. Albumine coagulée, 93,000
14. Gomme artificielle, 460,000
15. Extractif tanninifère, 2,000
16. Phyteumacolle, 120,000
17. Gluten végétal difficilement soluble, 110,000
18. Fibre ligneuse, 1190,000

Obtenus par des moyens plus énergiques, tels que l'acide hydrochlorique et la potasse caustique.

Produits de l'incinération :

19. Sulfate de potasse, 1,5
20. Carbonate de chaux avec magnésie, fer et manganèse, 14,0
21. Alumine, 29,5
22. Silice, 15,0 } 60,000
23. Eau, 306,000
24. Perte, 79,624

3,000 gr.

2,000 grains de FLEURS lui ont donné :

1. Huile volatile, 1,9375
2. Acide acétique, 0,2800
3. Albumine végétale, 64,0000
4. Nitrate et hydrochlorate de potasse, 42,0000
5. Résine dure avec acide

phosphorique, 13,0000
6. Extractif tanninifère avec hydrochlorate de potasse, 415,0000
7. Extractif gommeux, 2,0000
8. Acide malique, 5,0000
9. Résine dure, 21,0000
10. Gomme végétale des malates, 315,0000
11. Hydrochlorate de chaux, 2,5000
12. Chlorophylle, 87,5000

Extraits par l'eau et l'alcool :

13. Albumine concrète, 52,0000
14. Gomme artificielle, 208,0000
15. Gluten, 169,0000
16. Gluten difficilement soluble, 26,0000
17. Tannin, 5,0000
18. Fibre végétale, 320,0000

Obtenus par l'action de l'acide hydrochlorique et de la potasse caustique.

Produits de l'incinération :

19. Sulfate et hydrochlorate de chaux avec magnésie,
20. Alumine,
21. Silice,
22. Oxyde de fer avec oxyde de manganèse, } 8,000
23. Soufre, des traces;
24. Eau, 200,0000
25. Perte, 50,7825

Total, 2,000 gr.

2,000 grains de l'HERBE DESSÉCHÉE lui ont donné :

1. Huile volatile, 0,96
2. Acide acétique, 0,48
3. Soufre, des traces;
4. Albumine végétale, avec une trace de fécule, 24,00
5. Nitrate et hydrochlorate de potasse, 44,00
6. Résine dure, 12,00
7. Extractif avec hydrochlorate, nitrate et phosphate de potasse, 352,00

8. Extractif tanninifère avec sulfate de chaux,   55,00
9. Gomme,   71,00
10. Chlorophylle,   137,56

Ces substances ont été obtenues par l'eau, l'alcool et l'éther.

11. Albumine concretée,   40,00
12. Gomme artificielle,   371,00
13. Gluten,   265,00
14. Phyteumacolle,   50,00
15. Fibre végétale,   360,00
16. Eau,   180,00
17. Perte,   37,60

Ces substances ont été extraites avec l'acide hydrochlorique et la potasse caustique.

Total,   2,000 gr

MOLÈNE OU BOUILLON BLANC, *Verbascum thapsus.*

D'après l'analyse publiée par M. MORIN, de Rouen (v. *le Journal de Chimie médicale*, t. 2, p. 223), les fleurs de Molène contiennent :

1. Une huile volatile jaunâtre ;
2. Une matière grasse acide, ayant quelque analogie avec l'acide oléique ;
3. Des acides malique et phosphorique libres ;
4. Du malate et du phosphate de chaux ;
5. De l'acétate de potasse ;
6. Du sucre incristallisable ;
7. De la gomme ;
8. Une matière grasse verte, ayant la plupart des caractères de la chlorophylle ;
9. Un principe colorant jaune, qui par l'ensemble de ses propriétés, doit être regardé comme une matière particulière, et doit être classé parmi les substances colorantes de nature résineuse ;
10. Enfin, quelques sels minéraux.

MORELLE, *Solanum.*

SOLANUM MAMMOSUM.

M MORIN, pharmacien à Rouen, a publié (v. *le Journal de Chimie médicale*, t. 1, p. 84), l'analyse des fruits du *Solanum mammosum*, qui possèdent des propriétés narcotiques très dangereuses ; ils contiennent :

1. De l'acide malique libre ;
2. Du malate de solanine ;
3. De l'acide gallique ;
4. De la gomme ;
5. Une matière colorante jaune ;
6. Un principe nauséabond amer, ayant quelque analogie avec le principe nauséeux des légumineuses ;
7. De l'huile volatile en petite quantité ;
8. De la fibre ligneuse ;
9. Quelques sels minéraux.

MM. CHEVALLIER et PAYEN ayant eu à leur disposition les baies du *Solanum verbascifolium*, rapportées d'Amérique, ont fait des recherches sur le principe et y ont également reconnu la présence d'une matière alcaline qui, en brûlant avec le contact de l'air, n'a pas laissé de résidu. (V. *le Journal de Chimie médicale*, t. 1, p. 517.)

MORELLE-FAUX-QUINA, *Solanum pseudo-quina.*

L'analyse de l'écorce de cet arbre a été faite par M. VAUQUELIN, qui l'a trouvée composée :

1. D'un principe amer dans lequel paraît résider la propriété fébrifuge ;
2. D'une matière résinoïde amère, légèrement soluble dans l'eau ;
3. D'une petite quantité de matière visqueuse grasse ;
4. D'une substance animale très abondante, combinée à la potasse et à la chaux ;
5. D'une petite quantité d'amidon ;
6. D'oxalate de chaux et d'autres sels à base de magnésie, de chaux, de fer et de manganèse.

MOUSSE DE CORSE.

La Mousse de Corse, analysée par M. BOUVIER (voir *Annales de Chimie*, t. 9), contient, sur 1000 parties :

1. Gélatine, 602
2. Fibre végétale, 110
3. Sulfate de chaux, 112
4. Muriate de soude, 92
5. Carbonate de chaux, 75
6. Fer, silice, magnésie et phosphate de chaux, 17

MOUTARDE NOIRE, *Sinapis nigra.*

Les chimistes des diverses époques ont analysé les graines de moutarde, et y ont signalé l'existence de deux huiles, l'une fixe, l'autre volatile, du soufre et du phosphore.

M. THIBIERGE en a publié une bonne analyse dans le *Journal de Pharmacie* de l'année 1819.

En voici les résultats :

1. Une huile fixe ;
2. Une huile volatile ;
3. Une matière albumineuse végétale ;
4. Une grande quantité de mucilage ;
5. Du soufre ;
6. De l'azote (1).

MUSCADIER, *Myristica moschata.*

M. BONASTE a trouvé, par l'analyse qu'il a faite de la *muscade*, graine du muscadier, qu'elle contient sur 500 parties :

1. Matière blanche insoluble (stéarine), 120
2. Matière butyreuse, colorée, soluble (élaïne), 38
3. Huile volatile, 30
4. Un acide, 4
5. Fécule, 12
6. Gomme, 6
7. Résidu ligneux et perte, 290

M. HENRY a fait l'analyse du *macis* arille de la graine de muscade.

Il y a trouvé :

1. Une petite quantité d'huile volatile ;
2. Beaucoup d'huile fixe, odorante,

jaune, soluble dans l'éther, insoluble dans l'alcool, même bouillant ;

3. Une quantité à peu près égale d'une autre huile fixe, odorante, colorée en rouge, soluble dans l'éther et dans l'alcool ;

4. Une matière gommeuse particulière, ayant des propriétés analogues à celles de l'amidine et de la gomme, et formant environ un tiers des principes constituans du macis.

MYRRHE, *Myrrha.*

Gomme-résine qui vient d'Arabie et d'Abyssinie, sans que l'on sache positivement quel est le végétal qui la fournit.

D'après l'analyse faite par M. PELLETIER (voir *Annales de Chimie*, t. 80, p. 45), cette substance se compose :

1. De gomme soluble, 66
2. De résine imprégnée d'une petite quantité d'huile volatile, 34

Total, 100

Suivant M. BRACONNOT, la gomme contenue dans la myrrhe diffère de toutes les autres gommes par les propriétés suivantes :

1. Elle acquiert de la cohésion par la chaleur, qui la rend en partie insoluble dans l'eau quand la solution est évaporée ;

2. Elle fournit de l'ammoniaque par la distillation, et donne de l'azote avec l'acide nitrique ;

3. Elle précipite le plomb, le mercure et l'étain de leurs dissolutions.

N.

NAGHAS, *Bois de Naghas à odeur d'anis.*

Il résulte des expériences chimiques que M. LASSAIGNE a faites sur le bois de Naghas, expériences qui se trouvent consignées dans le tome 10 du *Journal de Pharmacie*, page 169, année 1824, que ce bois contient :

___

(1) MM. Garot et Henry ont trouvé dans la graine de moutarde un acide particulier, l'acide *sulfosinapique.*

1. Une huile volatile blanche, d'une odeur très prononcée d'anis ;

2. Une résine aromatique ;

3. Une matière colorante brune ;

4. Une matière amère incristallisable ;

5. De l'amidon ;

6. Du malate acide de chaux ;

7. Du malate de potasse ;

8. Du chlorure de potassium ;

9. Du sulfate de potasse ;

10. Du phosphate de chaux ;

11. De l'oxyde de fer et de la silice.

NARCISSE DES PRÉS, *Narcissus Pseudo-Narcissus.*

Les fleurs de narcisse, d'après l'analyse publiée par M. CAVENTOU (voir *Journal de Pharmacie*, 1816, p. 540), sont composées :

1. De matière grasse odorante,	6
2. De matière colorante jaune,	44
3. De gomme,	24
4. De fibre végétale,	26
	100

Une autre analyse consignée dans le *Bulletin de Pharmacie*, tome 3, page 131, par M. CHARPENTIER, pharmacien à Valenciennes, donne les résultats suivans :

1. De l'acide gallique ;

2. Du mucilage ;

3. Du tannin ;

4. De l'extractif ;

5. Du muriate de chaux ;

6. De la résine ;

7. Du tissu ligneux.

LE NÉNUPHAR BLANC, *Nymphæa alba.*

D'après l'analyse qui en a été faite par M. MORIN, de Rouen, la souche du Nénuphar contient :

1. De l'amidon et du mucilage en abondance ;

2. Une combinaison de tannin et d'acide gallique ;

3. Une matière végéto-animale ;

4. De la résine ;

5. Une matière grasse ;

6. Un sel ammoniacal ;

7. De l'acide tartrique ;

8. Du malate et du phosphate de chaux ;

9. Du sucre cristallisable ;

10. De l'albumine ;

11. Enfin, plusieurs autres substances.

NERPRUN, *Ramnus catharticus.*

D'après les expériences chimiques faites par M. DUBUC, pharmacien à Rouen (voir le *Bulletin de Pharmacie*, t. 4, p. 64, année 1812), le suc de Nerprun contient :

1. Une substance analogue à la gomme ;

2. Une résine ;

3. Un principe sucré qui le rend propre à la fermentation vineuse ;

4. Une matière extractive.

M. VOGEL a consigné dans le même volume du *Bulletin de Pharmacie*, page 72, l'exposé des essais chimiques qu'il a faits, de son côté, sur le suc de Nerprun.

Il en conclut :

En premier lieu, que ce suc nouvellement exprimé contient, outre son principe colorant particulier :

1. De l'acide acétique libre ;

2. Du mucilage ;

3. Du sucre ;

4. Une matière azotée qui sort probablement du ferment.

En second lieu, que le suc fermenté ne contient plus de sucre, ni de matière azotée, ni sensiblement de mucilage, attendu que ces matières se sont transformées en alcool et en acide acétique : que ce dernier acide est très abondant dans le suc fermenté, qui contient, en outre, un peu de matière qui a de l'analogie avec les résines.

NOIX.

M. le professeur PFAFF de Kiel a donné, dans le *Nues Journ. der Phar-*

14.

macie de 1815, t. 11, 2e partie, p. 171, une notice sur *la pellicule extérieure des noix* (v. *le Bulletin universel*, t. 11, p. 89.)

Cette pellicule contient :

1. Une quantité considérable d'un tannin parfaitement semblable à celui des noix de galle, mais tout-à-fait libre d'acide gallique ;

2. Une matière résineuse particulière qui offre l'odeur et la saveur spécifique de la pellicule. Il reste à déterminer par des expériences ultérieures quel est celui de ces deux principes constituans qui exerce l'action spécifique qu'on connaît aux noix, sur les organes de la respiration et de la voix.

NOIX DE COCO.

D'après le docteur BUCHNER, qui en a fait l'analyse (voir *Repertorium fur die Parmacie*, t. 27, n° 3, 1827, pag. 337, et le *Bulletin universel* de février 1829, n° 2, p. 348), le liquide renfermé dans les Noix de coco contient dans une grande quantité d'eau :

1. De l'albumine ;
2. Du sucre ;
3. Un acide libre (acide phosphorique) ;
4. Une quantité considérable de phosphate de chaux (en solution) ;
5. Une très petite proportion d'un principe volatil.

La substance blanche et moelleuse qui tapisse l'intérieur de la noix, et qui contient le liquide analysé dans une cavité ovale, se compose, pour 100 parties :

1. D'eau,	31,8
2. De stéarine,	
3. D'élaïne,	47,0
4. D'albumine caséeuse, avec une proportion considérable de phosphate de chaux et un peu de soufre,	4,3
5. Du mucoso-sucré,	3,6
6. De la gomme avec des parties salines,	1,1

7. De fibre ligneuse insoluble,	8,6
8. Perte,	3.6
Total,	100

NOIX DE GALLE, *Galla tinctoria*.

Analyse de H. DAVY, *Dictionnaire des Drogues*, t. 3, p. 576.

Sur 500 parties matières solubles :

1. Tannin,	130
2. Acide gallique,	31
3. Mucilage et matières insolubles par l'évaporation,	12
4. Carbonate de chaux et substances salines,	12
5. Le reste est composé de substances insolubles.	

NOIX VOMIQUE, *Strychnos nux vomica*.

Suivant l'analyse publiée par M. H. BRACONNOT (voir le 3e vol. du *Bulletin de Pharmacie*, année 1811, t. 3, p. 321), la Noix vomique contient les matières suivantes, rangées d'après l'ordre de leurs quantités :

1. Une matière cornée végétale particulière ;
2. Une matière animalisée peu supide ;
3. Une matière animalisée extraordinairement amère ;
4. Une huile verte butyriforme ;
5. De la fécule amilacée ;
6. Du phosphate de chaux ;
7. Un acide végétal uni à la potasse ;
8. De la silice ;
9. Du sulfate et muriate de potasse.

MM. Pelletier et Caventou ont découvert dans cette noix un alcali végétal, la strychnine.

O.

OLIVIER, *Olea*.

M. PALLAS, médecin militaire à Pampelune, qui a fait l'analyse de l'écorce de l'Olivier, en a retiré :

1. Une substance cristalline, la mannite.

2. Un principe amer, acide ;
3. Une résine noire ;
4. Un extrait gommeux ;
5. Une matière colorante verte;
6. Des hydrochlorate et sulfate de chaux ;
.7. De l'acide gallique ;
8. Du tannin ;
9. Du ligneux.

Les feuilles lui ont fourni des résultats analogues, plus une matière colorante verte. (V. le *Recueil des mémoires de Médecine, de Chirurgie et de Pharmacie militaire.*)

M. FERRAT, pharmacien à Toulon, a également publié, dans le *Bulletin de Pharmacie*, 3e v., p. 438, année 1811, une analyse des feuilles fraîches d'olivier. Il en a retiré les substances suivantes, placées d'après leurs quantités respectives :

1. Ligneux, plus de moitié de leur poids;
2. Extractif, dont une partie est oxygénable, plus d'un cinquième;
3. Substance résiniforme, un onzième ;
4. Muqueux, un douzième;
5. Résidu, cendres , un dix - huitième.

Les produits du résidu *cendreux* indiqués d'après la proportion de leurs quantités, sont :

1. Carbonate de potasse;
2. Carbonate de chaux ;
3. Sulfate de potasse ;
4. Alumine;
5. Potasse pure;
6. Oxyde de fer.

OGNON, ou OIGNON, *Allium cepa.*

D'après l'analyse chimique qui a été faite des bulbes de l'ognon, par FOURCROY et VAUQUELIN, elles contiennent :

1. Une huile volatile, blanche, âcre, tenant en dissolution du soufre, qui lui donne une odeur fétide;
2. Une matière végéto-animale, analogue au gluten , et susceptible de se concréter par la chaleur ;

3. Beaucoup de sucre incristallisable;
4. Beaucoup de mucilage analogue à la gomme arabique ;
5. De l'acide phosphorique, soit libre, soit combiné avec la chaux ;
6. Enfin de l'acide acétique, du citrate de chaux et de la fibre végétale.

OPIUM.

Suc épaissi obtenu par incision des capsules du PAVOT SOMNIFÈRE, *Papaver somniferum.*

M. SÉGUIN a publié une analyse de l'opium, dont voici les résultats :

1. De l'acide acétique;
2. Une substance alcaline, sur la nature de laquelle il ne s'est pas prononcé, et qu'il obtient en versant de l'ammonique dans la solution aqueuse d'Opium;
3. Un acide particulier;
4. Une matière insoluble dans l'eau, mais soluble dans l'alcool, les acides et les alcalis, et qu'il a nommée principe amer et insoluble de l'Opium;
5. Une substance soluble dans l'eau et dans l'alcool , nommée principe amer soluble;
6. Une matière huileuse;
7. Une substance amilacée;
8. Des débris végétaux et de l'eau.

On trouve dans le *Mangaz für Pharmacie* et dans le *Bulletin universel*, t. 10, 1827, p. 311, les résultats d'une analyse faite sur l'Opium oriental par M. GEIGER En voici les résultats:

Deux livres de cette substance , de bonne qualité, contiennent :

	Onces.
1. Matière extractive,	16
2. Méconate de morphine,	4
3. Narcotine,	1
4. Acide ,	1
5. Fibre végétale ,	$4\frac{1}{2}$
6. Liquide aqueux,	3
7. Huile grasse , matière narcotique, et perte ,	$2\frac{1}{2}$
Total,	32

OPOPANAX.

Gomme-résine produite par le *Pastinaca Opopanax.*

M. PELLETIER, qui a fait l'analyse chimique de l'Opopanax (voir *Annales de Chimie*, t. 89, p. 90), en a retiré les principes suivans :

1. Résine,	42
2. Gomme,	33,4
3. Amidon,	4,2
4. Extractif et acide malique ,	4,4
5. Ligneux ,	9,8
6. Cire ,	0,3
7. Huile volatile et perte ,	3,9
Total ,	100

L'Opopanax soumis à la distillation à feu nu se comporte comme une matière végétale très hydrogénée.

Dix grammes ont donné 2,5 d'un charbon très volumineux , qui, incinéré, a produit 0,35 de cendre composée de

1. Carbonate de chaux ,	0,18
2. Silice,	0,02
3. Carbonate	
4. Muriate } de potasse,	0,15
5. Sulfate	
Total,	0,35

ORANGES VERTES.

M. BRANDES a trouvé dans 2,000 parties de ce fruit (v. *Arch. des Apothekervereins*, t. 27, 1er cahier, 1828, p. 113, et *Bulletin universel* de juin 1829, n° 6, p. 421) :

1. Aurantin ou amer d'orange, avec des traces d'acide gallique , citrique et malique,	26
2. Aurantin avec des malates de chaux, des traces de résine et de mucoso-sucré,	35
3. Sous-résine,	24
4. Substance propre cristallisable neutre ,	6
5. Chlorophylle ,	4
6. Chlorophylle avec stéarine ,	7
7. Substance colorante rouge ,	

grasse, cristallisable (érytrophylle),	5
8. Albumine,	15
9. Gomme avec matière végétale animale ,	310
10. Citrate, malate , sulfate et phosphate de chaux, sulfate et hydrochlorate de potasse, avec des traces de sel de magnésie ,	12
11. Phyteumacolle avec acide malique , des malates et des citrates de potasse ,	420
12. Phosphate de chaux ,	3
13. Citrate de chaux,	12
14. Malate de chaux ,	6
15. Ulmine (acide humique) avec humate acide de chaux ,	30
16. Matière végéto - animale, soluble dans l'eau , insoluble dans l'alcool , même par la lessive de potasse caustique ,	34
17. Matière végéto - animale, soluble dans l'eau et dans l'alcool, obtenue par la potasse caustique,	300
18. Fibre végétale avec différens sels minéraux ,	140
19. Enfin , matières liquides, y compris l'huile volatile ,	480
Total ,	1,869

ORGE , *Hordeum vulgare.*

Selon PROUST, l'orge contient :

1. Résine jaune ,	1
2. Extrait gommeux sucré,	9
3. Gluten ,	3
4. Amidon,	32
5. Hordéine,	55
Total,	100

EINHOFF a reconnu que la graine, avant sa maturité , contenait :

1. Un principe amer, insoluble dans l'alcool , précipitable par le chlore, l'alun, les sels d'étain,	2,63
2. Sucre incristallisable,	6,55
3. Amidon,	14,58
4. Fibre ligneuse,	0,62
5. Gluten ,	1,77

6. Albumine avec phosphate
de chaux, 0,45
7. Une enveloppe verte contenant de l'amidon coloré et
de la matière extractive, 15,97
8. Eau, 52,09
9. Perte, 6,34

Le même chimiste a trouvé dans la graine mûre :

1. Farine, 70,05
2. Enveloppe, 18,75
3. Eau, 11,20

Total, 100

La farine est formée :

1. De sucre non cristallisable, 5,21
2. De gomme, 4,62
3. D'amidon, 67,18
4. D'amidon, de gluten et de fibres réunis, 7,29
5. De gluten, 3,52
6. D'albumine, 1,15
7. De phosphate de chaux avec de l'albumine, 0,24
8. D'eau, 9,37

Fourcroy et M. Vauquelin ont reconnu que la farine d'orge contient, outre les principes qui viennent d'être cités, une huile épaisse, brune-verdâtre, ayant l'odeur et la saveur du phlegme, et que l'on extrait par l'alcool, et de plus un peu d'acide acétique.

Selon Proust la farine d'orge germée contient :

1. Résine jaune, 1
2. Sucre, 15
3. Gluten, 1
4. Amidon, 56
5. Hordéine, 12

Einhoff s'est assuré que l'orge torréfiée ne présente pas d'amidon, mais une matière semblable au charbon, une matière animale et des traces d'acide phosphorique.

Les tiges d'orge, avant leur maturité, contiennent :

1. Un principe amer, 2,33
2. Fibre ligneuse, 9,50
3. Amidon vert, 2,45
4. Albumine, 0,70
5. Phosphate acide de potasse, 0,44
6. Eau, 82,81
7. Perte, 117

Les tiges mûres :

1. Principe amer, en partie soluble dans l'alcool, 15,68
2. Fibre ligneuse, albumine concrétée et cire végétale jaune, 70,31
3. Silice que l'on peut extraire par l'eau, 0,71
4. Eau, 10,94
5. Perte, 0,66

(Einhoff, *Journal de Gehl*, t. 6, p. 62 ; t. 2, p. 376.)

Orme ou Ormeau, *Ulmus campestris*.

M. Vauquelin qui a fait l'analyse de la sève de l'Orme prise au mois de mai, y a trouvé :

1. Un principe végétal, 0,102
2. Acétate de potasse, 0,889
3. Carbonate de chaux dissous par l'acide carbonique en excès, 0,076
4. Eau, 98,933

100

Celle qu'il a prise au mois de novembre a fourni :

1. Principe végétal, 0,013
2. Acétate de potasse, 0,329
3. Carbonate de chaux, 0,050
4. Eau, 99,108

Une concrétion formée sur le tronc de l'Orme a fourni à l'analyse :

1. Écorce, 28
2. Carbonate de potasse, 39
3. Carbonate de chaux, 32
4. Carbonate de magnésie, 1

100

P.

Papayer, *Carica papaya, Papaya communis.*

Le suc du Papayer, analysé par MM. Vauquelin et Cadet de Gassicourt (v. *Annales de Chimie*, t. 49, p. 295), a donné:

1. De l'eau;
2. Un peu de graisse;
3. Une grande quantité de matière animale, qui possède toutes les propriétés de l'albumine, si ce n'est qu'après la dessiccation elle est toujours très soluble dans l'eau, tandis que l'albumine y devient insoluble.

Paratodo.

Écorces apportées du Brésil.

L'analyse d'une des écorces du Paratodo a donné (voir *Journal de Pharmacie*, t. 9, p. 410):

1. Un principe amer particulier;
2. Une résine;
3. Une matière grasse;
4. Une matière colorante particulière;
5. De l'amidon;
6. De l'acétate de potasse;
7. Des sels de chaux et de magnésie;
8. Du ligneux.

Pareira brava.

Racine fournie par le *Cissampellos pareira.*

L'analyse de cette racine, faite par M. Feneulle (v. *Journal de Pharmacie*, septembre 1821, t. 7, p. 406), a donné:

1. Une résine molle;
2. Un principe jaune amer;
3. Un autre principe brun;
4. De la fécule;
5. Une matière animalisée;
6. Du malate acide de chaux;
7. Du nitrate de potasse;
8. De l'hydrochlorate d'ammoniaque;

9. Quelques autres sels minéraux;

Pastel, *Isatis tinctoria.*

Le suc des feuilles de Pastel, analysé par M. Chevreul (v. *les Annales de Chimie*, t. 68, p. 284), a fourni les principes suivans:

1. Une substance azotée analogue à celle des autres crucifères, se coagulant par la chaleur;
2. De la chlorophylle résineuse;
3. De l'indigo;
4. De la cire;
5. Du gluten;
6. Une substance azotée, colorée en rouge par la combinaison d'un acide avec un principe bleu;
7. Une huile volatile;
8. De l'ammoniaque;
9. Du soufre;
10. Une matière gommeuse;
11. Du sucre incristallisable;
12. Un principe colorant jaune;
13. Une matière azotée différente de celle qui se coagule par la chaleur;
14. Des acides acétique et hydrochlorique;
15. Du ligneux;
16. Un grand nombre de sels.

Patate ou Batate, *Convolvulus batatas.*

M. Henry Fils a publié l'analyse d'une Patate rouge cultivée aux environs de Paris; il a trouvé que cette racine contenait (v. *Journal de Pharmacie*, t. 11, p. 145):

1. Amidon,	13,30
2. Eau,	73,12
3. Albumine,	0,92
4. Matière incristallisable très fermentiscible,	3,30
5. Matière vireuse volatile,	0,05
6. Substance soluble dans l'éther, se fondant facilement comme une matière grasse, et se colorant en vert par les acides sulfurique, nitrique, etc.;	1,12
7. Parenchyme sec,	6,79

8. Acide malique, divers sels
à base de potasse et de chaux,
silice et oxyde de fer,   1,40

Total,   100

M. Henry a observé en outre,

1. Que la cuisson enlève l'odeur vireuse qui paraît due à une huile volatile ;

2. Que la quantité de sucre n'augmente nullement par la cuisson, mais qu'elle se condense par l'évaporation de l'eau, ce qui rend la racine plus agréable et la fait paraître plus sucrée.

Patience, *Rumex patientia.*

D'après les recherches de M. Deyeux, la racine de Patience contient :

Du soufre libre et et de l'amidon.

Pavot, *Papaver somniferum.*

Les feuilles de Pavot, analysées par M. Blondeau (voir le *Journal de Pharmacie*, t. 7, p. 214, année 1821), lui ont fourni :

1. Une huile verte jouissant des propriétés de la chlorophylle, mais étant évidemment un principe végétal complexe ;

2. De la gomme ;

3. De l'acide malique, probablement à l'état de malate, acide de chaux ;

4. Du muriate de soude en grande quantité ;

5. Du nitrate de potasse ;

6. Du sulfate de chaux ;

7. De l'alumine en petite quantité ;

8. Du phosphate de chaux ;

9. Du carbonate de chaux, provenant sans doute de la décomposition de quelques sels végétaux ;

10. Enfin, de l'oxyde de fer.

Peuplier noir, *Populus nigra.*

Les bourgeons du Peuplier noir ont été analysés par M. F. A. Pellerin, pharmacien de Paris, qui en a retiré :

1. De l'eau de végétation ;

2. Une huile essentielle odorante ;

3. De l'acétate d'ammoniaque ;

4. Des traces d'hydrochlorate de la même base ;

5. Un extrait gommeux ;

6. De l'acide gallique ;

7. De l'acide malique ; .

8. Une matière grasse particulière, fusible à une température plus élevée que celle de l'eau bouillante ;

9. De l'albumine en très petite quantité ;

10. Une matière résineuse ;

11. Des sels solubles, du sous-carbonate, du sulfate et du phosphate de potasse ;

12. Des sels insolubles, du carbonate et du phosphate de chaux ;

13. De l'oxyde de fer et de la silice.

L'odeur des boutons est due à l'huile essentielle.

Phytolaque, *Phytolacca decandra.*

M. Braconnot, de Nancy, qui a fait des expériences sur la *Phytolacca decandra* (voir les *Annales de Chimie*, t. 62, p. 71 et suiv.), en a conclu :

1. Que la potasse existe en énorme proportion dans ce végétal ;

2. Que ses cendres fondues peuvent entrer dans le commerce comme un alcali assez riche ;

3. Que la potasse est saturée dans la plante par un acide anologue à l'acide malique, mais qui en diffère sous quelques rapports ;

4. Que les baies peuvent fournir par la fermentation et la distillation une certaine quantité d'alcool ;

5. Que la matière colorante peut être employée comme réactif ;

6. Que l'on peut se servir des feuilles comme d'un aliment ;

7. Que la culture de la Phytolaque peut devenir une branche d'industrie pour la récolte de la potasse.

100 livres de cendres de Phytolaque ont fourni 66 livres 10 onces 5 gros

de salin desséché, contenant 42 livres de potasse pure et caustique.

PIGNON D'INDE.

Nom donné aux graines de deux plantes purgatives, le *Croton tiglium* et le *Jatropha*.

D'après l'analyse qui en a été publiée par M. Félix CADET DE GASSICOURT, les Pignons d'Inde contiennent (voir le *Journal de Pharmacie*, avril 1824) :

1. De l'albumine ;
2. De la gomme ;
3. De la fibre végétale,
4. De l'huile fixe ;
5. Une petite quantité d'un acide et d'un principe âcre et résineux, roussâtre, d'une odeur de beurre rance, que l'auteur propose de désigner sous le nom de *curcasine*.

D'après MM. PELLETIER ET CAVENTOU (voir le *Journal de Pharmacie*, juillet 1818, t. 4, p. 297), le Pignon d'Inde (*Jatropa curcas*) contient :

1. De l'albumine coagulée ;
2. De l'albumine non coagulée ;
3. De la gomme ;
4. Des fibres ligneuses ;
5. Une huile et un acide particulier.

Le docteur NIEUME, de Glascow, a également fait l'analyse des semences de *Croton tiglium* et celle de l'huile qu'on en retire. De cet examen chimique il résulte ce qui suit :

1. Le rapport du poids de l'amande est à celui de l'enveloppe ou coque comme 64 est à 36 ;
2. L'enveloppe, régardée jusqu'alors comme douée des propriétés les plus énergiques, mise en digestion dans l'alcool pendant un temps convenable, ne produit qu'une teinture brune, sans acrimonie et sans action notable sur l'économie animale ;
3. Les amandes de ces graines contiennent sur 100 parties :

Un principe âcre ou résineux et un acide,	27,5
Une huile fixe,	32,5
Une matière farineuse,	40,0

4. L'huile retirée des amandes par expression renferme sur 100 parties :

Un principe âcre résineux,	45
Une huile fixe,	55

PIMENT OU POIVRE DE LA JAMAÏQUE.

Fruit desséché avant la maturité du *Myrthus pimenta* ou *Eugenia pimenta*.

L'analyse du Piment de la Jamaïque, publiée par M. BONASTRE (*Journal de Chimie médicale*, t. 1, p. 210) a donné les résultats suivans :

	coques.	amandes.
1. Huile volatile,	100	50
2. — verte,	80	25
3. Substance floconneuse (stéarine),	9	12
4. Extrait composé de tannin,	114	398
5. Extrait gommeux,	30	72
6. Matière colorante,	40	»
7. — résineuse,	12	»
8. Sucre incristallisable,	30	80
9. Acides malique et gallique,	6	16
10. Humidité,	35	30
11. Résidu ligneux,	500	»
12. — salin,	28	19
13. Perte,	16	18
14. Matière rouge insoluble dans l'eau,	»	88
15. Résidu pelliculeux,	•	160
16. Flocous bruns,	»	32
Total,	1,000	1,000

L'Huile verte paraît être le principe actif du Piment de la Jamaïque.

PIMENT ANNUEL OU PIMENT DES JARDINS, *Capsicum annuum*.

Vulgairement nommé *Corail des jardins*, *Poivre d'Inde*, *Poivre de Guinée*.

D'après M. BUCHOLZ, qui a publié une analyse du Poivre des jardins, il contient :

1. Cire, 7,6
2. Résine âcre, 4,0
3. Matière extractive amère, légèrement aromatique, 8,6
4. Matière extractive avec un
peu de gomme, 21,0
5. Gomme, 9,2
6. Parenchyme, 28,0
7. Substance particulière, analogue à l'albumine, 3,2
8. Eau, 12,0
9. Perte, 6,4

Suivant M. Braconnot, le Piment des jardins renferme :

1. Matière résineuse avec une
matière colorante rouge, 0,9
2. Huile âcre, 1,9
3. Gomme, 6,0
4. Matière rouge-brunâtre analogue à l'albumine, 9,0
5. Résidu insoluble, 67,8
6. Phosphate et hydrochlorate
de potasse et perte , 3,4

D'après ce chimiste, le principe âcre n'est point volatil, il se dissout dans l'eau, l'alcool et l'éther (voir *Annales de Chimie et de Physique*, t. 6, p. 122).

Pimpinella saxifraga.

M. L. P. Bley a donné dans le *Neues Journal der Pharmacie* de Tromsdorff, 1826, t. 12, p. 59, 2° partie (voir le *Bull. univ.*, t. 10, 1827, p. 312), les résultats de l'analyse qu'il a faite de la racine du *Pimpinella saxifraga*. Cette analyse, que l'auteur a suivie dans tous ses détails, a donné pour résultats définitifs avec les diverses menstrues :

1. De l'huile éthérée;
2. Un dépôt féculent;
3. De l'albumine végétale;
4. Du sucre cristallisé;
5. Du sucre liquide;
6. De la gomme;
7. De la résine;
8. De la graisse végétale;
9. De l'extractif résineux;

10. De l'extractif doux;
11. De l'extractif gommeux;
12. De l'acide malique;
13. De l'acide acétique;
14. De l'acide benzoïque;
15. Du ligneux.

Par le procédé de la combustion et de l'incinération l'auteur a obtenu :

1. De l'acide hydrochlorique;
2. De l'acide sulfurique;
3. De l'acide phosphorique;
4. De la potasse;
5. De la chaux;
6. De la magnésie;
7. De l'oxyde de manganèse;
8. De la silice.

Pissenlit ou Dent de lion, *Leontodon taraxacum, Taraxacum dens leonis*.

Le Pissenlit contient:

1. De l'extractif;
2. Une résine verte (chlorophylle).
3. De la fécule;
4. Une matière sucrée;
5. Enfin, du nitrate et de l'acétate de potasse et de chaux.

Pivoine, *Pæonia officinalis*.

M. Morin en a publié (*Journal de Pharmacie*, t. 10, p. 287) une analyse qui a donné les résultats suivans:

1. Eau , 339,70
2. Amidon, 69,30
3. Oxalate de chaux, 3,80
4. Fibre ligneuse , 57,30
5. Matière grasse, 1,30
6. Sucre incristallisable, 14,00
7. Acides phosphorique et malique libres, 1,00
8. Malate et phosphate de chaux, 4,90
9. Gomme et tannin, 0,60
10. Matière végéto-animale, 8,00
11. Malate de potasse , 0,30
12. Sulfate de potasse, 0,10
13. Enfin, principe odorant,
quantité inappréciable.

Le principe actif des racines de Pivoine paraît être volatil, ce qui est in-

diqué par l'inertie de ses racines des-
séchées ou réduites en poudre.

Pois chiches, *Cicer arietinum.*

Figuier de Montpellier a publié
dans le *Bulletin de Pharmacie* de 1809,
t. 1, p. 536, les résultats de l'analyse
qu'il avait faite du Pois chiche; il
infère de ces résultats que cette semence contient :

1. De l'amidon ;
2. De l'albumine;
3. Une matière végéto-animale ;
4. Du muqueux ;
5. Une substance résiniforme ;
6. De l'huile fixe ;
7. Du malate de potasse et du malate de chaux;
8. Du muriate de potasse;
9. Du phosphate de chaux et du
phosphate de magnésie;
10. Du fer.

La petite quantité de sucre qui paraît s'être formée par la coction n'a
pu être isolée.

Figuier annonce qu'il n'a pas cher-
ché à déterminer la quantité de chacun de ces corps; mais qu'il croit pouvoir affirmer que cette quantité est
en rapport avec l'ordre qu'il a suivi en
les énumérant.

Poivre-long, *Piper longum.*

M. Dulong d'Astafort a publié
(v. *Journal de Parmacie*, 1825, t. 11,
p. 52) une analyse du Poivre-long,
dont voici les résultats :

1. Une matière résineuse cristallisable (piperin);
2. Une matière grasse, concrète,
d'une âcreté brûlante;
3. Une petite quantité d'huile volatile;
4. Une matière extractive presque
analogue à celle que M. Vauquelin a
trouvée dans les cubèbes, mais qui est
azotée;
5. Une matière gommeuse colorée ;
6. De l'amidon ;

7. Une grande quantité de bassorine ;
8. Enfin, quelques substances salines peu importantes.

Poivrier noir, *Piper nigrum.*

M. Pelletier a publié (*Journal de
Pharmacie*, t. 7, p. 373) une analyse du Poivre, dont voici les résultats :

1. Une matière cristalline particulière analogue aux résines (piperin);
2. Une huile concrète très âcre, colorée en vert;
3. Une huile volatile balsamique;
4. Une substance gommeuse colorée;
5. Un principe extractif analogue
à celui que l'on trouve dans les légumineuses ;
6. De la bassorine;
7. Des acides malique et urique;
8. Du ligneux et divers sels terreux.

L'huile volatile est fluide, presque
incolore, plus légère que l'eau, et a
une odeur semblable à celle du poivre. Elle s'y trouve dans la proportion de $\frac{1}{96}$

On trouve dans le t. 12, p. 60 du
Journal de Pharm., année 1826, une
autre analyse du *Poivre long*, dont les
résultats sont presque entièrement
identiques avec ceux qu'on vient d'indiquer.

Poligala de Virginie ou Poligala seneka.

Analyse publiée par M. Feneulle,
pharmacien à Cambrai (*Journal de Chimie médicale*, t. 2. p. 431) de la racine
de cette plante :

1. Matière colorante d'un jaune
pâle ;
2. Substance amère;
3. Gomme;
4. Acide pectique ;
5. Albumine;
6. Huile volatile;

7. Huile grasse;

8. Malate acide de chaux et autres à base de potasse et de chaux;

9. Enfin, de la silice.

Autre analyse de la même racine, donnée par M. Dulong d'Astafort (voir le *Journal de Pharmacie*, 1827, t. 13, p. 567) :

1. Matière particulière alcaline;

2. Résine;

3. Matière gommeuse (muqueux);

4. Matière colorante analogue à la cire;

5. Matière colorante jaune;

6. Matière colorante passant au rouge par l'acide sulfurique;

7. Acide pectique;

8. Malate acide de potasse et de chaux, ainsi que plusieurs autres sels à base de chaux, de potasse et de fer.

On trouve dans le *Bulletin des Sciences physiques et médicales d'Orléans*, pour 1821, les résultats d'une analyse de la racine du Polygala, qui avait été faite précédemment par M. Fougeron, pharmacien d'Orléans. Ces résultats se rapportent en grande partie à ceux que M. Feneulle a obtenus plus récemment.

Enfin, M. Folchi, qui a fait en dernier lieu une nouvelle analyse de cette racine, a obtenu (*Journal de Chimie médicale*, t. 2, p. 549, et p. 600, t. 3):

1. Une huile épaisse en partie volatile;

2. De l'acide gallique libre;

3. De la cire;

4. Une matière âcre;

5. Une matière colorante jaune;

6. Une matière azotée;

7. Divers sels.

D'après M. Folki, la matière âcre serait le principe actif.

On trouve dans le *Bulletin universel* du mois de février 1829, n° 2, p. 343, une autre analyse de la racine du *Polgala Virginiana*. Voici les résultats obtenus :

1. Huile condensée, en partie volatile ;

2. Acide gallique libre;

3. Matière âcre;

4. Matière colorante jaune;

5. Un peu de cire;

6. Extrait gommeux;

7. Matière azotée semblable au gluten et fibre ligneuse;

8. Sous-carbonate de potasse;

9. Sulfate de potasse;

10. Muriate de potasse;

11. Carbonate de chaux;

12. Un peu de phosphate de chaux;

13. Carbonate de magnésie ;

14. Sulfate de chaux;

15. Fer;

16. Silice.

Polypode commun, *Polypodium vulgare.*

Plante de la famille de fougères, qu'on trouve sur les vieux murs et sur les troncs des arbres dans les taillis.

Selon Pfaff, la racine du *Polypodium vulgare* contient :

1. Une résine de couleur jaune;

2. Du tannin modifié ;

3. Une matière douce;

4. De la gomme;

5. Enfin, de la fibre ligneuse;

Pomme de terre ou Morelle tubéreuse, *Solanum tuberosum.*

Pour se conformer au vœu émis par la société d'agriculture de Paris, M. Vauquelin a fait l'analyse de la Pomme de terre, sur diverses variétés, au nombre de 47.

Il a commencé par établir les quantités d'eau que chacune contient, quantités qui varient considérablement entre elles, puisque les unes ont perdu les deux tiers, d'autres les trois quarts et quelques espèces près des quatre cinquièmes de leur poids. La quantité d'amidon varie également d'un huitième à un quart. Tout l'amidon ne peut être retiré du parenchyme.

Ce célèbre chimiste a retiré de 1,000

parties de Pommes de terre les substances indiquées ci-après :

1. Eau,   670 à 680
2. Amidon,   214 à 244
3. Parenchyme,   60 à 189
4. Albumine,   7
5. Asparagine,   1
6. Matière animalisée particulière,   4 à 5
7. Citrate de chaux,   12
8. Une résine amère et aromatique d'un
aspect cristallin, des phosphates de
   de potasse et de chaux, du citrate
   de potasse et de l'acide citrique
   libre.

La Pomme de terre rouge, analysée
par M. Einoff, a donné à peu près
les trois quarts de son poids d'eau :
sur les 7680 parties qui formaient le
résidu de la dessication, il obtint :

1. Amidon,   -   1152
2. Matière fibreuse amilacée, 540
3. Albumine,   107
4. Mucilage à l'état de sirop
   épais,   312

PROPOLIS.

Substance résineuse et cireuse dont les
   abeilles se servent pour enduire
   leurs ruches et en boucher les fen-
   tes. Elles les récoltent sur les végétaux, probablement sur les fleurs.

D'après l'analyse qui en a été faite
par M. Vauquelin (voir *Annales de
Chimie*, t. 67, p. 80), la Propolis est
composée ainsi qu'il suit, savoir :

1. Résine,   57
2. Cire,   14
3. Impuretés,   14
4. Acide et perte,   15
                              ____
   Total,   100

PYRÈTHRE, *Anthemis Pyrethrum*.

D'après l'analyse publiée par M. Gauthier (*Journal de Pharmacie*, 1818,
p. 53), la racine de Pyrèthre contient
les principes suivans :

1. Huile fixe, à laquelle il attribue
   les propriétés actives,   5
2. Principe colorant jaune,   14
3. Gomme,   11
4. Inuline,   33
5. Ligneux :   35
6. Muriate de chaux, des traces ;
7. Perte,   2
                              ____
   Total,   100

Q.

QUILLIA SAPONARIA.

D'après l'analyse dont les résultats
ont été consignés par MM. Henry fils
et Boutron Charlard, dans le t. 14 du
Bulletin de Pharmacie, p. 252, année
1828, l'écorce de Quillia contient :

1. Une matière particulière très pi-
quante, soluble dans l'eau et dans
l'alcool, moussant beaucoup par l'agi-
tation dans l'eau, se desséchant en
plaques minces transparentes.
2. Une matière grasse, unie à de la
chlorophylle ;
3. Du sucre ;
4. Une matière colorante brune, se
fonçant par les alcalis ;
5. Des traces de gomme ;
6. Un acide libre ;
7. Un sel végétal à base de chaux
(malate) ;
8. De l'amidon ;
9. Sels ⎰ hydrochlorate de potasse ;
       ⎱ phosphate de chaux ;
10. Oxyde de fer ;
11. Ligneux.

QUINQUINA, *Cortex Peruvianus*.

Nom donné aux écorces de plusieurs
arbres appartenant au genre *cinchona.*

Résultats des dernières analyses des
principales sortes de quinquinas :

QUINQUINA GRIS DE LOXA (*Cinchona
condaminea*).

Par M. Laubert (*Journal de médecine militaire*, année 1816, p. 124) :

1. Matière verte très âcre, très soluble dans l'éther, soluble en petite
quantité dans l'eau, intermédiaire aux
résines et aux huiles essentielles ;

2. Matière jaune aromatique, contenant une matière cristalline que l'on
peut séparer par la potasse caustique ;

3. Matière cristalline presque insoluble dans l'éther, insoluble dans l'eau,
contenant une matière azotée ;

4. Matière colorante contenant une
substance amylacée.

Par MM. Pelletier et Caventou
(*Journal de Pharmacie*, t. 7) :

1. Cinchonine unie à l'acide kinique ;

2. Matière grasse verte, semblable
à celle qu'a obtenue M. Laubert ;

3. Matière colorante rouge, très
peu soluble, pouvant être convertie
en tannin par l'action successive des
alcalis et des acides. C'est le rouge
cinchonique découvert antérieurement
par Reuss ;

4. Autre matière colorante rouge,
soluble, et jouissant des propriétés
tannantes, indépendamment de l'action des alcalis. Elle paroît être du
tannin à l'état de pureté ;

5. Matière colorante jaune, soluble
dans l'eau et dans l'alcool, précipitable par le sous-acétate de plomb. Elle
diffère de la matière jaune de Laubert
en ce qu'elle est privée de cinchonine ;

6. Kinate de chaux, gomme, amidon et ligneux.

Quinquina jaune royal ou Caly-
saya, *Cinchona lancifolia* (*Journal
de Pharmacie*, t. 7, p. 89.)
MM. Pelletier et Caventou :

1. Quinine et kinate acide de quinine ;

2. Matière grasse (de Laubert) ;

3. Matière colorante rouge, peu soluble (rouge cinchonique) ;

4. Matière colorante rouge soluble
(tannin) ;

5. Matière colorante jaune ;

6. Kinate de chaux, amidon et ligneux.

Quinquina rouge non verruqueux,
Cinchona magnifolia.

1. Une grande quantité de kinate
acide de quinine et de kinate acide de
cinchonine ;

2. Beaucoup de matière colorante
rouge peu soluble (rouge cinchonique) ;

3. De la matière colorante rouge
(tannin) ;

4. De la matière colorante jaune ;

5. De la matière grasse ;

6. Du kinate de chaux, du ligneux
et de l'amidon.

Les mêmes, même journal, p. 92.

Quinquina nova.

MM. Pelletier et Caventou en
ont publié (voir le *Journal de Pharmacie*, t. 7, p. 109) une analyse qui a
donné pour résultats :

1. Une matière grasse ;

2. Un acide particulier nommé *ki-
novique* ;

3. Une matière résinoïde rouge ;

4. Une matière tannante ;

5. De la gomme ;

6. De l'amidon ;

7. Une matière jaune ;

8. Une matière alcaline en petite
quantité ;

9. Du ligneux ;

Faux Quinquinas. Quinquina bico-
lore.

D'après l'analyse qui en a été faite
par MM. Pelletier et Petroz (*Journal de Chimie médicale*, t. 1, p. 351),
cette écorce ne contient ni quinine
ni cinchonine. Ces chimistes y ont
trouvé :

1. Une matière jaune verdâtre ;

2. Un peu de chlorophylle ;

3. Un extrait amer ;

4. Une matière résineuse ;

5. Un acide qui paraît être l'acide malique.

QUINQUINA PITON ou de SAINTE-LUCIE.

Analyse de FOURCROY (voir les *Annales de Chimie*, t. 8, p. 113).

1. Principe gommeux de couleur brune;

2. Principe colorant du plus beau rouge;

3. Matière cristalline jaunâtre, peu soluble dans l'eau, donnant de l'ammoniaque à la distillation;

4. Flocons blancs-jaunâtres (sorte de gluten, suivant Fourcroy);

5. Matière brune extractive, contenant des sels de potasse et de chaux;

6. Ligneux contenant beaucoup de carbonate de chaux.

Analyse de M. MORETTI (voir le *Bulletin de Pharmacie*, 1811, p. 487.

1. Extrait amer oxygénable;

2. Tannin;

3. Extractif muqueux;

4. Résine;

5. Principe analogue à celui de la rhubarbe, du kino, etc.;

6. Acide malique libre;

7. Acide citrique combiné avec la chaux.

QUINA DO CAMPO ou de MANDANA.

Écorce de *Strychnos pseudoquina* (voir le *Bulletin universel* de 1824, t. 2, p. 176, et *Mémoires du Muséum d'histoire naturelle*, t. 10.)

M. VAUQUELIN a obtenu de cette écorce, successivement traitée par l'eau et par l'alcool, quatre substances:

1. Une matière amère de couleur jaune - orangée, également soluble dans l'eau et dans l'alcool absolu, transparente et cassante comme du sucre d'orge quand elle est complétement desséchée, de nature purement végétale, aisément convertie en acide oxalique. Sa dissolution dans l'eau mousse comme du savon, et donne, par l'infusion de noix de galle, une combinaison très insoluble. C'est sans doute à cette substance que l'écorce doit sa propriété fébrifuge;

2. Une matière résineuse d'une couleur rouge-brune comme le péroxyde de fer, sous forme pulvérulente, d'une saveur d'abord nulle, qui devient bientôt amère, se fondant à une chaleur inférieure à celle de l'eau bouillante, en une masse rouge et transparente; soluble dans l'alcool à 36°, et peu soluble dans l'alcool absolu; extrêmement peu soluble dans l'eau, qu'elle colore faiblement en jaune; très soluble par la potasse et la soude qui foncent sa couleur; donnant quelques traces d'ammoniaque par la distillation;

3. Une matière gommeuse d'une couleur brune, presque noire quand elle est sèche, ayant une cassure lisse et brillante, ne se redissolvant plus entièrement dans l'eau après avoir été desséchée, et laissant une poudre brune qui, brûlée, donne une cendre blanche-jaunâtre, formée de carbonate de chaux et d'oxyde de fer. Traitée par l'acide nitrique, elle fournit de l'acide oxalique, un peu d'acide mucique et de matière jaune amère provenant d'une petite quantité de substance animalisée;

4. Un acide, en précipitant la décoction de l'écorce par l'acétate de plomb. Ce sel, délayé dans l'eau, est décomposé par un courant d'acide hydrosulfurique. La liqueur évaporée donne un extrait brun d'une saveur acide et astringente. Cet acide, soluble dans l'eau et dans l'alcool, précipitant le sulfate de fer en vert bouteille, le plomb en blanc et la colle forte en jaunâtre, on serait porté à croire qu'il est une combinaison de tannin et d'acide gallique; mais comme il ne produit aucun changement dans la distinction du principe amer du Strychnos, que l'infusion de noix de galles précipite abondamment, on ne peut le considérer comme de l'acide gallique.

R.

RAISIN, fruit de la vigne, *Vitis vinifera.*

D'après M. GEIGER (voir *Magaz. pharm.*, août 1824, p. 65), le suc des Raisins blancs cueillis avant leur maturité contient :

1. De l'acide tartrique;
2. Une forte proportion d'acide malique; mais pas une trace d'acide citrique, bien que PROUST en eût signalé l'existence en quantité notable dans les raisins verts.

RATANHIA, *Krameria triandra.*

cine d'une plante qui croît dans les lieux humides et sabloneux du Pérou.

Cette racine analysée par M. VOGEL (*Journal de Pharmacie*, t. 5, p. 203), a donné les résultats suivans :

1. Tannin modifié,   40,00
2. Gomme,   1,50
3. Fécule,   0,50
4. Matière ligneuse,   48,00
5. Acide gallique, des traces;
6. Eau et perte,   10,00

Total,   100

M. PESCHIER, de Genève, a signalé dans la racine du Ratanhia la présence d'un acide particulier, incristallisable, qu'il a nommé *kramérique*, et dont l'existence est encore douteuse.

Le professeur GMELIN, de Tubingue, a également consigné dans le t. 6 du *Journal de Pharmacie*, p. 33, année 1820, les résultats des recherches chimiques qu'il a faites sur la racine du Ratanhia. Il a trouvé que ses parties constitutives étaient dans les proportions suivantes :

Sur 100 parties :

1. Tannin,   38,233
2. Matière sucrée,   6,666
3. Matière muqueuse, très azotée, soluble dans l'eau froide, et contenant du kinate de potasse et un peu de sulfate et de muriate de potasse,   2,466
4. Matière muqueuse, combinée à de l'eau et non azotée,   8,300
5. Fibre ligneuse avec de la silice, du carbonate, du phosphate, du sulfate de chaux et de l'oxyde de fer,   45,333

RÉGLISSE, *Glycirrhisa glabra.*

M. ROBIQUET a publié dans les *Annales de Chimie*, t. 72, p. 143, une analyse de la racine de Réglisse dont voici les résultats :

1. Un principe particulier (glycirrhizine) qui a une saveur sucrée, à peine soluble dans l'eau froide, très soluble dans l'eau chaude, non susceptible de donner de l'alcool par la fermentation et de l'acide oxalique par l'acide nitrique, en un mot, qui diffère du sucre par tous les caractères chimiques. C'est la matière obtenue postérieurement par M. BERZÉLIUS;
2. Un autre principe (*agédoïte*), peu soluble dans l'eau, insoluble dans l'alcool, cristallisable en octaèdres, dégageant de l'ammoniaque lorsqu'on le traite par la potasse;
3. De l'amidon, principe déja signalé par d'autres chimistes;
4. Une matière azotée coagulable par la chaleur (albumine);
5. Une huile résineuse, brune, non soluble dans l'eau froide, et à laquelle la réglisse doit son âcreté;
6. Du ligneux;
7. Enfin, des phosphates et malates de chaux et de magnésie.

RÉSINE ALOUCHI.

D'après l'analyse que M. BONASTRE en a publiée (voir *Journal de Pharm.*, janvier 1824, p. 1), cette racine contient :

1. Principes résineux solubles dans l'alcool,   68,162

2. Sous-résiue,   20,455
3. Huile volatile,   1,578
4. Sel ammoniacal,   0,399
5. Principe amer,   1,136
6. Acide, approximativement,   0,189
7. Impuretés mêlées de chaux,   4,167
8. Perte,   3,914

Total,   100

RÉSINE DE GAYAC.

M. BRANDES en a retiré par la distillation (voir *Mag. Pharm.*, t. 25, p. 107) :

1. Eau acidulée,   5,5
2. Huile brune épaisse,   24,5
3. Huile empyreumatique,   30,0
4. Charbon,   30,5
5. Gaz acide carbonique et gaz hydrogène carboné,   9,0
6. Perte,   0,5

Total,   100

RÉSINE ÉLÉMI.

L'analyse faite par M. BONASTRE (voir *Journal de Pharmacie*, janvier 1824) a donné les résultats suivans :

1. Résine soluble à froid dans l'alcool, dont la solution donne des signes d'acidité,   60,00
2. Sous-résiue soluble à chaud dans l'alcool, non acide ni alcaline,   24,00
3. Huile volatile à odeur camphrée,   12,50
4. Priucipe amer non isolé,   2,00
5. perte et impuretés,   1,50

Total,   100

La sous-résiue indiquée par M. BONASTRE avait été déja signalée par M. BAUP, sous le nom d'élémine.

RHUBARBE.

Racine de diverses plantes du genre *Rheum*.

Analyse de la Rhubarbe de la Chine, publiée par M. HENRY.

1. Matière colorante jaune, particulière;
2. Huile douce, rancissant par la chaleur, soluble dans l'alcool et l'éther;
3. Fécule amylacée;
4. Gomme;
5. Tannin;
6. Ligneux;
7. Oxalate de chaux (le tiers de son poids ainsi que Schèele l'avait annoncé);
8. Surmalate de chaux, sulfate de chaux, sel à base de potasse, et oxyde de fer; ces deux dernières substances en très petite quantité.

Une autre analyse publiée par BRANDES (Thompson. *Ann.*, 17, p. 469) offre ceci de remarquable, que l'oxalate de chaux n'y est point signalé. Cependant l'existence de ce sel dans les rhubarbes exotiques est constante, et c'est ce qui sert à les distinguer de celles qu'on cultive en Europe, qui n'en contiennent pas du tout ou qui n'en offrent qu'une quantité extrêmement faible.

Une nouvelle analyse de la Rhubarbe, publiée par M. PERETTI, de Rome (voir *Journal romain*, 1826), a donné les résultats suivans :

1. Du tannin;
2. De l'acide gallique;
3. Du malate de chaux;
4. De la gomme;
5. Du sucre;
6. De l'huile fixe;
7. De l'huile volatile;
8. De la résine;
9. Une substance colorante, jaune, solide;
10. De l'oxalate de chaux;
11. De la fibre ligneuse.

D'après les expériences du docteur TAGLIALO, la résine seroit la partie active de la rhubarbe.

Les principes solubles dans l'eau et l'alcool, auxquels cette racine doit ses propriétés, se trouvent dans les proportions suivantes sur 100 parties :

1. Rhubarbe exotique de la Chine, 74
2. Indigène du *Rheum palmatum*, 64
3. — du *Rheum compactum*, 50
4. — du *Rheum undulatum*, 32
5. — du *Rheum rhaponticum*, 30

50 grammes de Rhubarbe traités par l'eau ont fourni les quantités suivantes d'extrait :

1. Rhubarbe de la Chine, 22
2. — de Moscovie, 15,45
3. — de France, 16,857

Par l'alcool rectifié :

1. Rhubarbe de la Chine, 8 gr.
2. — de Moscovie, 8,50
3. — d'Europe, 9,70

RICIN ORDINAIRE, *Ricinus communis. Palma Christi. Cataputia major.*

Le Ricin analysé par M. GEYER (voir le t. 2 du *Nouveau Journal de Tromsdorf*) a donné les résultats suivans : 69,09 de graines fournissant 23,82 de péricarpe, qui contiennent :

1. Résine brune presque insipide, retenant un peu d'un principe amer, 1,91
2. Gomme, 1,91
3. Fibre ligneuse, 20,00

Les 69,09 de graines renferment :

1. Huile grasse qui n'est âcre que lorsqu'elle est rancie, 46,19
2. Gomme, 2,40
3. Amidon et fibre ligneuse, 20,00
4. Albumine, 0,50
5. Eau, 7,09

Pfaff a trouvé un peu de cire dans le péricarpe.

RIZ, *Oryza sativa.*

L'analyse du Riz publiée par M. VOGEL (*Journal de Pharmacie*, t. 3, p. 114), avait donné pour résultats :

1. Amidon, 96
2. Sucre, 1
3. Huile grasse, 1,5

4. Albumine, 0,2
5. Sels, quantité indéterminée.

M. Vauquelin a trouvé, ainsi que M. Vogel, des traces presque imperceptibles de gluten, mais pas de matière sucrée.

M. BRACONNOT (dans les *Annales de Chimie et de Physique*) a donné une analyse comparative des deux variétés du Riz du commerce. En voici les résultats :

	Riz de Carol.	Riz du Piém.
Eau,	5,00	7,00
Amidon,	85,07	83,80
Parenchyme,	4,80	4,80
Matière animalisée,	3,60	3,60
Sacre incristallisable,	0,29	0,05
Matière gommeuse,	1,71	0,10
Huile,	0,13	0,25
Phosphate de chaux,	0,40	0,40
Phosphate et muriate de potasse ; acide acétique, sel végétal calcaire, sel végétal à base de potasse, soufre,	traces.	traces.

ROCOU ou ROUCOU.

Substance tinctoriale retirée des fruits du rocouyer.

M. BOUSSINGAULT, chimiste français, qui est établi dans la Colombie, a examiné chimiquement la matière colorante qui entoure les graines du rocouyer, et il a consigné les résultats de ses expériences dans le 38ᵉ vol. des *Annales de Chimie et de Physique.*

L'alcool et l'éther dissolvent cette matière colorante.

La solution à froid est d'une belle couleur orangée, et elle laisse précipiter un dépôt pulvérulent.

La potasse, la soude et leurs carbonates en dissolvent aussi une grande proportion, d'où elle est précipitée par les acides.

Le chlore décolore subitement la solution alcoolique.

Les acides hydrochlorique, acétique,

n'ont aucune action sur le Rocou; l'acide sulfurique concentré, au contraire, le fait passer tout à coup à un très beau bleu d'indigo, puis au vert et au violet.

L'acide nitrique n'a qu'une action lente à froid sur cette couleur; à chaud, il y a inflammation.

Le Rocou se dissout facilement dans les huiles grasses et volatiles.

Rosier, *Rosa.*

Rosier sauvage ou Églantier, *Rosa canina.*

Les fruits du Rosier sauvage, nommés vulgairement gratte-culs et cynorrhodons, ont été analysés par M. H. Bilz, qui a publié sur ce sujet un mémoire très étendu, dans le *Journal allemand de Pharm.*, de Tromsdorff, 1824, t. 8, 1er cahier, p. 63. Il en résulte que ces fruits contiennent :

1. Une huile volatile ;
2. Une huile grasse ;
3. Du tannin ;
4. Du sucre incristallisable ;
5. De la myrricine ;
6. Une résine solide ;
7. Une résine molle ;
8. De la fibre ;
9. De l'albumine végétale ;
10. De la gomme ;
11. De l'acide citrique ;
12. De l'acide malique ;
13. Des sels, etc.

D'après l'auteur de cette analyse les cynorrhodons doivent :

Leur couleur à la résine ;
Leur brillant à la résine, à la myrricine et à l'albumine ;
Leur odeur à l'huile volatile ;
Et leur saveur aux acides citrique et malique, ainsi qu'au sucre et à l'huile volatile.

L'épiderme est chimiquement différent de la pulpe ; il se compose :

1. De myrricine ;
2. De résine solide ;
3. De fibre.

La pulpe renferme :

1. De la gomme ;
2. Du sucre altéré par du mucilage ;
3. Des acides citrique et malique ;
4. De la résine molle, qui, incinérée, donne du phosphate de chaux.

Enfin les cynorrhodons qui n'ont pas encore acquis leur maturité donnent :

Plus d'acide et de sucre, mais moins de gomme et de résine que ceux qui sont parvenus à leur maturité complète.

Rosier de France, *Rosa gallica.*

M. Cartier a publié dans le *Journal de Pharmacie*, t. 7, p. 531, une analyse des Roses *dites* de Provins. Il a trouvé qu'elles renfermaient :

1. Du tannin et de l'acide gallique ;
2. Une matière colorante ;
3. Une l'huile volatile ;
4. Une matière grasse ;
5. De l'albumine ;
6. Des sels solubles à base de potasse ;
7. Des sels insolubles à base de chaux ;
8. De la silice et de l'oxyde de fer.

S.

Sablier élastique, *Hura crepitans.*

L'analyse de 180 parties d'amandes produites par cet arbre, dont les résultats ont été consignés par M. Bonastre dans le tome 10, p. 482 du *Bulletin de Pharmacie*, année 1824, a donné :

1. Huile grasse légèrement acidifiée,	92
2. Stéarine,	8
3. Parenchyme albumineux,	70
4. Gomme,	2
5. Humidité,	4
6. Résidu salin,	4
Total,	180

Ce résidu salin contenait des sels à base de potasse et de chaux.

Les cloisons extérieures contiennent beaucoup de principe colorant soluble dans l'eau, et uni à l'acide gallique et au tannin, qui précipitent le sulfate de fer en noir.

Incinérées à la quantité de deux onces et demie, elles donnèrent 32 grains de cendres composées en sels solubles de sulfate de potasse et de chlorure de potassium, en sels insolubles de carbonate de chaux, combinés primitivement à un acide végétal, et des traces de fer.

SAFRAN CULTIVÉ, *Crocus sativus.*

D'après l'analyse qui en a été faite par MM. BOUILLON-LAGRANGE et VOGEL, et dont les résultats se trouvent consignés dans les *Annales de Chimie*, t. 80, p. 188, le Safran contient les principes suivans :

1. Extrait uni à une matière colorante,   65
2. Huile volatile, quantité indéterminable.
3. Cire végétale,   0,50
4. Gomme,   6,50
5. Albumine,   0,50
6. Eau,   10
7. Débris végétal,   10
8. Sels à base de potasse de chaux et de magnésie,   2,50

Le principe colorant a été obtenu à l'état de pureté par M. HENRY, qui l'a nommé *polychroïte.*

SAGAPENUM.

Suc gommo-résineux d'une ombellifère encore peu connue, et qu'on croit être la *Ferula persica* à laquelle on attribuait la gomme ammoniaque et l'*Assa fœtida.*

Analysé par M. PELLETIER, qui en a publié les résultats dans le *Bulletin de Pharmacie*, le Sagapenum a fourni les principes immédiats suivans :

1. Résine,   54,26
2. Gomme,   31,94
3. Malate acide de chaux,   0,40
4. Matière particulière,   0,60
5. Bassorine,   1,00
6. Huile volatile et perte,   11,80

Total,   100

SAIN-BOIS, *Daphne mezereum.*

M. LARTIGUE, pharmacien à Bordeaux, a publié dans le *Bulletin de Pharmacie*, t. 1, p. 129, année 1809, les résultats des essais chimiques qu'il a faits sur l'écorce du Sain-Bois, et il en a tiré les conclusions suivantes :

1. Que l'écorce de Sain-Bois contient un principe vireux que développent la distillation et la décoction, mais que des décoctions multipliées ne lui enlèvent pas toute son âcreté et la propriété d'irriter la peau ;

2. Qu'outre un principe extractif, on trouve dans la décoction une partie colorante jaune, et une espèce de résine qui la trouble lorsqu'elle se refroidit ; une matière ligneuse insipide qui se précipite pendant l'évaporation ; enfin, un extrait amer, sensiblement âcre et irritant ;

3. Que l'éther enlève à cet extrait une matière jaune, irritant fortement la bouche, et formant de petites vésicules sur la peau. La portion d'extrait, lavée par l'éther, n'est plus âcre ni caustique :

4. Que l'extrait aqueux rend l'huile d'olive verdâtre, augmente sa consistance et lui communique de l'âcreté ;

5. Que le vinaigre distillé s'empare du principe âcre de l'écorce ;

6. Que l'écorce, épuisée par l'alcool, n'est pas tout-à-fait sans action sur la peau ;

7. Que l'écorce colore l'éther en jaune verdâtre par la solution d'une substance de même couleur à laquelle l'alcool enlève une matière sucrée jaune, et que la causticité de la matière, soluble dans l'éther, est en raison de l'intensité de sa couleur verte ;

8. Que l'huile, la graisse et la cire n'enlèvent à l'écorce sèche aucune partie du principe irritant qu'elle contient, etc.;

9. Que l'écorce de Garou renferme une matière verte particulière, à laquelle on doit rapporter les effets qu'elle produit; mais que cette matière a besoin d'être isolée et dégagée des principes auxquels elle est unie, pour devenir soluble dans les corps gras, etc.

Salep des Indes occidentales, *Poudre de l'Arrow-Root.*

M. Beuzon, élève en pharmacie à l'île Sainte-Croix (voir *Tidsskrift for natur videnskub*, première année, cinquième cahier, page 158, et *Bulletin universel* de 1824, t. 2, p. 186).

M. Beuzon a pris 100 drachmes de bulbes d'*Arrow-Root*, et après les avoir pilées, il les a bien mêlées à trois fois autant d'eau distillée, et, en faisant bouillir ce liquide plusieurs fois, il en a séparé toute la farine qu'il contenait; il en a analysé cette substance. Voici les résultats de son opération :

1. Eau,	65,60
2. Huile éthérée particulière,	0,07
3. Farine obtenue par le lavage à l'aide de l'eau froide,	23,00
4. Farine séparée par la cuisson, (ensemble 26,0.)	3,00
5. Parenchyme,	6,00
6. Matière du blanc d'œuf,	1,58
7. Matière extractive gommeuse,	0,50
8. Alcali,	0,25
Total,	100

Ainsi, conclut l'auteur, ces racines fournissent 33 p. 100 de farine nutritive pure qui a la préférence sur toutes les autres farines connues. Vu la facilité et la rapidité avec laquelle croît cette plante, la quantité de bulbes qu'elle produit, et la séparation facile de sa farine, on peut en tirer un très grand parti.

Santal rouge, *Santalum rubrum.* Bois du *Pterocarpus santalinus.*

M. Pelletier a publié dans le *Bulletin de Pharmacie* de 1815, p. 453, les résultats de quelques essais chimiques qu'il a faits sur la résine ou matière résinoïde colorante (santaline) qui se trouve en grande quantité dans le Santal. Il en résulte :

1. Que cette matière est à peine soluble dans l'eau froide;

2. Qu'elle l'est un peu plus dans l'eau bouillante;

3. Qu'elle se dissout bien dans l'alcool, l'éther, l'acide acétique et les alcalis;

4. Que les huiles fixes et volatiles, excepté celles de lavande et de romarin, agissent faiblement sur cette matière colorante.

L'eau n'a qu'une bien faible action sur le bois de Santal, tandis que l'alcool rectifié dissout très bien la matière colorante sans pourtant l'épuiser entièrement.

Saponaire, *Saponaria officinalis.*

L'analyse de la racine de Saponaire a été faite par M. Bucholz; elle a présenté les résultats suivans :

1. *Saponine*, nom donné par l'auteur à un extractif savonneux,	34,00
2. Extractif,	0,25
3. Gomme,	33,00
4. Résine,	0,25

Sarcocolle ou Colle-Chair.

Matière que l'on a long-temps considérée comme une gomme-résine, mais qui se compose en grande partie d'une substance *sui generis*, qui a reçu le nom de *Sarcocolline*, et que l'on regarde comme ayant de l'analogie avec les produits végétaux sucrés. Elle est fournie par le *Penœa sarcocolla.*

La Sarcocolle a été considérée par M. Thompson comme une substance qui tient le milieu entre la gomme et le sucre. Voici les résultats de l'analyse qui en a été faite par ce chimiste, *Syst. chim.*, t. 4, p. 37 :

1. Sarcocolle pure (sarcocolline), 0,80
2. Fibres ligneuses,
3. Substance brune terreuse,
4. Substance molle, ressemblant à celle qui se trouve à l'extérieur de quelques graines mucilagineuses, } 0,20
5. Matière gélatineuse,

Total,   1,00

Autre analyse publiée par M. Pelletier dans le *Bulletin de Pharmacie*, tome 5, page 5 :

1. Sarcocolle pure,   65,30
2. Gomme,   4,60
3. Matière gélatineuse ayant quelque analogie avec la bassorine,   3,30
4. Enfin, matières ligneuses, etc.,   26,80

Total,   100

SARCOCOLLINE.

Nom donné par Thompson à la Sarcocolle pure.

On l'extrait en traitant la Sarcocolle du commerce par l'eau ou par l'alcool, et en faisant évaporer la solution pour chasser le liquide dissolvant.

La Sarcocolle pure est brune, cassante, incristallisable; sa saveur est sucrée et un peu amère;

Jetée sur des charbons ardens, elle se ramollit, exhale une odeur de caramel, prend la consistance du goudron, et brûle en laissant un très léger résidu.

Cette substance a beaucoup d'analogie avec le sucre de réglisse.

Selon Cérioli, c'est une combinaison du principe amer, *l'amarine*, avec du sucre.

SARRASIN.

M. Zeuneck a donné dans le *Kustner's arch.*, t. 13, p. 359, une analyse de la graine de Sarrasin, *Polygonum fagopyrum*, dont voici les résultats ; 100 parties ont donné :

1. Ligneux,   26,9431
2. Amidon,   52,2954
3. Gluten,   10,4734
4. Albumine,   0,2272
5. Extractif,   2,5378
6. Gomme et mucus,   2,8030
7. Extractif mêlé de sucre,   3,0681
8. Résine,   0,3636
Perte,   1,2500

SAULE, *Salix.* — SAULE BLANC, *Salix alba.*

L'écorce des jeunes branches du Saule blanc contient :

1. Du tannin ;
2. Un principe extractif;
3. Du gluten ;
4. Enfin, selon M. Fontana, pharmacien italien, une substance particulière susceptible de se combiner avec les acides, et à laquelle il a proposé de donner le nom de *Salicine*. Depuis, M. Leroux, M. Buchner, M. Comesny, ont annoncé la découverte de la salicine dans l'écorce de saule.

SCAMMONÉE, *Scammonium.*

L'analyse comparative des Scammonées d'Alep et de Smyrne a été publiée par MM. Bouillon-Lagrange et Vogel dans le *Bulletin de Pharmacie*, t. 1, p. 421. En voici les résultats :

	Scammonée d'Alep.	de Smyrne.
1. Résine,	60	29
2. Gomme,	3	8
3. Extrait,	2	5
4. Débris de végétaux et matière terreuse,	35	58
Total,	100	100

SCHOENANTHE OU JONC ODORANT, *Andropogon schœnantus.*

M. Vauquelin a publié dans les *Annales de Chimie*, t. 72, p. 302, une analyse du Schœnanthe, dont voici les résultats :

1. Une matière résineuse d'un rouge brun, ayant une saveur âcre et une odeur semblable à celle de la Myrrhe ;

2. Une matière colorante, soluble dans l'eau ;

3. Un acide libre ;

4. Un sel calcaire ;

5. De l'oxyde de fer en assez grande quantité :

6. Beaucoup de substance ligneuse.

Scille, *Scilla maritima*.

M. Vogel avait donné, dans les *Annales de Chimie*, t. 83, p. 147, une analyse des bulbes de Scille, dans laquelle il signalait un principe particulier nommé *Scillitine*.

M. Tilloy, pharmacien à Dijon, a fait de nouveau l'analyse de ces bulbes (voir le *Journal de Pharmacie*, 1826, p. 635, et n'a pas obtenu absolument les mêmes principes.

Voici les résultats de ces deux analyses :

D'après M. Vogel.

1. Principe particulier très amer (scillitine),   35
2. Gomme,   6
3. Tannin,   24
4. Citrate de chaux et matière sucrée, des traces ;
5 Fibre ligneuse,   30
6. Enfin, principe âcre qui n'a pu être isolé.

D'après M. Tilloy.

1. Principe piquant très fugace ;
2. Gomme ;
3. Sucre incristallisable ;
4. Matière grasse ;
5. Enfin, substance très âcre et amère, dans laquelle résident les propriétés de la Scille.

Scutellaire à fleurs latérales, *Scutellaria lateriflora*.

D'après l'analyse consignée par M. Félix Cadet de Gassicourt dans le *Journal de Pharmacie*, t. 10, page 439, 1824, la scutellaire contient :

1. Une huile fixe, jaune, verdâtre, soluble dans l'éther seulement ;

2. Des traces d'un principe amer, soluble dans l'éther, dans l'alcool et dans l'eau chaude ;

3. De la chlorophylle ;

4. Une matière en partie volatile, d'un brun clair, déliquescente, soluble dans l'alcool et dans l'eau, remarquable surtout par son odeur et sa saveur semblables à celles des plantes antiscorbutiques ;

5. Une huile essentielle ;

6. De l'albumine ;

7. Une matière muqueuse et sucrée ;

8. Un principe astringent particulier ;

9. Une substance ligneuse et fibreuse.

Seigle cultivé, *Secale cereale*.

Einhof a publié dans le *Gehlen's Journ.*, t. 5, p. 131, une analyse de la farine de seigle cultivé, et il en a présenté les résultats ainsi qu'il suit :

1. Albumine,	3,27
2. Gluten non desséché ,	9,48
3. Mucilage ,	11,09
4. Amidon ,	61,09
5. Matière succharine ,	3,27
6. Résidu ligneux ,	6,38
7. Perte ,	5,42
Total,	100

Seigle ergoté.

On trouve dans les *Annales de chimie et de physique*, t. 3, p. 337, une analyse du seigle ergoté, publiée par M. Vauquelin. Il y a constaté les principes suivans :

1. Une matière colorante, jaune-fauve, soluble dans l'alcool ;

2. Une autre matière colorante, violette, insoluble dans l'alcool, analogue à l'orseille, et pouvant être employée dans la teinture ;

3. Une matière huileuse douceâtre, très abondante ;

4. Un acide fixé indéterminé (pro-bablement de l'acide phosphorique);

5. De l'ammoniaque libre;

6. Une substance végéto-animale très abondante et facilement putres-cible.

SELINUM PALUSTRE.

M. PESCHIER qui a fait l'analyse des racines de cette plante (voir *le Journal de Chimie médicale, de Pharmacie et de Toxicologie*, mai 1829, p. 247), a trouvé qu'elle contient :

1. Une huile volatile;

2. Une huile grasse, soluble dans l'éther et l'alcool à 34°;

3. Une matière gommeuse;

4. Un principe colorant jaune;

5. Un principe azoté mucoso-sucré;

6. Un acide particulier, l'acide *sélinique ;*

7. Du phosphate de chaux;

8. Du ligneux.

SEMEN-CONTRA DU LEVANT, D'ALEP OU D'ALEXANDRIE.

M. HERWY, dans l'excellent ou-vrage allemand que M. NÉES D'ÉSEN-BECK DE BONN publie sur les plantes officinales, a donné une analyse du Semen-contra du Levant, dont voici les résultats :

1. Une matière extractive avec un peu d'acide malique;

2. Même substance avec un peu de magnésie;

3. Résine brune amère;

4. Résine balsamique rose;

5. Extractif gommeux;

6. Elémine;

7. Acide malique avec un peu de silice et de substance végétale;

8. Ligneux;

9. Matières terreuses;

M. WACKENRODER a également pu-blié une analyse de la même sub-stance, dans le *Journal de Pharmacie* de TROMSDORFF, 1827, 2ᵉ cahier.

Voici les résultats qu'il a consi-gnés :

1. Principe amer ,	20,25
2. Substance brune, résineuse, amère,	4,45
3. Résine balsamique verte, âcre et aromatique ,	6,65
4. Cérine ,	0,35
5. Extractif gommeux ,	15,50
6. Ulmine,	8,60
7. Malate acide de chaux et silice,	2,00
8. Fibre ligneuse,	35,45
9. Parties terreuses ,	6,70

SÉNÉ, *Senna.*

On trouve dans les tomes 7 et 10, pages 548 et 58 du *Journal de Phar-macie*, des analyses du Séné et des fol-licules de la Palthe, publiées par MM. Lassaigne et Feneulle, et dont voici les résultats :

Les feuilles contiennent :

1. Un principe particulier, nommé *Cathartine* , qui paraît en être la par-tie active;

2. De la chlorophylle;

3. Une huile grasse ;

4. Une huile volatile peu abon-dante;

5. De l'albumine;

6. Un principe colorant jaune ;

7. Du mucilage;

8. Du malate et du tartrate de chaux ;

9. De l'acétate de potasse;

10. Enfin, des sels minéraux.

Les follicules se composent à peu près des mêmes principes, sauf la chlorophylle qui y est remplacée par une matière colorante particulière.

SERPENTAIRE DE VIRGINIE, *Aristolo-chia serpentaria.*

Analysée par M. CHEVALLIER (voir le *Journal de Pharmacie*, t.6, p. 565 , la racine de Serpentaire a donné les résultats suivans :

1. Une huile volatile;

2. Une matière jaune amère, solu-ble dans l'eau et l'alcool;

3. Une matière résineuse;
4. De la gomme;
5. De l'amidon ;
6. De l'albumine;
7. Divers sels.

Bucholz, d'un autre côté, a déterminé ainsi qu'il suit la composition chimique de la même racine :

1. Huile volatile,   0,05
2. Résine jaune-verdâtre,   2,85
3. Matière extractive,   1,07
4. Extrait gommeux,   18,01
5. Fibre ligneuse,   62,04
6. Eau ,   14,45

Simarouba, *Quassia simaruba.*

D'après l'analyse publiée par M. Morin dans le tome 8, page 67 du *Journal de Pharmacie*, année 1822, l'écorce du Simarouba contient :

1. Une matière résineuse;
2. Une huile volatile ayant l'odeur du benjoin;
3. De l'acide malique;
4. Des traces d'acide gallique;
5. De la quassine;
6. De l'albumine;
7. Du ligneux;
8. De l'acétate de potasse;
9. Un sel ammoniacal ;
10. Du malate et de l'acétate de potasse, ainsi que divers autres sels;
11. De la silice ;
12. Enfin de l'oxyde de fer.

Solanum pseudoquina.

M. Vauquelin a consigné dans le t. 11, p. 51, du *Journal de Pharm.*, année 1825, les résultats de l'analyse qu'il a faite de l'écorce de *Solanum pseudoquina.* Elle contient :

Centièmes environ.

1. Un principe amer de nature purement végétale,   8
2. Une matière résineuse,   2
3. Une petite quantité de matière grasse visqueuse,
4. Une substance animale, très

abondante, combinée à des sous-malates de potasse et de chaux, et qui présente, à cause de cela, des caractères alcalins;
5. Une petite quantité d'amidon, reconnue par la teinture d'iode ,
6. De l'oxalate de chaux ,   5 ou 6
7. Du malate de chaux } en   quantité
8. — de potasse   } inconnue;
9. Du carbonate de chaux, au moins   5
10. de l'oxyde de manganèse, en partie uni à l'acide malique, l'autre à l'oxalique probablement;
11. De l'oxyde de fer combiné à de l'acide malique;
12. Une très petite quantité de magnésie ;
13. Un atome de phosphate calcaire ;
14. Enfin, la matière ligneuse formant les deux tiers de l'écorce.

Souchet long ou odorant, *Cyperus longus.*

Souchet comestible , *Cyperus esculentus.*

M. Lesant , de Nantes, a publié dans le *Journal de Pharmacie*, t. 8, p. 501, une analyse des racines du Souchet comestible. Il a trouvé qu'elles contenaient :

1. De la fécule amilacée;
2. De l'huile fixe ;
3. Du sucre liquide ;
4. De l'albumine;
5. De la gomme ;
6. De l'acide malique;
7. Une matière végéto-animale ;
8. Une substance analogue au tannin ;
9. Des sels à base de potasse et de chaux;
10. de l'oxyde de fer.

La fécule amilacée est le principe dominant.

L'huile fixe y existe dans la proportion d'un sixième : cette huile a une belle couleur ambrée, et une saveur de noisette légèrement aromatique.

SOUCI DES JARDINS, *Calendula officinalis.*

M. FLEUROT, pharmacien à Dijon, a trouvé de la matière sucrée efflorescente à la surface de l'extrait de Souci des jardins anciennement préparé; mais cette substance était trop impure et en trop faible quantité pour qu'il fût possible de décider à quelle espèce de sucre elle appartient (voir le *Journal de Chimie médicale*, t. 4, p. 346).

L'analyse des fleurs de Souci a été faite par GEIGER, qui a trouvé qu'elles renfermaient :

1. Résine verte,	3,44
2. Principe amer,	19,13
3. Gomme,	1,05
4. Amidon,	1,25
5. Ligneux,	62,05
6. Calenduline,	3,05
7. Albumine,	0,62
8. Acide malique impur,	6,84
9. Malate de potasse,	5,45
10. Hydrochlorate de potasse,	0,66
11. Malate de chaux,	1,47

Les feuilles fraîches ont donné :

1. Cire,	0,35
2. Principe amer,	2,64
3. Gomme,	0,39
4. Matière glutineuse,	0,13
5. Amidon,	0,05
6. Calenduline,	0,54
7. Albumine soluble,	0,21
8. Acide malique impur,	0,67
9. Malate de potasse,	0,76
10. Malate de chaux,	0,83
11. Nitrate de potasse,	0,14
12. Enfin, eau,	86,39

SPIGÉLIE DU MARYLAND, *Spigelia Marylandica.*

M. FENEULLE a publié dans le *Journal de Pharmacie*, t. 9, p. 197, une analyse des feuilles et des racines d'une Spigélie qu'il a cru être l'anthelmintique, mais qui est probablement celle du Maryland. Il a obtenu les résultats suivans :

Des feuilles :

1. De la chlorophylle accompagnée d'un huile grasse;
2. De l'albumine;
3. Une matière amère nauséeuse, analogue à celle des légumineuses;
4. Du mucilage;
5. De l'acide gallique;
6. Du ligneux;
7. Du malate de potasse, de chaux, etc.

Des racines :

1. De l'huile grasse et volatile;
2. De l'albumine;
3. De la résine en petite quantité;
4. Une matière amère, nauséeuse;
5. Une matière muqueuse, sucrée;
6. De l'acide gallique;
7. Du ligneux;
8. Enfin, du malate de potasse, de chaux, etc.

STAPHISAIGRE, *Delphinium staphisagria.*

Suivant l'analyse qui en a été publiée dans les *Annales de Chimie et de Physique*, t. 12, p. 358, par MM. LASSAIGNE et FENEULLE, les graines du Staphisaigre contiennent :

1. Un principe amer brun;
2. Un principe amer jaune;
3. Une huile volatile;
4. Une huile grasse;
5. De l'albumine;
6. Une matière animalisée;
7. Du mucoso-sucré;
8. Une substance alcaline qu'ils ont nommée *delphine*, et qui est combinée avec un excès d'acide malique;
9. Enfin, quelques sels minéraux inactifs.

La partie soluble dans l'eau est celle qui a le plus d'activité sur les animaux, d'après les résultats des expériences faites par M. ORFILA.

Stramoine ou Pomme épineuse, *Datura Stramonium.*

Brandes a publié une analyse des graines de Stramoine dans lesquelles il a reconnu un principe particulier, cristallisable, auquel il a donné le nom de *daturine* (voir le *Répertoire de Buchner*, 1821). Cette analyse a offert les résultats suivans :

1. Une matière glutineuse ;
2. De l'albumine ;
3. De la gomme ;
4. Une matière butyracée ;
5. De la cire verte ;
6. De l'huile fixe ;
7. De la tragacanthine ;
8. Une matière saccharine ;
9. De l'extractif gommeux ;
10. De l'extractif orangé ;
11. Du malate neutre et acide de potasse et de daturine ;
12. Plusieurs sels à base de chaux et de potasse ;
13. Enfin, de la silice, etc.

Promnitz, qui a fait l'analyse des feuilles de Stramoine, en a retiré :

1. Matière extractive gommeuse,	58
2. Matière extractive,	6
3. Fécule,	64
4. Albumine,	15
5. Résine,	12
6. Sels,	23

Strychnos.

M. Vauquelin a publié une analyse de l'écorce du *Strychnos pseudoquina*, dont le principal résultat est l'absence de la strychnine et de l'acide igasurique, principes actifs des autres plantes de la famille des strychnées. Voici les substances qui composent cette écorce :

1. Une matière amère en grande quantité, et dans laquelle réside probablement la vertu fébrifuge ;
2. Une substance résineuse particulière ;
3. Une matière gommeuse colorée

et unie à un principe animalisé qui modifie ses propriétés physiques ;

4. Un acide particulier ayant de l'analogie avec l'acide gallique ;

Sureau.

D'après l'examen chimique fait par M. J. Eliazon (voir *Neues Journal der Pharmacie*, t. 9, cahier 1er, p. 245, et *Bulletin universel*, t. 6, p. 177), les fleurs de Sureau sont composées des principes suivans :

1. Huile cristallisable particulière ;
2. Soufre ;
3. Une espèce de gluten ;
4. Albumine végétale ;
5. Mucus végétal ;
6. Résine ;
7. Principe astringent ;
8. Extractif azoté ;
9. Extractif oxydé ;
10. Malate de potasse ;
11. Malate de chaux ;
12. Carbonate de magnésie ;
13. Muriate de potasse ;
14. Sulfate de potasse ;
15. Sulfate de chaux ;
16. Phosphate de chaux.

T.

Tabac, *Nicotiana tabacum.*

M. Vauquelin en a publié l'analyse dans les *Annales de chimie*, tome 71, p. 39, et dans le *Bulletin de Pharmacie*, t. 1er, p. 418 ; il a obtenu les résultats suivans :

1. Une grande quantité d'albumine ;

2. Une matière rouge, soluble dans l'alcool et dans l'eau, se boursoufflant considérablement lorsqu'on la chauffe, et dont la nature n'est pas bien connue ;

3. Un principe âcre, volatil, incolore, légèrement soluble dans l'eau, très soluble dans l'alcool ;

4. De la résine verte ou chlorophylle;

5. De la fibre ligneuse;

6. De l'acide acétique;

7. Du nitrate de potasse et d'autres sels à base de chaux et d'ammoniaque;

8. De l'oxyde de fer ;

9. De la silice.

C'est dans le principe âcre, volatil et incolore que résident les propriétés du tabac; il a été nommé *nicotine* ou *nicotianine*.

M. VAUQUELIN a ensuite consigné dans les *Annales du Muséum d'histoire naturelle*, t. 14, p. 21, une analyse du tabac préparé par la fermentation, afin de comparer sa composition avec celle des feuilles non fermentées. Il y a retrouvé les mêmes substances, plus du carbonate d'ammoniaque et de l'hydrochlorate de chaux, provenant de la décomposition mutuelle de l'hydrochlorate d'ammoniaque et de la chaux carbonatée que l'on ajoute au tabac pour lui donner du montant.

M. GASPARD CÉRIOLI DE CRÉMONE, a inséré dans le *Giornale bibliografico universale* (voir le *Bulletin de Pharmacie*, t. 1er, p. 328, année 1809), les résultats de ses expériences sur les feuilles de tabac; d'après ce travail, elles contiennent :

1. De l'acide gallique ;

2. Du tannin ;

3. De l'extractif oxygénable ;

4. De l'extractif muqueux ;

5. Du muriate de chaux ;

6 Une huile volatile qui constitue toute la vertu du tabac ; quant à l'usage médical, il regarde la décoction comme la préparation la plus active.

TAMARIN, *Tamarindus indica*.

La pulpe du Tamarin a été analysée par M. VAUQUELIN, qui a consigné dans le t. 5, p. 92 des *Annales de Chimie*, les résultats qu'il a obtenus et dont voici le détail :

1. Acide citrique,	9,40
2. Acide tartrique,	1,55
3. Acide malique,	0,45
4. Sur-tartrate de potasse,	3,25
5. Sucre,	12,50
6. Gomme,	4,70
7. Gelée végétale,	6,25
8. Parenchyme,	34,35
9. Enfin, eau,	27,55
Total,	100

TANAISIE, *Tanacetum vulgare*.

On trouve dans le *Nouveau Journal de Pharmacie* de Tromsdoff, 1827, 2e cahier, et dans le t. 4, p. 60 du *Journal de Chimie méd.*, l'analyse des feuilles et des fleurs de Tanaisie, faite par M. PESCHIER ; elle a donné les résultats suivans :

1. De l'huile volatile ;

2. De l'huile grasse ;

3. De la résine ;

4. Une matière qui tient le milieu entre la cire et la stéarine ;

5. De la chlorophylle ;

6. De la gomme ;

7. Un principe jaune extractif.

Les fleurs contiennent un principe alcalin et un acide particulier (acide tanacétique) et du phosphate de chaux. Les feuilles renferment, en outre, du tannin et de l'acide gallique.

TANGUIN OU TANGHIN.

Poison végétal qui a pour base le fruit d'une apocynée peu connue, ayant de l'analogie avec les *Cerbera*, et formant, d'après M. DU PETIT THOUARS, un genre nouveau sous le nom de *Tanghnia*.

MM. HENRY fils et OLIVIER ont publié dans le *Journal de Pharmacie*, t. 10, un travail chimique et physiologique sur l'amande qui provient du Tanguin. Voici les résultats de ces expériences.

L'amande renferme :

1. Une huile fixe, limpide, incolore, douce, congelable à 10° :

2. Une matière particulière, cristallisable, neutre, résineuse;

3. Un principe brun, visqueux, légèrement acide, amer, incristallisable, verdissant par les acides et blanchissant par les alcalis;

4. Des traces de gomme;

5. Une grande quantité d'albumine végétale;

6. Enfin, des traces de chaux et d'oxyde de fer.

D'après les expériences faites par M. OLIVIER sur plusieurs animaux, c'est dans la matière cristalline que réside l'action délétère du fruit, action qui est analogue à celle des poisons âcres et excitans; mais la substance brune a aussi une action narcotique très marquée. La singulière propriété qu'offre cette substance de verdir par les acides, et qui ne se présente que dans la résine de gayac, l'a fait considérer par M. HENRY comme principe immédiat, pour lequel il a proposé le nom de *tanguine*.

TANNIN.

On a donné le nom de *Tannin naturel* à un principe particulier qui existe dans les végétaux.

M. BERZÉLIUS s'est occupé d'expériences sur le Tannin de la noix de galles, de l'écorce de chêne, du quinquina, du cachou, de la gomme kino. Il a reconnu que le tannin de la noix de galles contenait:

1. De l'acide gallique;

2. Des sels formés par la potasse et la chaux avec ce même acide et avec du tannin;

3. Du tannin altéré se présentant sous une forme particulière, et indiqué comme étant de l'extractif;

4. Une combinaison insoluble dans l'eau froide, et formée de tannin et peut-être d'acide pectique.

CADET DE GASSICOURT, qui a examiné les végétaux astringens dans le but de reconnaître ceux qui contiennent le plus de tannin, a obtenu, au moyen de la gélatine de l'extrait aqueux fourni par 160 parties des plantes ci-après désignées, les quantités de tannin dont suit le détail:

1. Noix de galles,	86
2. Racine de tormentille,	50
3. Ecorce d'hématoxylon,	44
4. — d'abricotier,	32
5. Coques de grenades,	32
6. Ecorce de chêne,	25
7. — de cerisier,	24
8. — de *cornus mascula*,	19
9. — d'érable,	16
10. — de saule,	16
11. — d'olivier de Bohême,	14
12. — de coriaria myrtif,	13
13. — de rhus typhinum,	10
14. Capsules de glands verts,	10
15. Ecorce de sorbier,	8
16. — de marronnier,	6

THÉ DE LA CHINE, *Thea chinensis*. *Thé bou, bouy* ou *bohea*.

Ce Thé a fourni à l'analyse:

1. Tannin,	40,6
2. Gomme,	6,3
3. Fibre ligneuse,	44,8
4. Gluten,	6,3
5. Matière volatile et perte,	2,0
Total,	100

Thé vert.

Cette espèce de Thé, qui jouit au plus haut degré de qualités actives, contient, d'après l'analyse publiée par CADET DE GASSICOURT, dans les *Annales de Chimie*, t. 66:

1. De l'acide gallique;

2. Du tannin;

3. Un extrait amer et styptique.

Il y a, en outre, un principe volatil, variable d'après les sortes de Thé et les plantes dont on les aromatise, qui doit jouer le rôle principal dans l'action du Thé.

Le Thé vert contient, suivant FRANCK:

1. Tannin, ... 34,6
2. Gomme, ... 5,9
3. Ligneux, ... 51,3
4. Gluten, ... 5,7
5. Matière volatile et perte, ... 2,5

    Total, ... 100

DAVY a trouvé plus de tannin dans le Thé noir que dans le Thé vert; BRANDES a établi le contraire en analysant comparativement quatre espèces de Thé noir et cinq espèces de Thé vert.

THÉ DU MEXIQUE, *le Chenopodium ambrosioides*.

M. BLEY, qui a fait récemment l'analyse chimique de cette plante (voir le *Journal de Chimie médicale*, tome 4, page 228, en a retiré les principes suivans :

1. Huile volatile, ... 7,00
2. Acide acétique, ... 1,01
3. Albumine, ... 88,00
4. Albumine végétale, ... 30,00
5. Résine molle, ... 9,00
6. Extractif avec du malate de potasse, ... 75,00
7. Amidon, ... 28,00
8. Gomme, ... 286,00
9. Gomme avec des traces de nitrate, oxalate et sulfate de potasse, ... 134,00
10. Gluten, ... 48,00
11. Chlorophylle, ... 143,00
12. Phyteumacolle, ... 364,00
13. Fibre végétale, ... 375,00
14. Tartrate de potasse, ... 22,50
15. Malate de magnésie, ... 15,00
16. Hydrochlorate de potasse, ... 92,00
17. Hydrochlorate de chaux, ... 8,50
18. Phosphate de magnésie et hydrochlorate de chaux, ... 25,00
19. Magnésie, manganèse et oxyde de fer, ... 12,00
20. Enfin, soufre, des traces.

TILLEUL, *Tillia OEuropea*.

On trouve dans le *Journal de Pharmacie* de 1825, p. 507, tome 11, une analyse des *fleurs de Tilleul*, par

M. J. ROUX, qui a donné les résultats suivans :

1. De la chlorophylle;
2. Une matière brune jaunâtre, soluble dans l'eau, peu soluble dans l'alcool et l'éther, insoluble dans l'essence de thérébentine;
3. Une substance gommeuse, avec un peu de tannin;
4. Une matière colorante d'un rouge foncé, retenant aussi un peu de tannin;
5. Enfin, des sels à base de chaux et de potasse.

TOPINAMBOUR OU POIRE DE TERRE, *Helianthus tuberosus*.

L'analyse chimique des racines de Topinambour a été faite par M. PAYEN, qui y a trouvé en abondance la dahline, principe immédiat, découvert précédemment dans le Dahlia, et qui a beaucoup de rapport avec l'inuline.

Ce chimiste a également démontré que les tubercules du Topinambour, cuits et soumis à la fermentation, donnent beaucoup de liqueur vineuse dont on pourroit faire une sorte de bière.

TORMENTILLE, *Tormentilla erecta*.

Le Dr G. MEISSNE a publié l'analyse de la racine de Tormentille (voir *Berlin. Juhrb. f. d. Pharmacie*, 1827, p. 61, et *Bulletin universel* de février 1829, n° 2, p. 345).

D'après cette analyse, 1000 grains de racine ont été décomposés en :

1. Myrricine, ... 2 gr.
2. Cérine, ... $5\frac{1}{8}$
3. Résine, ... $4\frac{1}{4}$
4. Tannin, ... 174
5. Rouge de tormentille; ... 180
6. Rouge de tormentille modifié, ... $25\frac{3}{4}$
7. Extractif gommeux, avec une petite quantité de tannin et un sel calcaire végétal, ... $43\frac{1}{4}$

8. Gomme,   282 ½
9. Extractif obtenu par la potasse caustique,   77
10. Huile volatile, des traces ;
11. Fibre ligneuse,   150
12. Liquide,   64
                             ____
       Total,   1008 ⅜

TRÈFLE D'EAU, *Menianthes trifoliata.*

D'après l'analyse qui en a été faite par M. TROMSDORFF, et qui se trouve consignée dans le quatrième volume du *Bulletin de Pharmacie*, tome 4, p. 94, année 1812, le Trèfle d'eau frais contient :

  0,75 d'eau ;
  et 0,25 de substance desséchée ;

Son suc exprimé contient :

1. Une matière féculente composée d'albumine,   0,75
2. Résine verte, soluble dans
   l'alcool, dans l'éther et dans
   les huiles,   0,25
   qui se coagule par la chaleur.

    On y trouve en outre :

De l'acide malique ;
De l'acétate de potasse ;
Une matière animale particulière ;
Un extractif très amer azoté ;
Une gomme brune ;
Et une fécule blanche particuliere, soluble dans l'eau bouillante, qui se précipite par le refroidissement.

TRUFFE, *Tuber cibarium.*

D'après l'analyse faite par M. BOUILLON-LAGRANGE, la Truffe contient :

1. De l'albumine ;
2. De l'ammoniaque ;
3. Du phosphate de chaux ;
4. Un arome fugace.

Traitée par l'acide nitrique, il se forme un liquide analogue à l'acide hydrocianique, de l'acide oxalique, etc. Ces résultats ne donnent pas d'idée sur le principe de l'odeur des Truffes,

principe dans lequel gisent leurs propriétés échauffantes.

TULIPIER, *Liriodrendum tulipifera.*

D'après l'analyse faite par M. TROMSDORFF (voir le *Bulletin de Pharmacie*, t. 4, p. 95, année 1812, deux onces d'écorce de Tulipier lui ont donné :

	Onc.	Gr.	Gr.
1. Extractif amer,	»	2	»
2. Principe gommeux,	»	4	»
3. Substance résineuse,	»	»	8
4. Fibre ligneuse,	1	1	»
Total,	2	»	»

Et probablement un peu d'huile volatile, annoncée par l'odeur de l'écorce.

D'après le professeur PFAFF (voir *Neues Journal der Pharmanie*, 1825, t. 11, seconde partie, p. 191, et le *Bulletin universel*, t. 11, p. 89, 1827), l'écorce de Tulipier ne contient point de principe alcaloïde, mais une quantité notable d'huile volatile qu'on obtient par la distillation.

TURBITH VÉGÉTAL, *Convolvulus turpethum.*

M. BOUTRON-CHARLARD a publié dans le *Journal de Pharmacie*, t. 8, p. 122, année 1822, une analyse du Turbith végétal. Elle a offert les résultats suivans :

1. De la résine ;
2. Une matière grasse ;
3. De l'huile volatile ;
4. De l'albumine ;
5. Enfin, de la fécule amilacée.

TYPHA ou MASSETTE, *Typha latifolia.*

D'après les recherches analytiques qui ont été faites par M. LECOQ (voir *Journal de Pharmacie*, t. 14, p. 222, année 1828, et *Journal de Chimie médicale*, t. 4, p. 179 et 180), 1000 grammes de racines fraîches de Typha ont produit :

	Récolte d'avril.	de décemb.
1. Eau,	730	730
2. Fécule,	125	108
3. Gomme,		
4. Sucre,		
5. Tannin,		
6. Malate, acide de chaux,	15	32
7. Matière extractive particulière,		
8. Ligneux,	130	130
Totaux,	1000	1000

Le résidu ligneux incinéré a donné :

1. Du carbonate ;
2. De l'hydrochlorate et du sulfate de potasse ;
3. De la silice ;
4. De la magnésie ;
5. De l'oxyde de fer.

U.

UPAS.

Upas tieuté, fourni par une plante de la famille des strychnos.

Upas anthiar, fourni par une ur-ticée.

D'après l'analyse faite par MM. PEL-LETIER et CAVENTOU (voir le *Bulletin universel* de 1824, t. 3, p. 81 et 82), l'*Upas tieuté* (*strichnos tienté*) est composé :

De strychnine, qui forme environ les deux tiers de sa masse ;

Elle est unie à un acide qui a rapport à l'acide igasurique, et associée à deux matières, l'une jaune soluble, susceptible de rougir par l'acide nitrique (ce que ne fait pas la strychnine parfaitement pure) ; l'autre, insoluble par elle-même, d'un brun rougeâtre, devient d'un très beau vert par l'acide nitrique.

Cette matière, déjà trouvée par M. PELLETIER, sur l'écorce de fausse-

angusture et de pseudo-kina, jouit d'une série de propriétés particulières. Comme elle est propre aux strychnos, M. PELLETIER propose de la nommer *Strychno-Chromine*.

L'*Upas anthiar* contient :

1. Une résine élastique, ayant l'apparence du caoutchouc, mais en différant par ses propriétés ;

2. Une matière gommeuse, peu soluble, insipide ;

3. Une matière amère soluble dans l'alcool et dans l'eau. Cette matière amère, dans laquelle résident les propriétés de l'Anthiar, paraît elle-même composée d'une matière colorante que le charbon animal peut absorber, d'un acide indéterminé et d'une substance, véritable principe de l'Anthiar, et qui paraît aux auteurs du mémoire être une base végétale soluble par elle-même.

UVA URSI, *Arbutus Uva ursi.*

M. le docteur G^me MESSNER a donné l'analyse des feuilles d'Uva ursi (voir *Berlin Iarhbuch F. D. Pharmacie*, 1827, p. 87, et *Bulletin universel* de février 1829, n° 2, p. 346). D'après cette analyse, 1,000 grains de ces feuilles se composent de :

1. Acide gallique,	12
2. Tannin avec un peu d'acide gallique,	29
3. Tannin,	335
4. Résine,	44
5. Chlorophylle	$63\frac{1}{2}$
6. Extractif avec du malate acide de chaux, de la soude et des traces d'hydrochlorate de soude,	$33\frac{1}{8}$
7. Extractif oxydé, avec du Citrate de chaux,	$8\frac{5}{8}$
8. Gomme) obtenus par la po-	157
9. Extractif) tasse caustique,	176
10. Ligneux,	96
11. Eau,	60
Total,	$1,014\frac{1}{4}$

V.

VALÉRIANE OFFICINALE OU DES PHAR-
MACIES, *Valeriana officinalis*.

D'après les résultats de l'analyse publiée par TROMSDORFF dans le *Bull. de Pharmacie* de 1809, p. 209, une livre de racines sèches de Valériane se compose :

1. De fécule,	2 gr.
2. D'un principe particu-lier, soluble dans l'eau, insoluble dans l'éther et l'alcool, précipité par les dissolutions métalliques,	2 onc.
3. D'un extrait gommeux,	1 ½
4. De résine noire,	1
5. D'une huile volatile verdâtre, plus légère que l'eau,	⅓
6. De ligneux,	11 2

C'est dans l'huile volatile que réside le principe odorant qui a quelque analogie avec l'odeur du camphre.

La saveur âcre paraît dépendre de la résine, et le goût légèrement douceâtre de la matière gommeuse.

VAREC, *Fucus*.

Genre de plantes marines de la famille des algues ou hydrophytes, renfermant un grand nombre d'espèces.

Plusieurs chimistes ont fait l'analyse du *Fucus vesiculosus*, mais ils ont obtenu des résultats dissemblables. Les voici tels qu'ils ont été publiés :

Analyse consignée par STACKHOUSE dans le *Dictionnaire des Sciences natu-elles*, t. 15, p. 500 :

1. Eau,	138,0
2. Ammoniaque,	90,0
3. Charbon,	86,0
4. Huile empyreumatique,	54,0
5. Soude,	18,5
6. Magnésie,	14,0
7. Silice,	1,5
8. Fer,	0,3

9. Acide muriatique,	6,5
10. — sulfurique,	4,5
11. Soufre,	4,5
12. Gaz :	
Acide carbonique,	60,0
Azote,	3,0
Oxygène,	13,0
Hydrogène carboné,	2,0
13. Perte,	4,2
Total,	500

D'après JOHN (voir le *Schweiger Journal*, t. 13, p. 464 :

1. Matière glaireuse, rouge-brunâtre,	
2. Extrait rouge de chair avec un peu de sulfate et d'hydrochlorate de sou-de,	20,00
3. Acide particulier,	
4. Résine grasse,	10,00
5. Sulfate de soude avec un peu d'hydrochlorate de soude,	15,65
6. Sulfates de chaux et de magnésie, et un peu de phosphate de chaux,	64,35
7. Oxyde de fer et de manga-nèse, des traces ;	
8. Enfin, matière albumi-neuse,	390,00
Total,	500

Enfin, M. GAUTHIER-CLAUBRY (voir les *Annales de Chimie*, t. 93, p. 83, a trouvé dans le *Fucus vesiculosus* :

1. Une matière sucrée (mannite);
2. De l'albumine;
3. Une matière colorante verte;
4. De l'oxalate, du malate et du sulfate de potasse;
5. Des sulfates de soude et de ma-gnésie;
6. Des hydrochlorates de potasse, de soude et de magnésie;
7. De l'hyposulfite de soude;
8. Des carbonates de potasse et de soude;
9. De l'hydriodate de potasse;
10. De la silice;

11. Des sous-phosphates de chaux
et de magnésie ;

12. De l'oxyde de fer, probablement
combiné avec l'acide phosphorique;

13. De l'oxalate de chaux.

Vernis de la Chine.

D'après l'analyse qui a été publié
dans le tome 15 du *Journal de Pharmacie*, page 531, 1829, M. Macaire
Princeps a trouvé dans le Vernis de la
Chine :

1. De l'acide benzoïque;
2. Une résine;
3. Une huile essentielle particulière.

C'est à l'heureuse proportion de ces
corps , et aux légères différences qu'ils
présentent dans leurs propriétés avec
leurs analogues connus, que cette substance, dont l'origine est encore douteuse , doit la supériorité qui l'a ren-
due si précieuse dans son emploi pour
les arts.

Vigne.

M. Deyeux a trouvé dans la sève
de la Vigne :

1. Une matière végéto-animale;
2. De l'acide acétique;
3. De l'acétate de chaux.

Le jus du fruit de la Vigne , du *raisin*, contient :

1. Beaucoup d'eau;
2. Une assez grande quantité de sucre d'une matière particulière, très soluble dans l'eau;
3. Une petite quantité de mucilage,
de tanin , de tartrate acide de potasse ,
de tartrate acide de chaux , de sel marin , de sulfate de potasse , et peut-être
de sulfate de chaux.

Vettiver.

Racines ou rhizomes d'une graminée
exotique qui sont employées , à
raison de leur odeur forte, pour

éloigner les insectes des tissus de
laine.

M. Henry a publié , dans le *Journ.
de Pharm.* du mois de février 1828 ,
p. 57, une analyse de la racine de Vet-
tiver , qui lui a fourni des résultats
analogues à ceux que M. Vauquelin
avait obtenus de la racine de Schœnanthe, et particulièrement une résine
identique avec la myrrhe (voir Schœnanthe).

Ces résultats sont :

1. Une matière résineuse analogue
à la myrrhe;
2. Une matière colorante soluble
dans l'eau;
3. Un acide organique libre ;
4. De la chaux et de la magnésie ;
5. De l'oxyde de fer en quantité.
6. De la matière ligneuse;
7. De l'albumine;
8. De la matière extractive ;
9. De l'amidon;
10. Du sulfate de chaux.

Violette odorante, *Viola odorata.*

M. Boullay qui a analysé les diverses parties organiques de la Violette , y a constaté , principalement
dans les racines, l'existence d'un principe qui a les caractères principaux de
l'émétine tirée de l'ipécuanha, et que
l'on a nommée *émétine indigène* ou
violine.

Z.

Zanthoxyle des Caraïbes ou Clava-lier des Antilles , *Zanthoxilon clava Herculis.*

L'écorce de Zanthoxile des Caraïbes,
analysée par MM. G. Pelletan et
Chevallier (voir le *Journ. de Chimie
méd.*, t. 2 , p. 316, a donné pour résultats :

1. Une petite quantité d'huile volatile indiquée par une pellicule opaque à la surface de l'eau distillée ;

2. De l'ammoniaque et de l'acide acétique ;

3. Une matière colorante d'un rouge brun, insipide, inodore, soluble dans l'eau, insoluble dans l'éther, etc. ;

4. Une matière résineuse, rougeâtre, fauve, soluble dans l'alcool et l'éther, insoluble dans l'eau ;

5. De la *zanthopicrite*, substance particulière cristallisée ;

6. Enfin des sels minéraux obtenus de l'énumération.

FIN.